高职高专"十三五"规划教材
高级绘图员资格认证培训教材

AutoCAD 2014中文版电气制图教程

杨雨松　尤景红　等编著

U0332891

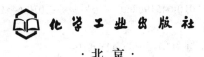

化学工业出版社

·北京·

本书根据高职高专的培养目标,以使用 AutoCAD 软件进行电气制图为主旨构建教程体系,目的是使学生能够在全面掌握软件功能的同时,灵活快捷地应用软件进行电气工程图形的绘制,更好地为实际工作服务。本书具有完整的知识体系,信息量大,特色鲜明,对 AutoCAD 2014 进行了全面详细的讲解,在讲解基本知识点后,精心设计了"小实例"呼应前面的知识点和操作,每章后所提出的思考题主要是为了搞清基本概念和方法。练习题难度适中,读者可以轻松上机进行实际操作。

本书编写过程中参考了全国计算机信息高新技术考试、计算机辅助设计(AutoCAD 平台)高级绘图员级技能考试的考题,并将其中的主要内容融入书中,以满足高级绘图员职业技能培训的要求。

本书按 60~80 学时编写,既可作为高职高专电气类专业教材,又可作为 AutoCAD 技能培训教材,还可供成人教育和工程技术人员使用和参考。

图书在版编目(CIP)数据

AutoCAD 2014 中文版电气制图教程/杨雨松等编著.
北京:化学工业出版社,2016.3
高职高专"十三五"规划教材   高级绘图员资格
认证培训教材
ISBN 978-7-122-26239-4

Ⅰ.①A… Ⅱ.①杨… Ⅲ.①电气制图-计算机制图-
AutoCAD 软件-高等职业教育-教材 Ⅳ.①TM02-39

中国版本图书馆 CIP 数据核字(2016)第 024579 号

责任编辑:高 钰		文字编辑:陈 喆	
责任校对:宋 玮		装帧设计:刘丽华	

出版发行:化学工业出版社(北京市东城区青年湖南街 13 号 邮政编码 100011)
印   装:三河市延风印装有限公司
787mm×1092mm 1/16 印张 20 字数 519 千字   2016 年 6 月北京第 1 版第 1 次印刷

购书咨询:010-64518888(传真:010-64519686) 售后服务:010-64518899
网   址:http://www.cip.com.cn
凡购买本书,如有缺损质量问题,本社销售中心负责调换。

定   价:39.00 元

前言

本书是在《AutoCAD 2006 中文版实用教程》和《AutoCAD2008 中文版电气制图教程》的基础上根据最新的 AutoCAD 2014 软件编著出版。 2009 年 1 月,《AutoCAD 2006 中文版实用教程》获中国石油和化学工业协会第九届优秀教材一等奖。

本书根据教育部《高职高专教育专门课程基本要求》和《高职高专专业人才培养目标及规格》的要求,从高等职业技术教育的教学特点出发,以 AutoCAD 软件应用为主旨构建教程体系。目的是使学生能够在全面掌握软件功能的同时,灵活快捷地应用软件进行电气工程制图,更好地为实际工作服务。

本书具有如下一些特点:

① 本书具有完整的知识体系,信息量大,特色鲜明,对 AutoCAD 2014 进行了全面详细的讲解,在讲解基本知识点后,针对电气制图的特点,精心设计了"小实例"以呼应前面的知识点和操作,每章后所提出的思考题主要是为了搞清基本概念和命令使用方法。练习题难度适中,读者可以轻松上机进行实际操作。

② 在编写过程中参考了全国计算机信息高新技术考试、计算机辅助设计(AutoCAD 平台)中高级绘图员技能考试的考题,并将其中的主要内容融入书中,每章后的练习题类型和难度与计算机辅助设计(AutoCAD 平台)高级绘图员级技能考试相当,以满足高级绘图员职业技能培训考证的要求。

③ 突出应用实例讲解,本书第 15 章专门设计了具有代表性的综合实例上机指导,对每一个综合实例都进行详细的讲解,引导学生轻松上机,使学生通过本书的学习,能灵活应用 AutoCAD 2014 解决实际问题。

④ 本书是集体智慧的结晶。本书的编著者都是长期从事高职高专 AutoCAD 教学和研究工作的一线教师以及电气专业的专业教师,他们把多年的教学和科研经验都融入到了本书中,学生学完本书后,既能掌握软件的基本操作技能,又能综合运用各项功能解决实际问题。

⑤ 本书的内容已制作成用于多媒体教学的 PPT 课件,并将免费提供给采用本书作为教材的院校使用。如有需要,请发电子邮件至 cipedu@163.com 获取,或登陆 www.cipedu.com.cn 免费下载。

参加本书编著的有:杨雨松(编著第 1~5 章),尤景红(编著第 7,9~14 章),郑智宏(编著第 15 章),张铁新(编著第 6 章),任艳(编著第 8 章)。全书由杨雨松、尤景红负责统稿。

本书按 60～80 学时编写，既可作为高职高专电气类专业的教材，又可作为 AutoCAD 技能培训教材，还可供成人教育和工程技术人员使用和参考。

本书由刘玉梅教授担任主审。本书的编著得到了许多同志的帮助，在此一并表示感谢！

由于水平所限，书中的不足之处欢迎广大读者和任课教师提出批评意见和建议，并及时反馈给我们。

编著者

2016 年 1 月

目录

第4章　绘图环境的设置

第5章　基本绘图命令

第9章 图块的应用

第10章 尺寸标注

第11章 输出图形

AutoCAD 2014 中文版操作环境

✎ **本章提要**

AutoCAD 2014 是 Autodesk 公司 AutoCAD 软件的最新版本。通过它可绘制二维图形和三维图形、标注尺寸、渲染图形以及打印输出图纸等，其有易掌握、使用方便、体系结构开放等优点，广泛应用于机械、建筑、电子、航空等领域。本章重点介绍 AutoCAD 2014 中文版界面、运行 AutoCAD 2014 中文版、新建、打开、保存和关闭文件等内容。

✎ **通过本章学习，应达到如下基本要求。**

① 掌握 AutoCAD 2014 最基本的操作方法。
② 全面认识 AutoCAD 2014 中文版的基础知识。
③ 熟练进行文件的新建、打开、保存和关闭操作。

1.1 概述

1.1.1 AutoCAD 发展概况

AutoCAD 是美国 Autodesk 公司于 1982 年推出的一种通用的计算机辅助绘图和设计软件。随着技术的不断更新，AutoCAD 也在日益创新，从 1982 年开始的 AutoCAD 1.0 版到 2014 年 AutoCAD 2014 版的推出，共经历了 28 种版本的演变，由个人设计到协同设计、共享资源的转变。其功能逐步增强、日趋完善，从简易的二维图形绘制，发展成集三维设计、真实感显示及通用数据库管理于一体的软件包，并进一步朝人性化、自动化方向发展。

1.1.2 学习 AutoCAD 2014 的方法

AutoCAD 2014 绘图软件具有本身的特点,如果要学好它,就必须了解其特点。

（1）学习 AutoCAD 就是学习绘图命令。如果人想让计算机绘图，就必须向计算机发出指令，完成一个任务后，继续向它发出指令，最后绘制出完美图形。在 AutoCAD 中，无论是选择了某个菜单项，还是单击了某个工具按钮，都相当于执行了一个命令。学习过程中尽量掌握每个命令的英文全称或缩写，例如，"写块"命令的英文全称为"WBLOCK"，其缩写为"W"，表示直接按【W】键即可执行 WBLOCK 命令。

（2）学会观察命令行。在 AutoCAD 中，不管以何种方式输入命令，命令行中都会提示下一步该怎样操作，此时，操作者一定要观察命令行所提示的操作方法，对每个命令的功能和用途做到心中有数，按命令行的提示进行操作，这样通过连续不断的人机对话,在实际绘图时才能具体问题具体分析，进行正确操作。

（3）学会使用动态输入功能（DYN）。动态输入是自 2006 版开始增加的新功能，使用它可以直观地进行角度和直线的长度的直观显示，对于绘制角度和判断直线的长度等有很大的帮助。

（4）学会使用 AutoCAD 帮助功能。AutoCAD 提供了强大的帮助功能，它就好比是一本教材，不管当前执行什么样的操作，按【F1】键，AutoCAD 就会显示该命令的具体定义和操作过程等内容。

（5）讲练结合，多进行上机操作。按照教材所讲述的知识，熟悉使用 AutoCAD 绘图的特点与规律，与使用菜单和工具相比，使用快捷键效率更高，在上机中快速掌握各种命令的用法。

1.2 AutoCAD 2014 的安装、启动与退出

正确安装软件是使用软件前一个必要的工作，安装前必须确保系统配置能达到软件的要求，安装的过程也必须确保无误。

1.2.1 AutoCAD 2014 的系统要求

（1）32 位 AutoCAD 2014 的系统要求
- 操作系统：Windows XP 专业版或家庭版（SP3 或更高）、Windows 7。
- CPU：Intel Pentium 4 处理器双核，AMD Athlon 3.0GHz 双核或更高，采用 SSE2 技术。
- 内存：2GB(建议使用 4GB)。
- 显示器分辨率：1024×768（建议使用 1600×1050 或更高）真彩色。
- 磁盘空间：6.0GB。
- 光驱：DVD。
- 浏览器：Internet Explorer 7.0 或更高。
- NET Framework:NET Framework 4.0 版本。

（2）64 位 AutoCAD 2014 的系统要求
- 操作系统：Windows XP 专业版或家庭版（SP3 或更高）、Windows 7。
- CPU：AMD Athlon 64（采用 SSE2 技术），AMD Opteron（采用 SSE2 技术），Intel Xeon（具有 Intel EM64T 支持和 SSE2），Intel Pentium 4（具有 Intel EM64T 支持并采用 SSE2 技术）。
- 内存：2GB(建议使用 4GB)。
- 显示器分辨率：1024×768（建议使用 1600×1050 或更高）真彩色。
- 磁盘空间：6.0GB。
- 光驱：DVD。
- 浏览器：Internet Explorer 7.0 或更高。
- NET Framework:NET Framework 4.0 版本。启动 AutoCAD 2014。

1.2.2 AutoCAD 2014 的安装

中文版在各种操作系统下的安装过程基本一致，下面以 Windows XP 为例介绍基本安装过程。

① 将 AutoCAD 2014 安装光盘放到光驱内，打开 AutoCAD 2014 的安装文件夹。

② 双击 Setup 安装程序文件，运行安装程序。

③ 安装程序首先检测计算机的配置是否符合安装要求，如图 1-1 所示。

④ 在弹出的 AutoCAD 2014 安装向导对话框中单击【安装】按钮，如图 1-2 所示。

图 1-1　检测配置　　　　　　　　　　　　图 1-2　选择安装

⑤ 安装程序弹出【许可及服务协议】对话框，选择【我接受】单选按钮，然后单击【下一步】按钮，如图 1-3 所示。

⑥ 安装程序弹出【安装配置】对话框，提示用户选择安装路径，单击【浏览】按钮可指定所需的安装路径，然后单击【安装】按钮开始安装，如图 1-4 所示。

⑦ 安装完成后弹出【安装完成】对话框，单击【完成】按钮，完成安装。

图 1-3　【许可及服务协议】对话框　　　　　图 1-4　【安装配置】对话框

学习提示： 首次启动 AutoCAD 2014，系统会弹出图 1-5 所示的欢迎界面，取消勾选界面左下角的【启动时显示】复选框，在下次打开 AutoCAD 时将不显示欢迎界面。

图 1-5　欢迎使用 AutoCAD 2014 界面

1.2.3　AutoCAD 2014 的启动

与其他软件相似，AutoCAD 2014 也提供了几种启动方法，下面分别进行介绍。

- 通过【开始】程序菜单启动：AutoCAD 2014 安装好后，系统将在【开始】程序菜单中创建 AutoCAD 2014 程序组。如图 1-6 所示，单击该菜单中的相应程序就可以启动了。
- 通过桌面快捷方式启动：方法为双击桌面上的 AutoCAD 2014 图标，如图 1-7 所示。
- 通过打开已有的 AutoCAD 文件启动：如果用户计算机中有 AutoCAD 图形文件，双击该扩展名为 ".dwg" 的文件，也可启动 AutoCAD 2014 并打开该图形文件。

图 1-6　通过桌面上【开始】菜单启动 AutoCAD 2014

启动 AutoCAD 2014 后，系统将显示如图 1-8 所示的 AutoCAD 2014 启动图标后，直接进入 AutoCAD 2014 工作界面。

图 1-7　桌面图标　　　　　　　　　　　　　图 1-8　启动图标

1.3　AutoCAD 2014 的工作空间

为了满足不同用户的多方位需求，AutoCAD 2014 提供了 4 种不同的工作空间：AutoCAD 经典、草图与注释、三维基础和三维建模。用户可以根据工作需要随时进行切换，AutoCAD 默认工作空间为草图与注释空间。

1.3.1　选择工作空间

切换工作空间的方法有以下几种。

① 菜单栏：选择→【菜单】→【工具】→【工作空间】命令，在子菜单中选择相应的工作空间，如图 1-9 所示。

② 状态栏：直接单击状态栏上【切换工作空间】按钮，在弹出的子菜单中选择相应的空间类型，如图 1-10 所示。

 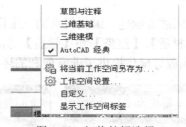 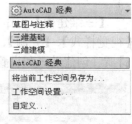

图 1-9　通过菜单栏选择　　　　图 1-10　切换按钮选择　　　　图 1-11　工作空间列表栏

③ 快速访问工具栏：单击【快速访问】工具栏上的 AutoCAD 经典 按钮，在弹出的下拉列表中选择所需工作空间，如图 1-11 所示。

1.3.2　AutoCAD 经典空间

对于习惯 AutoCAD 传统界面的用户来说，可以采用【AutoCAD 经典】工作空间，以沿用以前的绘图习惯和操作方式。该工作界面的主要特点是显示菜单和工具栏，用户可以通过选择菜单栏中的命令，或者单击工具栏中的工具按钮，以调用所需的命令，如图 1-12 所示。

1.3.3　草图与注释空间

【草图与注释空间】是 AutoCAD 2014 默认工作空间，该空间用功能区替代了工具栏和菜单栏，这也是目前比较流行的一种界面形式。它的工作空间功能区，包含的是最常用的二维图形的绘制、编辑和标注命令，因此非常适合绘制和编辑二维图形时使用，如图 1-13 所示。

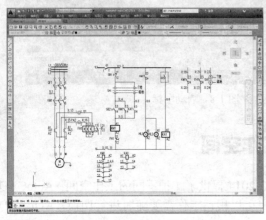

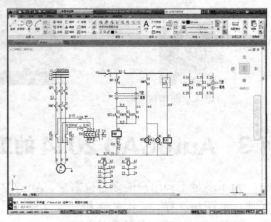

图 1-12　AutoCAD2014 经典空间　　　　图 1-13　AutoCAD2014 草图与注释空间

1.3.4　三维基础空间

【三维基础】空间与【草图与注释】工作空间类似，主要以单击功能区面板按钮的方式使用命令。但【三维基础】空间功能区包含的是基本三维建模工具，如各种常用三维建模、布尔运算以及三维编辑工具按钮，能够非常方便创建简单的基本三维模型，如图 1-14 所示。

1.3.5　三维建模空间

【三维建模】工作空间适合创建、编辑复杂的三维模型，其功能区集成了【三维建模】、【视觉样式】、【光源】、【材质】、【渲染】和【导航】等面板，为绘制和观察三维图形、附加材质、创建动画和设置光源等操作提供了非常便利的环境，如图 1-15 所示。

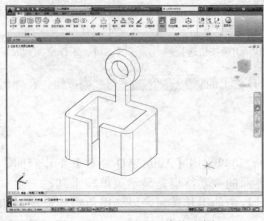

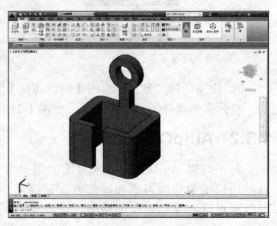

图 1-14　AutoCAD 三维基础空间　　　　图 1-15　AutoCAD 三维建模空间

1.4 AutoCAD 2014 工作界面介绍

AutoCAD 2014 中文版窗口中大部分元素的用法和功能与其他 Windows 软件一样，而一部分则是它所特有的。如图 1-16 所示，AutoCAD 2014 中文版工作界面主要包括标题栏、菜单栏、工具栏、功能区、绘图区、光标、坐标系、命令行、状态栏、布局标签、命令窗口、窗口按钮和滚动条等。

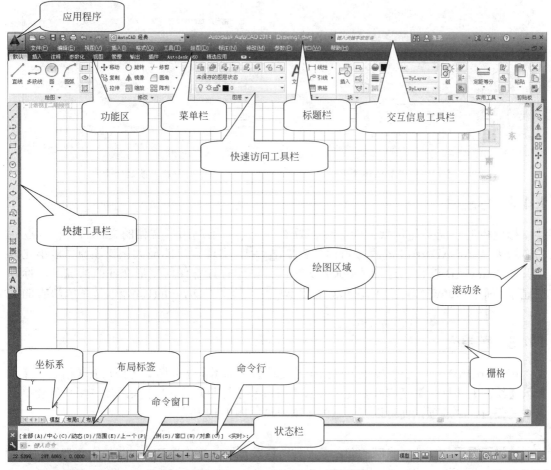

图 1-16　AutoCAD 2014 工作界面

1.4.1 应用程序

【应用程序】按钮▲位于界面左上角。单击该按钮，系统弹出用于管理 AutoCAD 图形文件的命令列表，包括【新建】、【打开】、【保存】、【另存为】、【输出】及【打印】等命令，如图 1-17 所示。应用程序菜单除了可以调用如上的常规命令外，还可以调整显示"小图像"或"大图像"，然后将光标置于菜单右侧排列【最近使用的文档】名称上，可以快速预览打开过的图像文件内容。

此外，在【应用程序】【搜索】按钮 左侧空白区域内输入命令名称，即会弹出与之相关的各种命令列表，选择其中对应的命令即可快速执行，如图 1-18 所示。

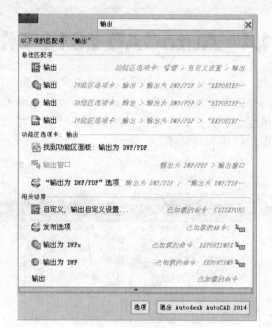

图 1-17 【应用程序】按钮菜单   图 1-18 搜索功能

1.4.2 标题栏

标题栏的功能是显示软件的名称、版本以及当前绘制图形文件的文件名。在标题栏的右边为 AutoCAD 2014 的程序窗口按钮 ▯█▐█🗙 ，实现窗口的最大化或还原、最小化以及关闭 AutoCAD 软件。运行 AutoCAD 2014，在没有打开任何图形文件的情况下，标题栏显示的是 "AutoCAD 2014-［Drawing1.dwg］"，其中 "Drawing1.dwg" 是系统缺省的文件名。

1.4.3 菜单栏

在 AutoCAD 2014 中下拉菜单包括了【文件】、【编辑】、【视图】、【插入】、【格式】、【工具】、【绘图】、【标注】、【修改】、【参数】、【窗口】、【帮助】共 12 个菜单项。用户只要单击其中的任何一个选项，便可以得到它的子菜单，如图 1-19 所示。

> **学习提示：** 如果要使用某个命令，用户可以直接鼠标单击菜单中相应命令即可，这是最简单的方式。也可以通过选项中的相应热键，这些热键是在子菜单中用下划线标出的。AutoCAD 2014 为常用的命令设置了相应快捷键，这样可以提高用户的工作效率。快捷键标在子菜单命令行的右侧，如图 1-20 所示。例如，绘图过程中经常要进行剪切、复制、粘贴命令，用户可以先选中对象，然后直接按下【Ctrl+X】为剪切、【Ctrl+C】为复制、【Ctrl+V】为粘贴。

另外在菜单命令中还会出现以下情况：

- 菜单命令后出现 "…" 符号时，系统将弹出相应的子对话框，让用户进一步的设置与选择。
- 菜单命令后出现 "►" 符号时，系统将显示下一级子菜单。

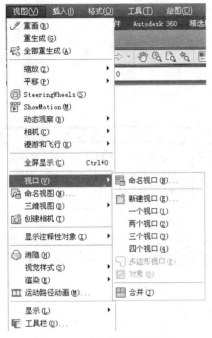

图 1-19　下拉菜单的子菜单

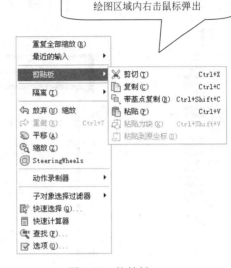

绘图区域内右击鼠标弹出

图 1-20　快捷键

- 菜单命令以灰色显示时，表明该命令当前状态下不可选用。
- 命令窗口、工具栏、状态栏、标题栏都设置了快捷菜单。分别在相应处鼠标右击，就可以进行设置所需要的命令。

1.4.4　【快速访问】工具栏

　　【快速访问】工具栏位于标题栏的左上角，它包含了最常用的快捷按钮，以方便用户的使用。默认状态下它由 7 个快捷按钮组成，依次为【新建】、【打开】、【保存】、【另存为】、【打印】、【重做】和【放弃】，如图 1-21 所示。

图 1-21　【快速访问】工具栏

1.4.5　工具栏

　　工具栏是代替命令的简便工具，使用它们可以完成绝大部分的绘图工作。在 AutoCAD 2014 中，系统共提供了 50 多个已命名的工具栏。

　　在 "AutoCAD 经典" 工作空间下，【绘图】和【修改】工具栏处于打开状态。如果要显示其他工具栏，可在任一打开的工具栏中单击鼠标右键，这时将打开一个工具栏快捷菜单，利用它可以选择需要打开的工具栏，如图 1-22 所示。

　　工具栏有两种状态：一种是固定状态，此时工具栏位于屏幕绘图区的左侧、右侧或上方；一种是浮动状态，此时可将工具栏移至任意位置。当工具栏处于浮动状态时，用户还可通过单击其边界并且拖动改变其形状。如果某个工具的右下角带有一个三角符号，表明该工具为带有附加工具的随位工具，如图 1-23 所示。

单击此处拖动可将固定工具栏变为浮动状态

单击右下角带"▶"符号的工具并按鼠标左键不放，可以打开其随位工具组，从中选择其他工具

在浮动工具栏处双击，可使浮动工具由浮动转换为固定状态

图 1-22　工具栏快捷菜单　　　　　图 1-23　快捷工具栏的几种形式

1.4.6　功能区

功能区是一种智能的人机交互界面，它用于显示与绘图任务相关的按钮和控件，存在于【草图与注释】、【三维建模】和【三维基础】空间中。【草图与注释】空间的【功能区】选项板包含了【默认】、【插入】、【注释】、【布局】、【参数化】、【视图】、【管理】、【输出】、【插件】、【Autodesk 360】等选项卡，如图 1-24 所示。每个选项卡包含有若干个面板，每个面板又包含许多由图标表示的命令按钮。系统默认的是【默认】选项卡。

图 1-24　功能区

（1）【默认】功能选项卡　【默认】功能选项卡从左至右依次为【绘图】、【修改】、【图层】、【注释】、【块】、【特性】、【组】【实用工具】及【剪贴板】九大功能面板，如图 1-25 所示。

图 1-25　【默认】功能选项卡

（2）【插入】功能选项卡 【插入】功能选项卡从左至右依次为【块】、【块定义】、【参照】、【点云】、【输入】、【数据】、【链接和提取】和【位置】八大功能面板，如图1-26所示。

图1-26 【插入】功能选项卡

（3）【注释】功能选项卡 【注释】功能选项卡从左至右依次为【文字】、【标注】、【引线】、【表格】、【标记】、【注释缩放】六大功能面板，如图1-27所示。

图1-27 【注释】功能选项卡

（4）【布局】功能选项卡 【布局】功能选项卡从左至右依次为【布局】、【布局视口】、【创建视图】、【修改视图】、【更新】、【样式和标准】六大功能面板，如图1-28所示。

图1-28 【布局】功能选项卡

（5）【参数化】功能选项卡 【参数化】功能选项卡从左至右依次为【几何】、【标注】、【管理】三大功能面板，如图1-29所示。

图1-29 【参数化】功能选项卡

（6）【视图】功能选项卡 【视图】功能选项卡从左至右依次为【二维导航】、【视图】、【视觉样式】、【模型视口】、【选项板】、【用户界面】六大功能面板，如图1-30所示。

图1-30 【视图】功能选项卡

（7）【管理】功能选项卡 【管理】功能选项卡从左至右依次为【动作录制器】、【自定义设置】、【应用程序】、【CAD标准】四大功能面板，如图1-31所示。

图 1-31 【管理】功能选项卡

（8）【输出】功能选项卡 【输出】功能选项卡从左至右依次为【打印】、【输出为 DWF/PDF】两大功能面板，如图 1-32 所示。

图 1-32 【输出】功能选项卡

（9）【插件】功能选项卡 【插件】功能选项卡只有【内容】和【输入 SKP】两大功能面板，如图 1-33 所示。

图 1-33 【插件】功能选项卡

（10）【Autodesk 360】功能选项卡 【Autodesk 360】功能选项卡从左至右依次为【访问】、【自定义同步】、【共享与协作】三大功能面板，如图 1-34 所示。

> **学习提示：** 在功能区选项卡中，有些面板按钮右下角有箭头，表示有扩展菜单，单击箭头，扩展菜单会列出更多的工具按钮，如图 1-35 所示的【修改】面板。

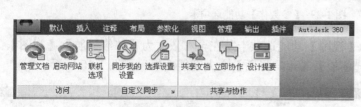

图 1-34 【Autodesk 360】功能选项卡

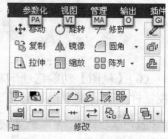

图 1-35 【修改】扩展面板

1.4.7 绘图区

标题栏下方的大片空白区域为绘图区，是用户进行绘图的主要工作区域，如图 1-36 所示。绘图区实际上是无限大的，用户可以通过缩放、平移等命令来观察绘图区的图形。有时为了增大绘图空间，可以根据需要关闭其他界面元素，例如工具栏和选项板等。

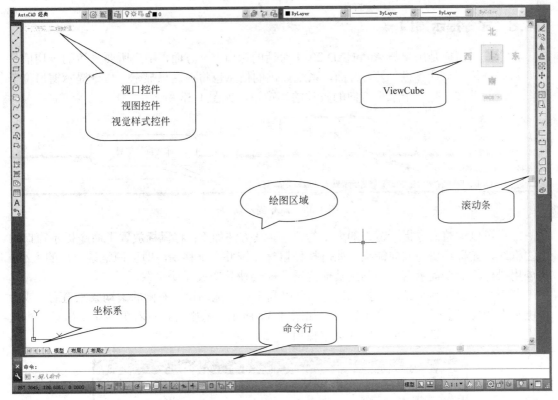

图 1-36　绘图区域

通过绘图窗口左上角的三个快捷功能控件，可快速地修改图形的视图方向和视觉样式。

绘图窗口右侧显示 ViewCube 工具和导航栏，用于切换视图方向和控制视图。

绘图窗口的左下方显示了坐标系的图标，该图标指示了绘图时的正方位，其中"X"和"Y"分别表示 X 轴和 Y 轴，而箭头指示着 X 轴和 Y 轴的正方向。默认情况下，坐标系为世界坐标系(WCS)。如果重新设置了坐标系原点或调整了坐标轴的方向，这时坐标系就变成了用户坐标系(UCS)，如图 1-37 所示。

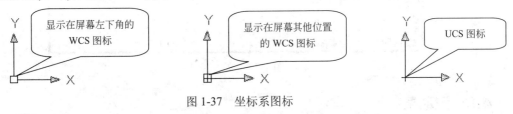

图 1-37　坐标系图标

知识要点： 绘制二维图形时，X、Y 平面与屏幕平行，而 Z 轴垂直于屏幕（方向向外），因此看不到 Z 轴。

绘图窗口中包含了两种绘图环境，分别为模型空间和图纸空间，系统在窗口的左下角为其提供了 3 个切换选项卡，缺省情况下，模型选项卡被选中，也就是通常情况下在模型空间绘制图形。若单击布局 1 或布局 2 选项卡，即可切换到图纸空间，也就是通常情况在图纸空间输出图形。

13

1.4.8 命令提示窗口

命令提示窗口是用户与 AutoCAD 2014 对话的窗口，一方面，用户所要表达的一切信息都要从这里传递给计算机。另一方面，系统提供的信息也将在这里显示。命令提示窗口位于绘图窗口的下方，是一个水平方向的较长的小窗口，如图 1-38 所示

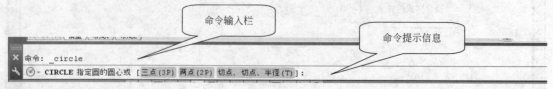

图 1-38　命令提示窗口

用户可以调整命令提示窗口的大小与位置，其方法如下：将鼠标放置于命令提示窗口的上边框线，光标将变为双向箭头，此时按住鼠标左键并上下移动，即可调整该窗口的大小；另外用鼠标将命令提示窗口拖动到其他位置，就会使其变成浮动状态。

若用户需要详细了解命令提示信息，可以利用鼠标拖动窗口右侧的滚动条来查看，或者按键盘上的【F2】键，打开文本窗口，如图 1-39 所示，从中可以查看更多命令信息，再次按键盘上的【F2】键，即要关闭该文本窗口。

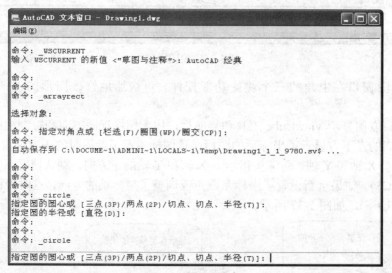

图 1-39　文本窗口

1.4.9 滚动条

在绘图窗口的下面和右侧有两个滚动条，可利用这两个滚动条上下移动来观察图形。滚动条的使用会方便广大用户观察图形。

1.4.10 状态栏

状态栏位于绘图最底部，主要用来显示当前工作状态与相关信息。当光标出现在绘图窗口时，状态栏左边的坐标显示区将显示当前光标所在位置的坐标值，如图 1-40 所示。状态栏中间的按钮用于控制相应的工作状态，其功能如下。

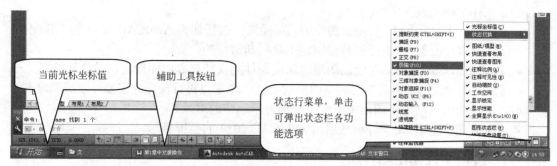

图 1-40   状态栏

（1）光标区

- 【坐标区 232.0458, 105.7933, 0.0000 】：显示当前光标在绘图窗口内的所在位置。

（2）绘图辅助工具

- 【推断约束 】：该按钮用于开启或者关闭推断约束。推断约束即自动在正创建或编辑的对象与对象捕捉的关联对象或点之间应用约束，如平行、垂直等。
- 【捕捉模式 】：该按钮用于开启或者关闭捕捉。捕捉模式可以使光标很容易抓取到每一个栅格上的点。
- 【栅格显示 】：该按钮用于开启或者关闭栅格及图幅的显示范围。
- 【正交模式 】：该按钮用于开启或者关闭正交模式。正交即光标只能走与 X 轴或 Y 轴平行的方向，不能画斜线。
- 【极轴追踪 】：该按钮用于开启或者关闭极轴追踪模式。用于捕捉和绘制与起点水平线成一定角度的线段。
- 【对象捕捉 】：该按钮用于开启或者关闭对象捕捉。对象捕捉即光标在接近某些特殊点的时候能够自动指引到那些特殊的点，如中点、端点等。
- 【三维对象捕捉 】：该按钮用于开启或者关闭三维对象捕捉。
- 【对象捕捉追踪 】：该按钮用于开启或者关闭对象捕捉追踪。该功能和对象捕捉功能一起使用，用于追踪捕捉点在线性方向上与其他对象的特殊交点。
- 【允许/禁止 UCS 】：用于切换允许和禁止动态 UCS。
- 【动态输入 】：动态输入的开启或者关闭。
- 【显示/隐藏线宽 】：该按钮控制线宽的显示或者隐藏。
- 【快捷特性 】：控制【快捷特性】面板的禁用或者开启。

（3）快速查看工具

- 【模型 模型 】：用于模式与图纸空间的转换。
- 【快速查看布局 】：快速查看绘制图形图幅布局。
- 【快速查看图形 】：快速查看图形。

（4）注释工具

- 【注释比例 】：注释时可通过此按钮调整注释的比例。
- 【注释可见性 】：单击该按钮，可选择仅显示当前比例的注释或是显示所有比例的注释。
- 【自动添加注释比例 】：注释比例更改时，通过该按钮可以自动将比例添加至注释对象。

（5）工作空间工具

- 【切换工作空间⚙】：切换绘图空间，可通过此按钮切换 AutoCAD 2014 的工作空间。
- 【锁定窗口🔒】：用于控制是否锁定工具栏和窗口的位置。
- 【硬件加速👋】：用于在绘制图形时通过硬件的支持提高绘图性能，如刷新频率。
- 【隔离对象💡】：当需要对大型图形的个别区域重点进行操作并需要显示或隐藏部分对象时，可以使用该功能在图形中临时隐藏和显示选定的对象。
- 【全屏显示🖵】：用于开启或退出 AutoCAD 2014 的全屏显示。

1.4.11 设置个性化绘图界面

启动 AutoCAD 之后，即可开始绘图，但有时可能会感到当前的绘图环境并不是那么令人满意，这时可以按绘图者的个性化要求进行绘图界面的设置。例如，如果希望将绘图窗口的底色设置为白色，则具体设置步骤如下。

（1）选择→【工具】→【选项】菜单，打开【选项】对话框，然后单击【显示】选项卡，如图1-41所示。

（2）单击【窗口元素】区域内的 颜色(C)... 按钮，打开【图形窗口颜色】对话框。

（3）在【背景】列表框中单击"二维模型空间"，在【界面元素】列表框中单击"统一背景"，在【颜色】下拉列表框中选择"白"，此时在【预览】框中将显示选择的背景颜色，供用户观看，如图1-42所示。

（4）单击固 应用并关闭(A) 按钮，此时绘图窗口的底色即被设置为白色。

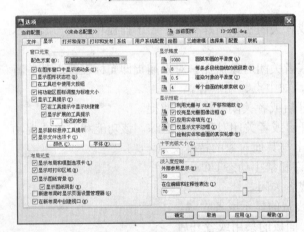

图1-41 【选项】对话框

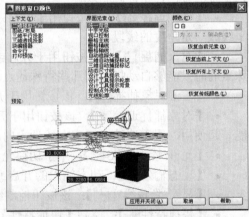

图1-42 【图形窗口颜色】对话框

1.5 文件操作命令

文件的管理一般包括创建新文件，打开已有的图形文件，输入、保存文件及输出、关闭文件等。在运用 AutoCAD 2014 进行设计和绘图时，必须熟练运用这些操作，这样才能管理好图形文件的创建、制作及保存问题，明确文件的位置，方便用户查找、修改及统计。

1.5.1 创建新的图形文件

在应用 AutoCAD 2014 进行绘图时，首先应该做的工作就是创建一个图形文件。

（1）启用命令的方法　启用"新建"命令有三种方法。

- 选择【文件】→【新建】菜单命令。
- 单击标准工具栏中的【新建】按钮 □。
- 输入命令：New。

通过以上任一种方法启用"新建"命令后，系统将弹出如图 1-43 所示【选择样板】对话框，利用【选择样板】对话框创建新文件的步骤如下。

① 在【选择样板】对话框中，系统在列表框中列出了许多标准的样板文件，用户可从中选取合适的一种样板文件即可。

② 单击 打开 按钮，将选中的样板文件打开，此时用户即可在该样板文件上创建图形。用户直接双击列表框中的样板文件，也可将该文件打开。

（2）利用空白文件创建新的图形文件　系统在【选择样板】对话框中，还提供了两个空白文件，分别是"acad"与"acadiso"。当用户需要从空白文件开始绘图时，就可以按此种方式进行。

> **学习提示：**"acad"为英制，共绘图界限为 12in × 9in（1in=2.54cm）；"acadiso"为公制，其绘图界限为 420mm × 297mm。

用户还可以单击【选择样板】对话框中左下端中的【打开】按钮右侧的 ▾ 按钮，弹出如图 1-44 所示下拉菜单，选取其中的【无样板打开公制】选项，即可创建空白文件。

图 1-43　【选择样板】对话框

图 1-44　创建空白文件

> **经验之谈：**启动运行 AutoCAD 2014 中文版后，系统直接进入 AutoCAD 绘图工作界面，在 AutoCAD 2014 中，系统没有提供符合我国要求的样板。因此，必须自己来绘制图框和标题栏。另外，通过后面的学习，用户也可以创建自己的样板文件，从而提高绘图的效率。

1.5.2　打开图形文件

当用户要对原有文件进行修改或是进行打印输出时，就要利用"打开"命令将其打开，从而可以进行浏览或编辑。

启用"打开"图形文件命令有三种方法。

- 选择→【文件】→【打开】菜单命令。
- 单击标准工具栏中的【打开】按钮 ☞ 。
- 输入命令：OPEN。

利用以上任意一种方法，系统将弹出如图 1-45 所示【选择文件】对话框，打开图形的方法有两种，一是用鼠标在要打开的图形文件上双击，另一种方法是先选中图形文件，然后按对话框右下角的按钮 打开(O) 。

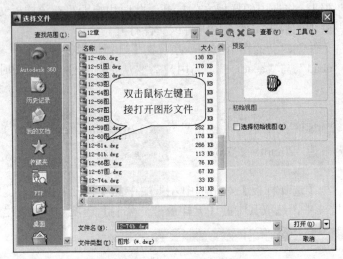

图 1-45 【选择文件】对话框

1.5.3 保存图形文件

AutoCAD 2014 的图形文件的扩展名为"dwg"，保存图形文件有两种方式。

（1）以当前文件名保存图形 启用"保存"图形文件命令有三种方法。

- 选择→【文件】→【保存】菜单命令。
- 单击标准工具栏中的【保存】按钮 🖫 。
- 输入命令：QSAVE。

利用以上任意一种方法保存图形文件，系统将当前图形文件以原文件名直接保存到原来的位置，即原文件覆盖。

> **学习提示：** 如果是第一次保存图形文件，AutoCAD 将弹出如图 1-46 所示【图形另存为】对话框，从中可以输入文件名称，并指定其保存的位置和文件类型。

（2）指定新的文件名保存图形 在 AutoCAD 2014 中，利用"另存为"命令可以指定新的文件名保存图形。

启用"另存为"命令有两种方法。

- 选择→【文件】→【另存为】→【保存】菜单命令。
- 输入命令：SAVEAS。

启用"另存为"命令后，系统将弹出如图 1-46 所示【图形另存为】对话框，此时用户可以在文件名栏输入文件的新名称，并可指定该文件保存的位置和文件类型。

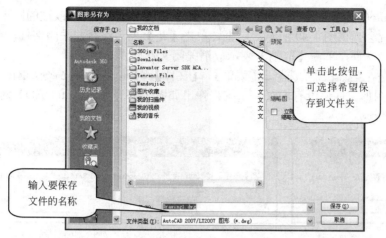

单击此按钮,可选择希望保存到文件夹

输入要保存文件的名称

图 1-46 【图形另存为】对话框

1.5.4 输出图形文件

如果要将 AutoCAD 2014 文件以其他不同文件格式保存,必须应用"输出图形"文件。AutoCAD 2014 可以输出多种格式的图形文件,其方法如下:

- 选择→【菜单】→【文件】→【输出】菜单命令。
- 输入命令:EXPORT。

利用以上任意一种方法启用"图形输出"命令后,系统将弹出如图 1-47 所示【输出数据】对话框,在对话框中的【文件类型】下拉列表中可以选择输出图形文件的格式。

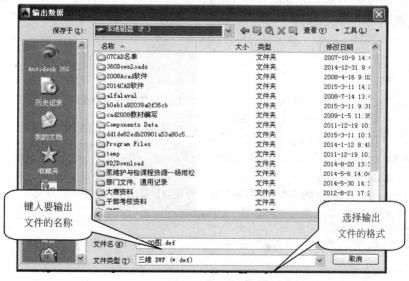

键入要输出文件的名称

选择输出文件的格式

图 1-47 【输出数据】对话框

1.5.5 关闭图形文件

当用户保存图形文件后,可以将图形文件关闭。

在菜单栏中,选择→【菜单】→【文件】→【关闭】菜单命令,或是单击绘图窗口右上角的【关闭】按钮✕,就可以关闭当前图形文件。如果图形文件还没有保存,系统将弹出如

图 1-48 所示【AutoCAD】对话框，提示用户保存文件，如果要关闭修改过的图形文件，图形尚未保存，系统会弹出图 1-49 所示提示框，单击【是】表示保存并关闭文件，单击【否】表示不保存并关闭文件，单击【取消】表示取消关闭文件操作。

另一种方法是在菜单栏中，选择→【菜单】→【文件】→【退出】菜单命令，退出 AutoCAD 2014 系统。如果图形文件还没有保存，系统将弹出如图 1-49 所示【AutoCAD】对话框，提示用户保存文件。

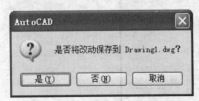

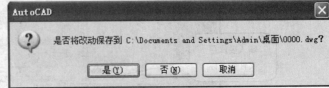

图 1-48 【AutoCAD】对话框   图 1-49 保存文件提示对话框

学习提示： 用户在绘制复杂的工程图样时，不用每次都对文字样式、绘图单位、尺寸样式、标注样式等参数进行设定。样板图的运用给绘制图样带来很大方便。样板图可以从以下两种方法获得。第一种方法，将已绘制好的图形作为样板图。打开一个已经设定好的图形文件，将文件中的实体删除，选择文件中的"另存为"命令，将图形文件保存为"dwt"格式的样板文件。这样图形文件中的绘图环境保存下来，这个文件就是样板文件，在以后绘图时可以重复调用此文件，直接使用它的各种环境设置，从而大大节省绘图时间。第二种方法，设定新的样板文件。如果是第一次使用 AutoCAD 2014 绘制专业图样，需要对图形进行各种环境设置，为了能在下次绘图时还使用这种环境设置，将此设置保存为".dwt"格式的样板文件。

思考题

1. 利用 AutoCAD 2014 绘制图形时,可以通过哪几种方式创建新的图形文件？
2. AutoCAD 提供哪些工具栏，如何打开和关闭它们？
3. AutoCAD 2014 工作界面主要包括哪几个部分？
4. AutoCAD 2014 有几种工作空间，各有什么特点？
5. 怎样打开已有图形文件？
6. 用"缺省设置""使用样板""使用向导"三种方式创建新的图形，哪一种方式更好？
7. 执行"文件/新建"命令，能否创建多个新的图形文件？

操作题

1. 练习调出绘图界面没有的工具栏，然后调整其形状和位置。
2. 练习打开和关闭工具选项板，将其分别置于浮动状态和固定状态。
3. 练习改变绘图界面的颜色。
4. 练习创建文件，保存文件，打开文件。

第**2**章

AutoCAD 2014 操作基础

本章提要

本章是 AutoCAD 2014 基础内容。主要介绍 AutoCAD 命令的类型、启用方式、鼠标的使用、AutoCAD 2014 设计中心以及帮助和教程的使用。

通过本章学习，应达到如下基本要求。

① 熟练进行鼠标的三个键的操作。
② 掌握 AutoCAD 命令的类型、启用方式。
③ 了解 AutoCAD 2014 设计中心的作用和使用方法。
④ 熟练使用系统本身的帮助和教程。

2.1 命令的类型、启用方式与鼠标的使用

在 AutoCAD 2014 中，命令是系统的核心，用户执行的每一个操作都需要启用相应的命令。因此，用户在学习本软件之前首先应该了解命令的类型与启用方法。

2.1.1 命令的类型

在 AutoCAD 2014 中的命令可分为两类，一类是普通命令，另一类是透明命令。普通命令只能单独作用，AutoCAD 2014 的大部分命令均为普通命令。透明命令是指在运行其他命令的过程中也可以输入执行的命令，即系统在收到透明命令后，将自动终止当前正在执行的命令先去执行该透明命令，其执行方式是在当前命令提示上输入"'"+透明命令。

【例】利用透明命令绘制长度为 120 的直线。

命令：__line 指定第一点：0, 0   //选择直线工具 ✎，输入线段的起点坐标（0, 0）
指定下一点或[放弃(U)]：'cal   //输入透明命令"'cal"
>>>> 表达式:3*40   //输入表达式"3*40"，按【Enter】
正在恢复 Line 命令。   //透明命令执行完毕，恢复执行直线命令
指定下点或[放弃(U)]:120   //自动输入的终点极坐标距离值(120)，方向为鼠标与原点的延长线上

2.1.2 命令的启用方式

通常情况下, 在 AutoCAD 2014 工作界面中, 用户选择菜单中的某个命令或单击工具栏中的某个按钮, 其实质就是在启用某一个命令, 从而达到进行某一个操作的目的。在 AutoCAD 2014 工作界面中, 启用命令有以下 4 种方法。

(1) 菜单命令方式 在菜单栏中选择菜单中的选项命令。

(2) 工具按钮方式 直接单击工具栏中的工具按钮。

(3) 命令提示窗口的命令行方式 在命令行提示窗口中输入某一命令的名称, 然后按【Enter】键。

(4) 光标菜单中的选项方式 有时用户在绘图窗口中鼠标右击, 此时系统将弹出相应的光标菜单, 用户即可从中选择合适的命令。

2.1.3 鼠标的使用

在 AutoCAD 2014 中, 鼠标的三个按钮具有不同的功能。

(1) 左键 左键是绘图过程中使用的最多的键, 主要为拾取功能, 用于单击工具栏按钮、选取菜单选项以发出命令, 也可以在绘图过程中选择点、图形对象等。

(2) 右键 右键默认设置用于显示光标菜单, 单击右键可以弹出光标菜单。

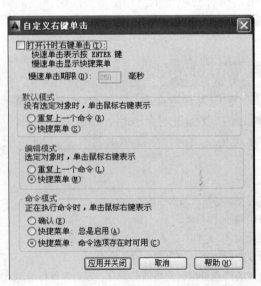

图 2-1 【自定义右键单击】对话框

(3) 中键 中键的功能主要是用于快速浏览图形。在绘图过程中单击中键, 光标将变为适时平移状态(形状为), 此时移动光标即可快速移动图形; 双击中键, 在绘图窗口中将显示全部图形对象。当鼠标的中键为滚动轮时,将光标放置于绘图窗口中，然后直接向下滚动滚轮，则图形即可缩小；直接向上转动滚轮，则图形即可放大。

2.1.4 设置系统变量

在 AutoCAD 2014 中，系统变量用于控制某些功能、绘图环境以及命令的工作方式。设置系统变量即可设置相应绘图功能、环境和命令的缺省值。

设置系统变量有两种方法：

① 直接输入系统变量名。当用户确切知道某个系统变量并能写出该变量的名称时，可以直接在命令的窗口的命令行中输入该系统变量的名称并按【Enter】键，然后输入新的系统变量值并按【Enter】键即可。

② 启用系统变量命令。这种方法是选择→【菜单】→【工具】→【查询】→【设置变量】选项。也可以直接输入命令：SETVAR。利用以上任意一种方法启用【设置变量】命令后，命令行将出现"输入变量名或[?]："，此时用户可以直接输入系统变量的名称并按【Enter】，然后修改该系统变量的值。

2.2 撤销、重复与取消命令

2.2.1 撤销与重复命令

在 AutoCAD 2014 中，当用户想终止某一个命令时，可以随时按键盘上的【Esc】键撤销当前正在执行的命令。当用户需要重复执行某个命令时，可以直接按【Enter】或空格键，也可以在绘图区域内，鼠标右击,弹出光标菜中选择【重复选项…(R)】选项，这为用户提供了快捷的操作方式。

2.2.2 取消已执行命令

在 AutoCAD 绘图过程中，当用户想取消一些错误的命令时，需要取消前面执行的一个或多个操作，此时用户可以使用"取消"命令。

启用"取消"命令有三种方法。

- 选择→【编辑】→【放弃】菜单命令。
- 单击标准工具栏中的【取消】按钮 。
- 输入命令：UNDO。

> **经验之谈：**在 AutoCAD 2014 中，可以无限进行取消操作，这样用户可以观察自己的整个绘图过程。当用户取消一个或多个操作后，又想重做这些操作，将图形恢复原来的效果时，可以使用标准工具栏中的【重做】按钮 。这样用户可以回到想要的界面中。

2.3 AutoCAD 中文版设计中心

AutoCAD 2014 中文版的设计中心，为用户提供了一种直观、有效的操作界面。用户通过它可以很容易地查找和组织本地计算机或者网络上存储的图形文件。它的主要功能有以下几种：

① 浏览在本地磁盘、网络或 Internet 上的图形文件。

② 预览某个图形文件中的块、图层、文本样本等，并可以将这些定义插入、添加或复制到当前图形文件中使用。

③ 快速查找存储在计算机或者网络中的图样、图块、文字样式、标注样式、图层等，并把这些图形加载到设计中心或者当前图形文件中。

2.3.1 打开 AutoCAD 设计中心

启用 AutoCAD 设计中心有以下四种方法：

- 选择→【工具】→【选项板】→【设计中心】菜单命令。
- 按快捷键【Ctrl+2】。
- 输入命令：ADC。

利用上述任意方法启用"设计中心"命令后，系统将弹出如图 2-2 所示【设计中心】对话框，对话框中包含文件夹、打开的图形、历史记录和联机设计中心 4 个选项卡。

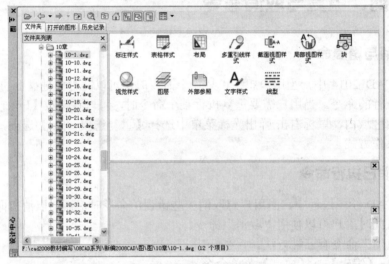

图 2-2 【设计中心】对话框

- 【文件夹】下拉菜单:显示本地磁盘和网上邻居的信息资源。
- 【打开的图形】下拉菜单:显示当前 AutoCAD 2014 所有打开的图形文件。双击文件或者单击文件名前面的"+"图标，列出该文件所包含的块、图层、文字样式等项目。
- 【历史记录】下拉菜单:以完整的路径显示最近打开过的图形文件。
- 【联机设计中心】下拉菜单:访问联机设计中心网页内容，其中包含图块、符号库、制造商、联机目录等信息。

2.3.2 浏览及使用图形

（1）打开图形文件　在【设计中心】对话框中，右键单击选中所需图形文件的图标，在弹出的光标菜单中选择在应用程序中打开命令，如图 2-3 所示，在窗口中打开此文件。

（2）插入图形文件中的块、图层、文字样式等项目　利用【设计中心】插入图形文件中的块、图层、文字样式等对象。

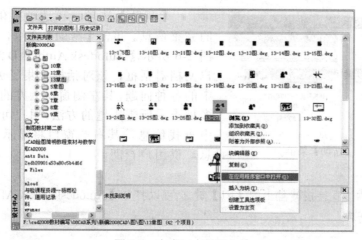

图 2-3　在窗口中打开文件

操作步骤如下：

① 查找 AutoCAD 2014 中的【Sample】文件夹，选择需要的文件。设计中心右侧窗口中将列出文件的布局、块、图层、文字样式等项目。

② 双击需要插入的项目，设计中心将列出此项目的内容。例如双击【块】项目，列出图形文件中的所有块，如图 2-4 所示。

③ 在需要插入图块上单击鼠标右键，在弹出的光标菜单中选择【插入块】命令，弹出【插入】对话框，单击确定按钮，并在窗口界面中要插入图块的图形文件窗口中的适当位置单击，图块被插入到图形文件中。

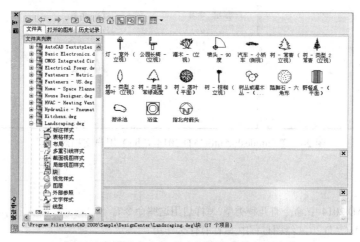

图 2-4　【设计中心】列出图形文件中的所有块

2.4　使用帮助和教程

AutoCAD 2014 提供了大量详细的帮助信息。掌握如何有效地使用帮助系统，将会给用户解决疑难问题带来很大的帮助。

AutoCAD 2014 的帮助信息几乎全部集中在菜单栏的【帮助】菜单中，如图 2-5 所示。下面简要介绍【帮助】菜单的各个选项命令的功能。

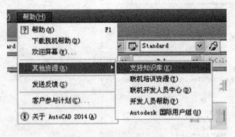

图 2-5 【帮助】菜单

• 【帮助】选项：该选项提供了 AutoCAD 的完整信息。单击【帮助】命令，系统将弹出如图 2-6 所示【Autodesk AutoCAD 2014-帮助】用户文档对话框，该对话框汇集了 AutoCAD 2014 中的各种问题，其左侧窗口上方的选项卡提供了多种查看所需主题的方法，用户可在左侧的窗口中查找信息，其右侧窗口将显示所选主题的信息，供用户查阅。

学习提示： 直接按键盘上的【F1】键，也可以打开【Autodesk AutoCAD 2014-帮助】用户文档对话框。

• 【关于】选项：该选项提供了 AutoCAD 2014 软件的相关信息，如版权、产品信息等。

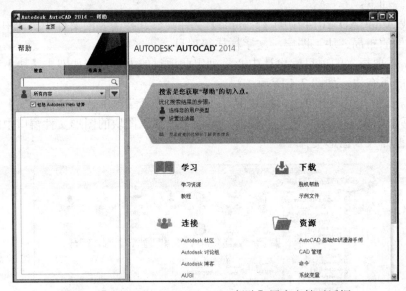

图 2-6 【Autodesk AutoCAD 2014-帮助】用户文档对话框

思考题

1．在 AutoCAD 2014 中，命令有几种类型？怎样启用这些命令？
2．在使用 AutoCAD 2014 绘图过程中，鼠标有什么作用？
3．怎样运用 AutoCAD 2014 设计中心来帮助用户提高绘图效率？
4．怎样使用 AutoCAD 2014 帮助和教程功能？

第**3**章

辅助工具的使用

本章提要

在绘图过程中，用户为了更好地操作和精确绘图，必须掌握一些辅助工具的使用，本章重点讲解 AutoCAD 2014 辅助工具中的使用坐标系、使用导航栏、动态输入、栅格、捕捉和正交、对象捕捉、自动追踪、显示控制、查询图形信息的使用方法。

通过本章学习，应达到如下基本要求。

① 熟练掌握坐标变换方法、导航栏的使用、动态输入、捕捉和正交、对象捕捉、自动追踪在绘图中具体应用。

② 掌握显示控制的使用方法，特别是窗口缩放和全部缩放的运用。

③ 了解查询信息等辅助工具的使用方法，并能在实际绘图中得到应用。

3.1 设置坐标系

AutoCAD 2014 默认的坐标系是世界坐标系（WCS），它以绘图界限的左下角为原点（0，0，0），包含 X、Y 和 Z 坐标轴。其中 X 轴是水平的，且正方向水平向右；Y 轴是垂直的，且正方向垂直向上；Z 轴是垂直于 XY 平面的，且正方向垂直于屏幕指向用户，如图 3-1 所示。

在 AutoCAD 2014 中坐标系是定位图形的基本手段。如果用户没有另外设定 Z 坐标值，所绘图形只能是 XY 平面的二维图形，其原点是图形左下角 X 轴和 Y 轴的相交点（0，0）。如图 3-2 所示是坐标值为（48，45）的点在坐标系中的位置。

图 3-1 WCS 坐标系

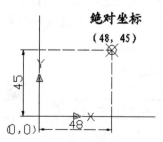

图 3-2 平面坐标显示

3.1.1 直角坐标与极坐标

AutoCAD 2014 中使用最频繁的是直角坐标。直角坐标主要有两种坐标，即绝对坐标和相对坐标，另外还有一种特殊坐标——极坐标。下面分别讲解各坐标。

- 绝对坐标：指某一个点以原点（0，0）为参照点，分别在 X 轴和 Y 轴(如果是三维坐标则还包含 Z 轴)方向上指出与原点的距离的一种表示方式。绝对坐标中任何一点的坐标值与其他点没有关系，如图 3-2 所示。
- 相对坐标：指某点以另外一个坐标点(原点除外)为参照点，分别在 X 轴和 Y 轴(如果是三维坐标则还包含 Z 轴)方向上指出与参照点的距离的一种表示方式。相对坐标中任何一点的坐标值与原点的距离没有关系，仅仅参照当前的参照点。如图 3-3 所示。
- 极坐标：极坐标较为特殊，它是使用点与原点的直线距离和直线角度进行定位的。其格式为"距离<角度"。如图 3-4 所示为与原点距离为 100，角度为 30 的点。极坐标也可以采用相对坐标方式输入，格式为"@距离<角度"。

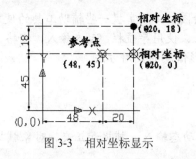

图 3-3　相对坐标显示

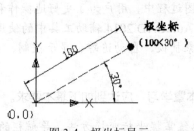

图 3-4　极坐标显示

> **学习提示：** 绝对坐标的表示方法与几何学中坐标的表示方法相同，格式都是"X，Y""X，Y，Z"。相对坐标的表示格式为"@X，Y"或"@X，Y，Z"，以@符号开头。如图 3-3 所示的点到参考点的水平距离为 20，垂直距离为 0，因此其绝对坐标为"68，45"，但相对坐标为"@20，0"。另一点水平距离为 20，垂直距离为 18，其绝对坐标为"68，63"，但相对坐标为"@20，18"。

3.1.2 控制坐标值的显示

状态栏的左侧用于显示当前光标的坐标值，而单击该坐标值可以开启或关闭坐标值的显示。如图 3-5 所示为开启坐标值的显示，如图 3-6 所示为关闭坐标值的显示。

在默认状态下，状态栏只显示当前光标的绝对坐标。在坐标值上单击鼠标右键，在弹出的快捷菜单中也可以选择显示相对坐标，但这只能在命令执行过程中需要指定点时才能起作用。如图 3-7 所示为在绘制直线过程中需指定点时，可切换到相对坐标状态。

图 3-5　开启坐标值的显示

图 3-6　关闭坐标值的显示

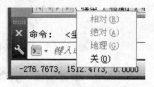

图 3-7　坐标切换显示

3.2 使用导航栏

3.2.1 显示导航工具栏

　　导航栏是一种用户界面元素，默认显示在绘图窗口的右侧，用户可以从中访问通用导航工具和特定于产品的导航工具。

　　单击绘图区左上角的【一】按钮（此按钮为隐藏状态，鼠标移动到左上角才显示），在弹出的快捷菜单中选择【导航栏】选项，可以控制导航栏的显示与隐藏，如图 3-8 所示。

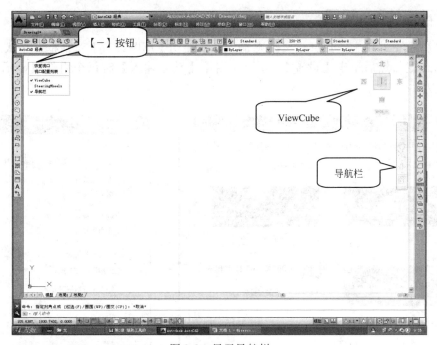

图 3-8　显示导航栏

3.2.2 导航工具栏的使用

　　导航栏中有以下通用工具。

　　【ViewCube】：指示模型的当前方向，并用于重定向模型的当前视图。

　　【SteeringWheels】：用于在专用导航工具之间快速切换的控制盘集合。

　　【ShowMotion】：用于界面元素，为创建和回放电影式相机动画提供屏幕显示，以便进行设计查看、演示和书签样式导航。

　　【3Dnconexion】：一套导航工具，用于使用 3Dnconexion 三维鼠标重新设置模型当前视图方向。

　　导航栏有以下几种特定于产品的导航工具。

　　【平移🖐】：沿屏幕平移视图。

　　【缩放工具🔍】：用于增大或缩小模型当前视图比例的导航工具集。

　　【动态观察工具✛】：用于旋转模型当前视图的导航工具集。

3.3 动态输入

动态输入是 AutoCAD 2014 常用的辅助功能。使用动态输入功能可以在工具栏提示中输入坐标值，而不必在命令行中进行输入。光标旁边显示的工具栏提示信息将随着光标的移动而动态更新。当某个命令处于活动状态时，可以在工具栏提示中输入值。动态输入虽然为用户绘制图样带来了很大方便，但它不会取代命令窗口。可以隐藏命令窗口以增加绘图屏幕区域，但是在有些操作中还是需要显示命令窗口。按【F2】键可根据需要隐藏和显示命令提示和错误消息。另外，也可以浮动命令窗口，并使用"自动隐藏"功能来展开或卷起该窗口。

3.3.1 动态输入的设置

用户在绘图过程中，要自定义动态输入，请使用【草图设置】对话框。在状态栏 上单击鼠标右键，然后单击【设置】，以控制启用【动态输入】时每个组件所显示的内容，如图 3-9 所示。

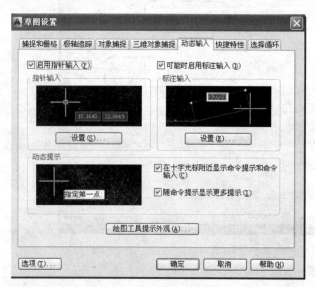

图 3-9 【动态输入】设置

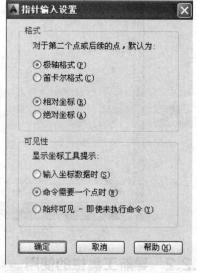

图 3-10 【指针输入设置】对话框

在【动态输入】设置对话框中各选项组的意义如下。

- 【启用指针输入】单选框：使用指针输入设置可修改坐标的默认格式，以及控制指针输入工具栏提示何时显示，如图 3-10 所示。
- 【可能时启用标注输入】单选框：使用标注输入设置只显示用户希望看到的信息，如图 3-11 所示。
- 【动态提示】单选项：启用动态提示时，提示会显示在光标附近的工具栏提示中。用户可以在工具栏提示（而不是在命令行）中输入响应。按下箭头键可以查看和选择选项。按上箭头键可以显示最近的输入。
- 【设计工具栏提示外观】：用于设置工具栏模型预览、布局预览的颜色，工具栏提示外观的大小，如图 3-12 所示。

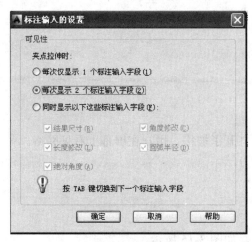
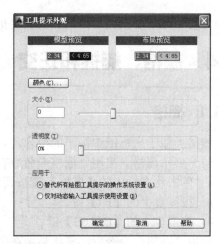

图 3-11 【标注输入的设置】　　　　　　　图 3-12 【工具栏提示外观】设置

3.3.2　指针输入和标注输入

单击状态栏上的【动态输入 ✛】按钮打开和关闭"动态输入"。按住【F12】键可以临时将其关闭。"动态输入"有三个组件：指针输入、标注输入和动态提示。

（1）指针输入　当启用指针输入且有命令在执行时，十字光标的位置将在光标附近的工具栏提示中显示为坐标。可以在工具栏提示中输入坐标值，而不用在命令行中输入。第二个点和后续点的默认设置为相对极坐标。不需要输入"@"符号。如果需要使用绝对坐标，请使用井号（#）前缀。例如，要将对象移到原点，请在提示输入第二个点时，输入"#0,0"。

也可以在工具栏提示而不是命令行中输入命令以及对提示做出响应。如果提示包含多个选项，请按下箭头键查看这些选项，然后单击选择一个选项。动态提示可以与指针输入和标注输入一起使用，如图 3-13 所示。

图 3-13　动态提示和指针输入

（2）标注输入　　启用标注输入时，当命令提示输入第二点时，工具栏提示将显示距离和角度值。在工具栏提示中的值将随着光标移动而改变。按【Tab】键可以移动到要更改的值。对于标注输入，在输入字段中输入值并按【Tab】键后，该字段将显示一个锁定图标，并且光标会受用户输入的值约束，如图 3-14 所示。使用夹点编辑对象时，标注输入工具栏提示可能会显示的信息有旧的长度、移动夹点时更新的长度、长度的改变、角度、移动夹点时角度的变化、圆弧的半径。在使用夹点来拉伸对象或在创建新对象时，标注输入仅显示锐角，即所有角度都显示为小于或等于 180°。因此，无论系统变量如何设置（在【图形单位】对话框中设置），270° 都将显示为 90°。创建新对象

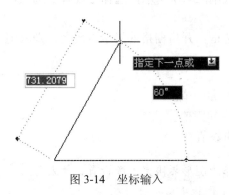

图 3-14　坐标输入

时指定的角度需要根据光标位置来决定角度的正方向。

3.4 栅格、捕捉和正交

3.4.1 栅格

栅格类似于坐标纸中格子的概念，若已经打开了栅格，用户在屏幕上看见网格。

（1）启用栅格　启用"栅格"命令有三种方法。

- 单击状态栏中的【栅格】▦按钮。
- 按键盘上的【F7】键。
- 按键盘上的【Ctrl+G】键。

启用"栅格"命令后，栅格显示在屏幕上，如图 3-15 所示。

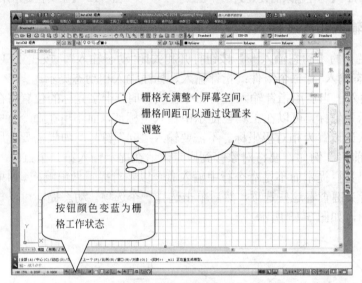

图 3-15　栅格显示

（2）设置栅格　栅格的主要作用是显示用户所需要的绘图区域大小，帮助用户在绘制图样过程中不能超出绘图区域。根据用户所选择的区域大小，栅格随时可以进行大小设置，如果绘图区域和栅格大小不匹配，在屏幕上就不显示栅格，而在命令行中提示栅格太密，无法显示。

用右键单击状态栏中的▦按钮，弹出光标菜单，如图 3-16 所示，选择【设置】选项，就可以打开【草图设置】对话框，如图 3-17 所示。

在【草图设置】对话框中，选择【启用栅格】复选框，开启栅格的显示，反之，则取消栅格的显示。

其中的参数：

- 【栅格 X 轴间距】：用于指定经 X 轴方向的栅格间距值。
- 【栅格 Y 轴间距】：用于指定经 Y 轴方向的栅格间距值。

X、Y 轴间距可根据需要，设置为相同的或不同的数值。

> **经验之谈：** 设置栅格间距时，一定要根据所选择的图形界限来匹配设置，如果图形界限大，而栅格间距小，启用栅格时，命令行会提示栅格太密无法显示。

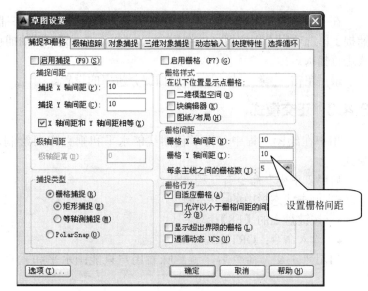

图 3-16　选择【设置】对话框　　　　　图 3-17　栅格设置

3.4.2　捕捉

捕捉点在屏幕上是不可见的点，若打开捕捉时，当用户在屏幕上移动鼠标，十字交点就位于被锁定的捕捉点上。捕捉点间距可以与栅格间距相同，也可不同，通常将后者设为前者的倍数。在 AutoCAD 2014 中，有栅格捕捉和极轴捕捉两种捕捉样式，若选择捕捉样式为栅格捕捉，则光标只能在栅格方向上精确移动；若选择捕捉样式为极轴捕捉，则光标可在极轴方向精确移动。

（1）启用捕捉　启用"捕捉"命令有三种方法。

- 单击状态栏中的■按钮。
- 按键盘上的【F9】键。
- 按键盘上的【Ctrl+B】键。

启用"捕捉"命令后，光标只能按照等距的间隔进行移动，所间隔的距离称为捕捉的分辨率，这种捕捉方式则被称为间隔捕捉。

> **学习提示：**在正常绘图过程中不要打开捕捉命令，否则光标在屏幕上按栅格的间距跳动，这样不便于绘图。

（2）捕捉设置　在绘制图样时，可以对捕捉的分辨率进行设置。用右键单击状态栏中的■按钮，弹出光标菜单，选择【设置】选项，就可以打开【草图设置】对话框，在该对话框的左侧为捕捉选项，如图 3-17 所示。

其中的参数：

- 【栅格 X 轴间距】：用于指定经 X 轴方向的捕捉分辨率。
- 【栅格 Y 轴间距】：用于指定经 Y 轴方向的捕捉分辨率。

X、Y 轴间距可根据需要 ，设置为相同的或不同的数值。

- 【角度】：用于设置按照固定的角度旋转栅格捕捉的方向。
- 【X 基点】：用于指定栅格的 X 轴基准坐标点。
- 【Y 基点】：用于指定栅格的 Y 轴基准坐标点。

在【捕捉类型】选项组中,【栅格捕捉】单选项用于栅格捕捉。【矩形捕捉】与【等轴测捕捉】单选项用于指定栅格的捕捉方式。【PolarSnap】(极轴捕捉)单选项用于设置以极轴方式进行捕捉。

最后单击 确定 按钮完成对捕捉分辨率的设置。

3.4.3 正交模式

用户在绘图过程中,为了使图线能水平和垂直方向绘制,AutoCAD特别设置了正交模式。

启用"正交"命令有三种方法。

- 单击状态栏中的 按钮。
- 按键盘上的【F8】键。
- 输入命令:ORTHO。

启用"正交"命令后,就意味着用户只能画水平和垂直两个方向的直线,如图 3-18 所示。

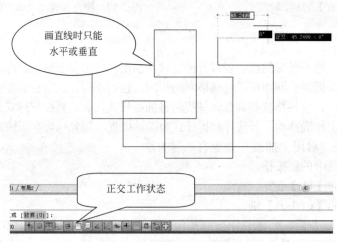

图 3-18 绘图时正交状态

3.5 对象捕捉

对象捕捉实际上是 AutoCAD 为用户提供的一个用于拾取图形几何点的过滤器,它使光标能精确地定位在对象的一个几何特征点上。利用对象捕捉命令,可以帮助用户将十字光标快速、准确地定位在特殊或特定位置上,以便提高绘图效率。

根据对象捕捉方式,可以分为临时对象捕捉和自动对象捕捉两种捕捉样式。临时对象捕捉方式的设置,只能对当前进行的绘制步骤起作用;而自动对象捕捉在设置对象捕捉方式后,可以一直保持这种目标捕捉状态,如需取消这种捕捉方式,要在设置对象捕捉时取消选择这种捕捉方式。

3.5.1 调整靶区大小

在绘图过程中,在执行某一命令时,光标显示为十字光标或者为小方框的拾取状态,为了用户方便拾取对象,靶区大小是可以设置的。

通过选择→【工具】→【选项】→【绘图】菜单命令，进行设置如图 3-19 所示。

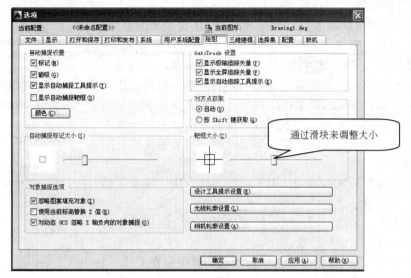

图 3-19　调整靶区大小显示

3.5.2　临时对象捕捉方式

用鼠标右键单击窗口内工具栏，在弹出的光标菜单中选择对象捕捉命令，弹出【临时对象捕捉】工具栏，如图 3-20 所示。

图 3-20　【临时对象捕捉】工具栏

在【临时对象捕捉】工具栏中，各个选项的意义如下。

• 【临时追踪点 •—•】：用于设置临时追踪点，使系统按照正交或者极轴的方式进行追踪。

• 【捕捉自 •—】：选择一点，以所选的点为基准点，再输入需要点对于此点的相对坐标值来确定另一点的捕捉方法。

• 【捕捉到端点 ∕】：用于捕捉线段、矩形、圆弧等线段图形对象的端点，光标显示"□"形状。

• 【捕捉到中点 ∕】：用于捕捉线段、弧线、矩形的边线等图形对象的线段中点，光标显示"△"形状。

• 【捕捉到交点 ✕】：用于捕捉图形对象间相交或延伸相交的点，光标显示"✕"形状。

• 【捕捉到外观交点 ✕】：在二维空间中，与捕捉到交点工具 ✕ 的功能相同，可以捕捉到两个对象的视图交点，该捕捉方式还可以在三维空间中捕捉两个对象的视图交点光标显示"⊠"形状。

• 【捕捉到延长线 •—•】：使光标从图形的端点处开始移动，沿图形一边以虚线来表示此边的延长线，光标旁边显示对于捕捉点的相对坐标值，光标显示"•—•"形状。

• 【捕捉到圆心 ◎】：用于捕捉圆形、椭圆形等图形的圆心位置，光标显示"☉"形状。

• 【捕捉到到象限点 ◈】：用于捕捉圆形、椭圆形等图形上象限点的位置，如 0°、90°、180°、270°位置处的点，光标显示"◇"形状。

35

- 【捕捉到切点 ⌒】：用于捕捉圆形、圆弧、椭圆图形与其他图形相切的切点位置光标显示"○"形状。

- 【捕捉到垂足 ⊥】：用于绘制垂线，即捕捉图形的垂足，光标显示"ㄴ"形状。

- 【捕捉到平行线 ⫽】：以一条线段为参照，绘制另一条与之平行的直线。在指定直线起始点后，单击捕捉直线按钮，移动光标到参照线段上，出现平行符号"⫽"表示参照线段被选中，移动光标，与参照线平行的方向会出现一条虚线表示轴线，输入线段的长度值即可绘制出与参照线平行的一条直线段。

- 【捕捉到插入点 ∘】：用于捕捉属性、块、或文字的插入点，光标显示"⌻"形状。

- 【捕捉到节点 ⊠】：用于捕捉使用点命令创建的点的对象，光标显示"⊠"形状。

- 【无捕捉 ⌒】：用于取消当前所选的临时捕捉方式。

- 【对象捕捉设置 ⋂】：单击此按钮，弹出草图设置对话框，可以启用自动捕捉方式，并对捕捉方式进行设置。

使用临时对象捕捉方式还可以利用光标菜单来完成。

按住键盘上的【Ctrl】或者【Shift】键，在绘图窗口中单击鼠标右键，弹出如图 3-21 所示的光标菜单。在光标菜单中列出捕捉方式的命令，选择相应的捕捉命令即可完成捕捉操作。

图 3-21　光标菜单

3.5.3　自动对象捕捉方式

（1）启用自动捕捉命令　使用"自动捕捉"命令时，可以保持捕捉设置，不需要每次绘制图形时重新调用捕捉方式进行设置，这样就可以节省很多时间。

启用"自动捕捉"命令有三种方法。

- 单击状态栏中的▢按钮。
- 按键盘上的【F3】键。
- 按键盘上的【Ctrl+F】键。

（2）自动捕捉设置　AutoCAD 在自动捕捉方式中，提供了比较全面的对象捕捉方式。可以单独选择一种对象捕捉，也可以同时选择多种对象捕捉方式。

对自动捕捉设置可以通过【草图设置】对话框来完成。

启用"草图设置"命令有三种方法。

- 选择→【菜单】→【工具】→【草图设置】菜单命令。
- 在状态栏中的▢按钮上单击鼠标右键，在弹出的光标菜单中选择【设置】命令。
- 按住键盘上的【Ctrl】或者【Shift】键，在绘图窗口中单击鼠标右键，在弹出的光标菜单中选择【对象捕捉】设置命令。

启用"草图设置"命令，打开【草图设置】对话框，如图 3-22 所示。

在对话框中，选择【启用对象捕捉】复选框，在【对象捕捉模式】选项中提供了 13 种对象捕捉方式，可以通过选择复选框来选择需要启用的捕捉方式，每个选项的复选框前的图标代表成功捕捉某点时光标的显示图标。所有列出的捕捉方式、图标显示与前面所介绍的临时对象捕捉方式相同。

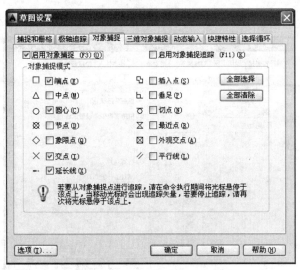

图 3-22 【对象捕捉】设置

其中的参数：
- 【全部选择】：用于选择全部对象捕捉方式。
- 【全部清除】：用于取消所有设置的对象捕捉方式。

完成对象捕捉设置后，单击状态栏中的□按钮，使之处于凹下状态，即可打开对象捕捉开关。

> **经验之谈：** 在设置自动对象捕捉时，要根据绘图时实际要求，有目的地设置捕捉对象，否则在点集中的区域很容易捕捉混淆，使绘图不准确。需要设置时，在任务栏□处右击鼠标，弹出光标菜单，选择【设置】，弹出图3-22所示对话框，这样可随时进行对象的设置。

3.6 自动追踪

自动追踪可用于按指定角度绘制对象，或者绘制其他有特定关系的对象。当自动追踪打开时，屏幕上出现的对齐路径(水平或垂直追踪线)有助于用户用精确位置和角度创建对象。自动追踪包含两种追踪选项：极轴追踪和对象捕捉追踪，用户可以通过状态栏上的极轴和对象追踪按钮打开或关闭该功能。

3.6.1 极轴追踪

（1）启用"极轴追踪"命令　启用"极轴追踪"命令有两种方法。
- 单击状态栏中的☉按钮。
- 按键盘上的【F10】键。

（2）【极轴追踪】的设置　对【极轴追踪】的设置可以通过【草图设置】对话框来完成。启用"草图设置"命令有 2 种方法。
- 选择→【工具】→【草图设置】菜单命令。
- 在状态栏中的☉按钮上单击鼠标右键，在弹出的光标菜单中选择【设置】命令。

启用"草图设置"命令，打开【草图设置】对话框，如图 3-23 所示。

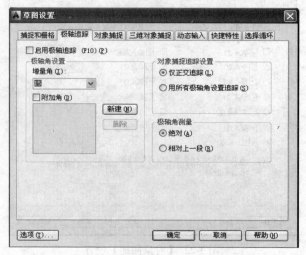

图 3-23 【极轴追踪】设置

在【草图设置】对话框中，用户可对极轴追踪的操作进行设置。

在【极轴追踪】设置对话框中，各选项组的意义如下：

• 【启用极轴追踪】复选框：开启极轴追踪命令；反之，则取消极轴追踪命令。

• 【极轴角设置】选项组：在此选项中，用户可以选择【增量角】下拉列表框中的角度变化的增量值，如图 3-23 所示的增量角度为 15°，则光标移动到接近 30、45、30、75、90等方向时，极轴就会自动追踪。也可以输入其他角度。选择【附加角】复选框，单击【新建】按钮，可以增加极轴角度变化的增量值。

• 【对象捕捉追踪设置】选项组：其中该选项组中，【仅正交追踪】单选项用于设置在追踪参考点处显示水平或垂直的追踪路径；【用所有极轴角设置追踪】单选项用于在追踪参考点处沿极轴角度所设置的方向显示追踪路径。

• 【极轴角测量】选项组：在此选项中，【绝对】单选项用于设置以坐标系的 X 轴为计算极轴角的基准线；【相对上一段】单选项用于设置以最后创建的对象为基准线进行计算极轴的角度。

【例】启用"极轴追踪"命令绘制如图 3-24 所示的六边形。

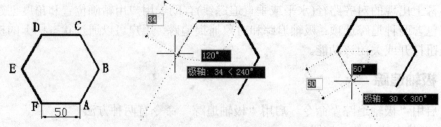

图 3-24 极轴追踪图例

命令：_line 指定第一点：　　　　　　//选择直线工具 ✎ ，单击 A 点位置
指定下一点或[放弃(U)]：50　　　　　//沿 30°方向追踪，输入线段长度 50 到 B 点
指定下一点或[放弃(U)]：50　　　　　//沿 120°方向追踪，输入线段长度 50 到在 C 点
指定下一点或[闭合(C)/放弃(U)]：50　//沿 180°方向追踪，输入线段长度 50 到 D 点
指定下一点或[闭合(C)/放弃(U)]：50　//沿 240°方向追踪，输入线段长度 50 到 E 点

指定下一点或[闭合(C)/放弃(U)]:50   //沿300°方向追踪，输入线段长度50到F点
指定下一点或[闭合(C)/放弃(U)]:   //按【Enter】键，结束图形绘制

3.6.2 对象捕捉追踪

（1）启用"对象捕捉追踪"命令 启用"对象捕捉追踪"命令有2种方法。

- 单击状态栏中的 ∠ 按钮。
- 按键盘上的【F11】键。

（2）【对象捕捉追踪】的设置 使用【对象捕捉追踪】时，必须打开【对象捕捉】和【极轴模式】开关。【对象捕捉追踪】设置也是通过【绘图设置】对话框中来完成的。

启用"绘图设置"命令有三种方法。

- 选择→【菜单】→【工具】→【绘图设置】→【对象捕捉】菜单命令。
- 在状态栏中的 ∠ 按钮上单击鼠标右键，在弹出的光标菜单中选择【设置】命令。
- 按住键盘上的【Ctrl】或者【Shift】键，在绘图窗口中单击鼠标右键，在弹出的光标菜单中选择【对象捕捉设置】命令。

【例】在如图3-25所示的四边形中心处绘制一个直径为100的圆。

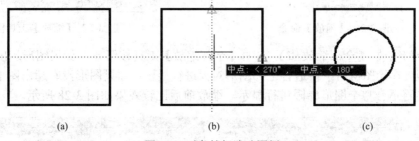

（a）   （b）   （c）

图3-25 对象捕捉追踪图例

操作步骤如下：

（1）用鼠标右键单击状态栏中的 ∠ 按钮，弹出光标菜单，选择【设置】选项，打开草图设置对话框，在对话框中选择【对象捕捉】选项，在下拉的13个选项中选择"中点"。

（2）在绘图窗口中单击状态栏中的 ∠ 按钮，使之处于凹下状态，即打开对象追踪开关。

（3）绘图过程如下。

命令:_circle 指定圆的圆心或[三点(3P)/两点(2P)/相切、相切、半径(T)]:
                          //启用绘制圆的命令 ⊘ ，让光标分别在四边形的两个
                            边中点处进行捕捉追踪使之都显示"△"形状，然后
                            把光标再移动到两中点的交线处，四边形的中心就能追
                            踪到位如图3-25（b）图形所示

指定圆的半径或 [直径(D)]<50.0000>: //输入圆的半经50，按【Enter】键，结束图形绘制，
                            如图3-25（c）所示

3.7 显示控制

在使用AutoCAD绘图时，显示控制命令使用十分频繁。通过显示控制命令，可以观察绘制图形的任何细小的结构和任意复杂的整体图形。

3.7.1 缩放图形

视图缩放就是将图形进行放大或缩小，但不改变图形的实际大小。

调用缩放命令的方式有以下几种。

- 选择→【菜单】→【视图】→【缩放】命令，如图 3-26 所示。
- 选择工具栏图 3-27 所示的【缩放】工具栏中的按钮。
- 在命令行中输入"ZOOM/Z"。

图 3-26 【缩放】命令

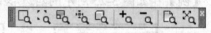

图 3-27 【缩放】工具栏

（1）全部缩放 【全部缩放 🔍】：选择【全部缩放】工具按钮 🔍，如果图形超出当前设置的图形界限，在绘图窗口中将适合全部图形对象进行显示；如果图形没有超出图形界限，在绘图窗口中将适合整个图形界限进行显示。缩放前后比较效果如图 3-28 所示。

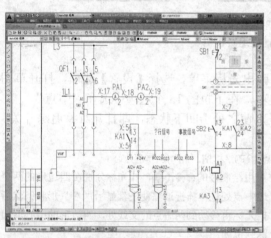

(a) 缩放前

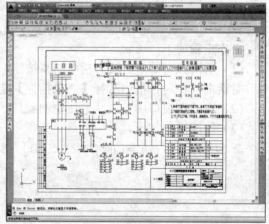

(b) 缩放后

图 3-28 全部缩放前后对比

通过命令行输入命令来调用全部缩放工具，全部缩放工具命令为"A(ALL)"，操作步骤如下：

命令：_zoom   //输入字母"Z"，按【Enter】键
指定窗口的角点，输入比例因子(nX 或 nXP)，或者
[全部(A)/中心(C)/动态(D)/范围(E)/上一个(P)/比例(S)/窗口(W)/对象(O)]<实时>:A
                              //输入字母"A"，选择"全部"选项，按【Enter】键
（2）中心缩放 【中心缩放 🔍】：选择【中心缩放】工具按钮 🔍，光标成十字形，在需要

放大的图形中间位置上单击，确定放大显示的中心点，再绘制一条垂直线段来确定需要放大显示的高度，图形将按照所绘制的高度被放大并充满整个绘图窗口。

通过缩放命令也可以对图形进行缩放，在命令行中输入"(Z(ZOOM))"，具体操作步骤如下：

```
命令:_zoom                          //输入字母"Z"，按【Enter】键
指定窗口的角点，输入比例因子(nX 或 nXP)，或者
[全部(A)/中心(C)/动态(D)/范围(E)/上一个(P)/比例(S)/窗口(W)/对象(O)]<实时>:C
                                    //输入字母"C"，选择"中心"选项，按【Enter】键
指定中心点:                         //单击确定放大区域的中心点的位置
输入比例或高度 <198.0000>:          //输入比例或指定高度值
```

（3）动态缩放 【动态缩放 ⌖】选择【动态缩放】工具 ⌖，光标变成中心有"╳"标记的矩形框；移动鼠标，将矩形框放在图形的适当位置上单击，矩形框的中心标记变为右侧"→"标记，移动鼠标调整矩形框的大小，矩形框的左位置不会发生变化，按【Enter】键确认，矩形中的图形被放大，并充满整个绘图窗口。

通过缩放命令也可以对图形进行缩放，在命令行中输入"(Z(ZOOM))"，具体操作步骤如下：

```
命令:_zoom                          //输入字母"Z"，按【Enter】键
指定窗口的角点，输入比例因子(nX 或 nXP)，或者
[全部(A)/中心(C)/动态(D)/范围(E)/上一个(P)/比例(S)/窗口(W)/对象(O)]<实时>:D
                                    //输入字母"D"，选择"动态"选项，按【Enter】键
```

（4）范围缩放 【范围缩放 ⌕】：选择【范围缩放】工具按钮 ⌕，在绘图窗口中将显示全部图形对象，且与图形界限无关。

（5）缩放上一个 单击【标准】工具栏中的【⌕ 上一个 ⌕】命令按钮，启用"缩放上一个"功能，将缩放显示返回前一个视图效果。

通过命令行输入命令来调用"缩放上一个"工具，操作步骤如下：

```
命令:_zoom                          //输入字母"Z"，按【Enter】键
指定窗口的角点，输入比例因子(nX 或 nXP)，或者
[全部(A)/中心(C)/动态(D)/范围(E)/上一个(P)/比例(S)/窗口(W)/对象(O)]<实时>:P
                                    //输入字母"P"，选择"上一个"选项，按【Enter】键
命令:_zoom                          //按【Enter】键，重复调用命令
指定窗口的角点，输入比例因子(nX 或 nXP)，或者
[全部(A)/中心(C)/动态(D)/范围(E)/上一个(P)/比例(S)/窗口(W)/对象(O)] <实时>:P
                                    //输入字母"P"，选择"上一个"选项，按【Enter】键
```

> **技巧：** 当连续进行视图缩放操作后需要返回上一个缩放的视图效果，可以单击放弃按钮 ⌕ 来进行返回操作。

（6）比例缩放 【比例缩放 ⌕】选择【比例缩放】工具按钮 ⌕，光标成十字形，在图形的适当位置上单击并移动鼠标到适当比例长度的位置上，再次单击，图形被按比例放大显示。

一般情况下使用工具按钮不容易掌握，所以经常使用输入命令来控制当前视图的缩放比例，操作步骤如下：

```
命令:_zoom                          //输入字母"Z"，按【Enter】键
指定窗口的角点，输入比例因子(nX 或 nXP)，或者
```

41

[全部(A)/中心(C)/动态(D)/范围(E)/上一个(P)/比例(S)/窗口(W)/对象(O)]<实时>:S

//输入字母"S"，选择"比例"选项，按【Enter】键

输入比例因子(nX 或 nXP):0.5X　　　　　//输入比例数值"0.5X"，按【Enter】键

特别提示：如果要相对于图纸空间缩放图形，就需要在比例因子后面加上字母"XP"。

（7）窗口缩放 【窗口缩放🔍】：选择【窗口缩放】工具按钮🔍，光标就成十字形，在需要放大图形的一侧单击，并向其对角方向移动鼠标，系统显示出一个矩形框，将矩形框包围住需要放大的图形，单击鼠标，矩形框内的图形被放大并充满整个绘图窗口。矩形框中心就是显示中心。

通过缩放命令也可以对图形进行缩放，在命令行中输入"(Z(ZOOM))"，具体操作步骤如下：

命令:_zoom　　　　　　　　　　　　//输入字母"Z"，按【Enter】键

指定窗口的角点，输入比例因子(nX 或 nXP)，或者

[全部(A)/中心(C)/动态(D)/范围(E)/上一个(P)/比例(S)/窗口(W)/对象(O)] <实时>:_w

指定第一个角点:　　　　　　　　　　//指定所要缩放图形的第一个角点，一般是图形右上角点

指定对角点:　　　　　　　　　　　　//指定所要缩放图形的另一个角点，一般是图形左下角点，

//绘制图形的窗口放大显示

（8）对象缩放 【缩放对象】：选择【缩放对象】工具按钮，光标变为拾取框，选择需要显示的图形，按【Enter】键确认，在绘图窗口中将按所选择的图形进行适合显示。

通过缩放命令也可以对图形进行缩放，在命令行中输入"(Z(ZOOM))"，具体操作步骤如下：

命令:_zoom　　　　　　　　　　　　//输入字母"Z"，按【Enter】键

指定窗口的角点，输入比例因子(nX 或 nXP)，或者

[全部(A)/中心(C)/动态(D)/范围(E)/上一个(P)/比例(S)/窗口(W)/对象(O)]<实时>:O

//输入字母"O"，选择"对象"选项，按【Enter】键

选择对象:指定对角点:找到 4 个　　//显示选择对象的数量

选择对象:　　　　　　　　　　　　　//按【Enter】键

（9）实时缩放 该项为默认选项。执行缩放命令后直接回车即可以使用该选项。在屏幕上会出现一个光标变成放大镜的形状，光标中的"+"表示放大，向右、上方拖动鼠标，可以放大图形；光标变成"-"表示缩小，向左、下方拖动鼠标，可以缩小图形。

（10）放大 【放大🔍】：选择【放大】工具按钮🔍，将对当前视图放大 2 倍进行显示。在命令提示区会显示视图放大的比例数值，操作步骤如下：

命令:_zoom　　　　　　　　　　　　//选择放大工具🔍

指定窗口的角点，输入比例因子(nX 或 nXP)，或者

[全部(A)/中心(C)/动态(D)/范围(E)/上一个(P)/比例(S)/窗口(W)/对象(O)]<实时>:2X

//图形被放大 2 倍进行显示

（11）缩小

● 【缩小🔍】：选择【缩小】工具按钮🔍，将对当前视图缩小 0.5 倍进行显示。在命令提示区会显示视图缩小的比例数值，操作步骤如下：

命令:_zoom　　　　　　　　　　　　//选择放大工具🔍

指定窗口的角点，输入比例因子(nX 或 nXP)，或者

[全部(A)/中心(C)/动态(D)/范围(E)/上一个(P)/比例(S)/窗口(W)/对象(O)]<实时>:0.5X

//图形被缩小 0.5 倍进行显示

3.7.2　平移图形

用户在绘图过程中，如果不想缩放图形，只是想将不在当前视图区的图形部分移动到当

前视图区，这样的操作就像拖动图纸的一边移动到面前进行浏览编辑，这就是平移视图。

启用"平移"命令有三种方法。

- 选择→【视图】→【平移】→【🖐 实时 】菜单命令。
- 单击标准工具栏中的实时平移按钮🖐。
- 输入命令：P(PAN)。

启用【平移】命令后，光标变成手的图标🖐，按鼠标左键并拖动鼠标，就可以平移视图来调整绘图窗口显示区域。

命令：_pan   //选择实时平移工具🖐

按【Esc】或【Enter】键退出，或单击右键显示快捷菜单。   //退出平移状态

3.7.3 重画

在绘图过程中，有时会在屏幕上留下一些"痕迹"。为了消除这些"痕迹"，不影响图形的正常观察，可以执行重画。

启用"重画"命令有两种方法。

- 选择→【视图】→【重画】菜单命令。
- 输入命令：REDRAW 或 REDRAWALL。

重画一般情况下是自动执行的。重画是最后一次重生成或最后一次计算的图形数据重新绘制图形，所以速度较快。

REDRAW 命令只刷新当前窗口，而 REDRAWALL 命令刷新所有视口。

3.7.4 重生成

重生成同样可以刷新视图，但和重画的区别在于刷新的速度不同。重生成是 AutoCAD 重新计算图形数据在屏幕上显示结果，所以速度较慢。

启用"重生成"命令有两种方法。

- 选择→【视图】→【重生成】菜单命令。
- 输入命令：REGEN 或 REGENALL。

AutoCAD 在可能的情况下会执行重画而不执行重生成来刷新视口。有些命令执行时会引起重生成，如果执行重画命令无法清除屏幕上的"痕迹"，也只能重生成。

3.8 查询图形信息

用户在绘图过程中，经常会对图形中的某一对象的坐标、距离、面积、属性等进行了解，AutoCAD 系统提供了查询图形信息功能，极大方便了广大用户。

3.8.1 时间查询

时间命令可以提示当前时间、该图形的编辑时间、最后一次修改时间等信息。

启用"时间查询"命令有两种方法。

- 选择→【工具】→【查询】→【时间】菜单命令。
- 输入命令：TIME。

启用"时间查询"命令后，弹出如图 3-29 所示的文本框，在文本窗口中显示当前时间、图形编辑次数、创建时间、上次更新时间、累计编辑时间、经过计时器时间、下次自动保存时间等信息，并出现以下提示：

输入选项[显示(D)/开(ON)/关(OFF)/重置(R)]:

图 3-29 【时间查询】文本窗口

3.8.2 距离查询

通过"距离查询"命令可以直接查询屏幕上两点之间的距离、和 XY 平面的夹角、在 XY 平面中倾角以及 X、Y、Z 方向上的增量。

启用"距离查询"命令有三种方法。

- 选择→【菜单】→【工具】→【查询】→【距离】菜单命令。
- 单击工具栏上按钮 ，在打开的工具栏上鼠标右击，选择【查询】命令，调出如图 3-30 所示的【查询】工具栏。
- 输入命令：DISTANCE。

图 3-30 【查询】工具栏   图 3-31 查询距离图例

启用"距离查询"命令后，命令行提示如下：

命令：'_dist
指定第一点：
指定第二点：

【例】查询如图 3-31 所示的 AB 直线间的距离。

命令：'_dist   //选择查询距离命令
指定第一点：   //单击 A 点
指定第二点：   //单击 B 点，查询信息如下：
距离=147.1306, XY 平面中的倾角=345，与 XY 平面的夹角=0
X 增量=142.1980, Y 增量=-37.7777, Z 增量=0.0000

3.8.3 坐标查询

屏幕上某一点的坐标可以通过"坐标查询"命令来进行查询。

启用"坐标查询"命令有三种方法。

- 选择→【工具】→【查询】→【坐标】菜单命令。
- 输入命令：ID。
- 单击查询工具栏上的【定位点】按钮。

启用"坐标查询"命令后，根据命令行提示直接鼠标单击就可以查询该点的坐标值。

3.8.4 面积查询

通过面积查询可以查询测量对象及所定义区域的面积和周长。

启用"面积查询"命令有三种方法。

- 选择→【工具】→【查询】→【面积】菜单命令。
- 输入命令：AREA。
- 单击查询工具栏上的【面积查询】按钮。

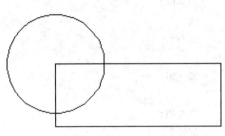

图3-32　查询面积图例

启用"面积查询"命令后，命令行提示如下：

命令：_area

指定第一个角点或[对象(O)/加(A)/减(S)]：

【例】计算如图3-32所示的矩形和圆的总面积。

命令：_area　　　　　　　　　　　　　　//选择查询面积命令

指定第一个角点或[对象(O)/加(A)/减(S)]:A　　//输入字母"A"，选择"加"选项

指定第一个角点或 [对象(O)/减(S)]:O　　　//输入字母"O"，选择"对象"选项

("加"模式)选择对象：　　　　　　　　//鼠标单击圆，查询圆的信息如下：

面积=5515.9850，周长=311.5723

总面积=5515.9850

("加"模式)选择对象：　　　　　　　　//鼠标单击四边形，查询信息如下：

面积=5006.1922，圆周长=250.8180

总面积=10522.1772

3.8.5 质量特性查询

通过"质量特性查询"可以查询某实体或面域的质量特性。

启用"质量特性查询"命令有三种方法。

- 选择→【工具】→【查询】→【质量特性】菜单命令。
- 输入命令：MASSPROP。
- 单击工具栏上按钮。

启用"质量特性查询"命令后，命令行提示如下：

命令：_massprop

选择对象：

随即显示选择对象(实体或面域)的质量特性，包括面积、周长、质心、惯性矩、惯性积、

旋转半径等信息。并询问是否将分析结果写入文件。

　　【例】 计算如图 3-32 所示的质量特性。

　　首先通过面域命令,将矩形和圆改成面域,然后执行下面命令。

命令:_massprop　　　　　　　　//选择查询质量特性命令

选择对象:找到 1 个　　　　　　　//单击圆

选择对象:找到个,总计 2 个　　　//单击矩形

选择对象:　　　　　　　　　　　//按【Enter】键,查询结果如下:

----------------面域----------------

面积:	11256.9854
周长:	607.9920
边界框:	X: 47.1839--219.0783
	Y: 88.4197--176.2886
质心:	X: 124.6112
	Y: 123.2715
惯性矩:	X: 175798143.7097
	Y: 198376168.4723
惯性积:	XY: 168437779.4850
旋转半径:	X 124.9672
	Y: 132.7497

主力矩与质心的 X-Y 方向:

　　　　　　　　　　　　　　　　I: 3727095.3594 沿 [0.9755 -0.2202]

　　　　　　　　　　　　　　　　J: 24589788.0670 沿 [0.2202 0.9755]

是否将分析结果写入文件? [是(Y)/否(N)] <否>:按【Enter】键

思考题

1. AutoCAD 绘图界面上坐标有几种形式，怎样熟练进行坐标变换？

2. 在 ZOOM 命令中共有多少种功能,各有什么作用?此命令的运用是否真正改变原来图形的大小?

3. 利用 AutoCAD 2014 的查询功能可以查询哪些参数?

4. 动态输入新功能的运用是否可以取消命令行的作用?

5. 捕捉功能和对象捕捉有什么区别?

6. "栅格"和"正交"在绘图过程中有什么作用?

7. 如何使用"鸟瞰视图"观察图形?

8. AutoCAD 2014 提供哪些辅助绘图工具?

9. 视图缩放过程中,通过缩放系数来改变屏幕显示效果,n 和 nX 以及 nXP 之间有什么不同?

10. 怎样使用"长期对象捕捉"和"临时对象捕捉模式"?

11. 熟练掌握在绘图及图形编辑过程中捕捉图形特殊点的意义。

第4章

绘图环境的设置

本章提要

本章是 AutoCAD 2014 重点之一。设置了合适的绘图环境,不仅可以简化大量的调整、修改工作,而且有利于统一格式,便于图形的管理和使用。本章介绍图形环境设置方面的知识,其中包括绘图界限、单位、图层、颜色、线型、线宽、草图设置、选项设置等。

通过本章学习,应达到如下基本要求。

① 掌握绘图界限的设置方法,养成绘制图形前首先设置绘图界限的好习惯。
② 在绘制图形过程中,能熟练运用单位、颜色、线型、线宽、草图设置等功能。
③ 重点掌握图层的设置方法及在实际绘图过程中的应用。
④ 具有综合运用绘图环境和辅助工具的能力。

4.1 图形界限

图形界限是绘图的范围,相当于手工绘图时图纸的大小。设定合适的绘图界限,有利于确定图形绘制的大小、比例、图形之间的距离,有利于检查图形是否超出"图框"。在 AutoCAD 2014 中,设置图形界限主要是为图形确定一个图纸的边界。

工程图样一般采用 5 种比较固定的图纸规格,需要设定图纸区有 A0(1189×841)、A1(841×594)、A2(594×420)、A3(420×297)、A4(297×210)。利用 AutoCAD 2014 绘制工程图形时,通常是按照 1:1 的比例进行绘图的,所以用户需要参照物体的实际尺寸来设置图形的界限。启用设置"图形界限"命令有两种方法。

- 选择→【格式】→【图形界限】菜单命令。
- 输入命令:Limits。

启用设置"图形界限"命令后,命令行提示如下:

命令: _limits
重新设置模型空间界限:
指定左下角点或[开(ON)/关(OFF)] <0.0000,0.0000>:
指定右上角点<XXX,XXX>:
其中的参数:

- 【指定左下角点】：定义图形界限的左下角点。
- 【指定右上角点】：定义图形界限的右上角点。
- 【开(ON)】：打开图形界限检查。如果打开了图形界限检查，系统不接受设定的图形界限之外的点输入。但对具体的情况检查的方式不同。如对直线，如果有任何一点在界限之外，均无法绘制该直线。对圆、文字而言，只要圆心、起点在界限范围之内即可，甚至对于单行文字，只要定义的文字起点在界限之内，实际输入的文字不受限制。对于编辑命令，拾取图形对象的点不受限制，除非拾取点同时作为输入点，否则，界限之外的点无效。
- 【关(OFF)】：关闭图形界限检查。

【例】设置绘图界限为宽 594，高 420，并通过栅格显示该界限。

命令:'_limits   //启用"图形界限"命令
重新设置模型空间界限:
指定左下角点或 [开(ON)/关(OFF)]<0.0000,0.0000>： //按【Enter】键
指定右上角点<420.0000,297.0000>:594,420   //输入新的图形界限
单击绘图窗口内缩放工具栏上全部缩放按钮 ，使整个图形界限显示在屏幕上。
单击状态栏中的栅格按钮 ，栅格显示所设置的绘图区域，如图 4-1 所示。
或者是启用缩放命令：
命令:'_zoom
指定窗口的角点，输入比例因子 (nX 或 nXP)，或者
[全部(A)/中心(C)/动态(D)/范围(E)/上一个(P)/比例(S)/窗口(W)/对象(O)<实时>:A
                                   //输入"A"，选择全部缩放，按【Enter】键

正在重生成模型。
命令:按【F7】键<栅格 开>
结果如图 4-1 所示。

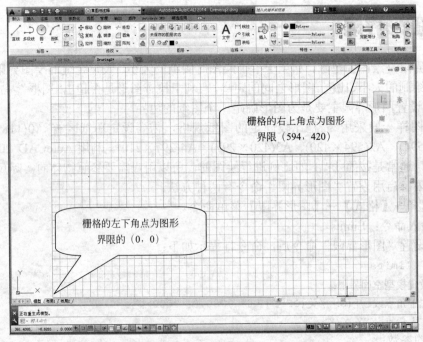

栅格的右上角点为图形
界限（594，420）

栅格的左下角点为图形
界限的（0，0）

图 4-1　绘图界限

经验之谈： 绘制工程图样时，首先要根据图形尺寸，确定图形的总长，总宽。设置图形界限一定要略大于图形的总体尺寸，要给插入标题栏，标注尺寸，技术要求等留有空间，实际绘图时一定是按 1∶1 比例绘制。

4.2 图形单位

对任何图形而言，总有其大小、精度以及采用的单位。AutoCAD 中，在屏幕上显示的只是屏幕单位，但屏幕单位应该对应一个真实的单位。不同的单位其显示格式是不同的。同样也可以设定或选择角度类型、精度和方向。

启用"图形单位"命令有两种方法。

- 选择→【格式】→【单位】菜单命令。
- 输入命令：UNITS。

启用"图形单位"命令后，弹出图 4-2 所示【图形单位】对话框。

图 4-2 【图形单位】对话框

在【图形单位】对话框中包含长度、角度、插入时的缩放单位和输出样例四个区。另外还有四个按钮。

各选项组的意义如下。

① 在【长度】选项组中，设定长度的单位类型及精度。

- 【类型】：通过下拉列表框，可以选择长度单位类型。
- 【精度】：通过下拉列表框，可以选择长度精度，也可以直接键入。

② 在【角度】选项组中，设定角度单位类型和精度。

- 【类型】：通过下拉列表框，可以选择角度单位类型。
- 【精度】：通过下拉列表框，可以选择角度精度，也可以直接键入。
- 【顺时针】：控制角度方向的正负。选中该复选框时，顺时针为正，否则，逆时针为正。

图 4-3　方向控制

③ 在【插入时的缩放单位】选项组中，设置缩放插入内容的单位。

④ 在【输出样例】选项组中，示意了以上设置后的长度和角度单位格式。

- **方向(D)...** 按钮：单击 **方向(D)...** 按钮，系统弹出【方向控制】对话框，从中可以设置基准角度，如图 4-3 所示，单击 **确定** 按钮，返回【图形单位】对话框。

以上所有项目设置完成后单击 **确定** 按钮，确认文件的单位设置。

4.3　颜色

颜色的合理使用，可以充分体现设计效果，而且有利于图形的管理。如在选择对象时，通过过滤选中某种颜色的图线。设定图线的颜色有两种思路：直接指定颜色和设定颜色成"随层"或"随块"。直接指定颜色有一定的缺陷性，不如使用图层来管理更方便，所以建议用户在图层中管理颜色。

启用"颜色"命令有三种方法。

- 选择→【格式】→【颜色】菜单命令。
- 单击对象工具栏上【对象特性】按钮 ■蓝 。
- 输入命令：COLOR。

如果直接设定了颜色，不论该图线在什么层上，都不会改变颜色。启用"颜色"命令后，系统弹出如图 4-4 所示【选择颜色】对话框。选择颜色不仅可以直接在对应的颜色小方块上点取或双击，也可以在颜色文本框中键入英文单词或颜色的编号，在随后的小方块中会显示相应的颜色。另外可以设定成"随层"或"随块"。

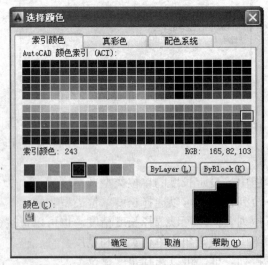

图 4-4　【选择颜色】对话框

4.4 线型

线型是图样表达的关键要素之一，不同的线型表示了不同的含义。如在机械图中，粗实线表示可见轮廓线，虚线表示不可见轮廓线，点划线表示中心线、轴线、对称线等。所以不同的元素应该采用不同的图线来绘制。有些绘图机上可以设置不同的线型，但一方面由于通过硬件设置比较麻烦，而且不灵活；另一方面，在屏幕上也需要直观显示出不同的线型。所以目前对线型的控制，基本上都由软件来完成。常用线型是预先设计好储存在线型库中的，所以只需加载即可。启用"线型"命令有三种方法。

- 选择→【格式】→【线型】菜单命令。
- 单击对象工具栏上【对象特性】按钮 ———— ByLayer ▼ 。
- 输入命令：LTUPE。

启用"线型命令"后，系统弹出如图4-5所示【线型管理器】对话框。

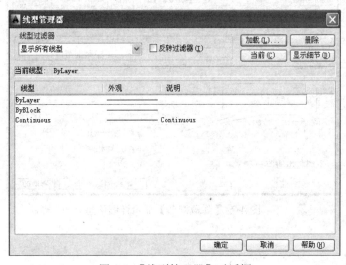

图4-5 【线型管理器】对话框

在【线型管理器】对话框中，各选项的意义如下：
- 【线型过滤器】下拉列表框：过滤出列表显示的线型。
- 【反转过滤器】单选项：按照过滤条件反向过滤线型。
- 加载按钮：加载或重载指定的线型。单击该命令，系统弹出如图4-6所示【加载或重载线型】对话框。在该对话框中可以选择线型文件以及该文件中包含的某种线型。
- 删除按钮：删除指定的线型，该线型必须不被任何图线依赖，即图样中没有使用该种线型。实线线型不可被删除。
- 当前按钮：将指定的线型设置成当前线型。
- 显示细节按钮：控制是否显示或隐藏选中的线型细节。如果当前没有显示细节，则为【显示细节】，否则为【隐藏细节】按钮，如图4-7所示。

在【详细信息】选项组中，包括了选中线型的名称、说明、全局比例因子、当前对象缩放比例等。

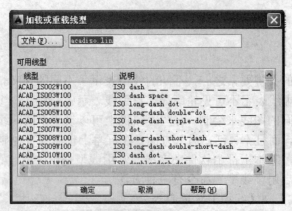

图 4-6 【加载或重载线型】对话框

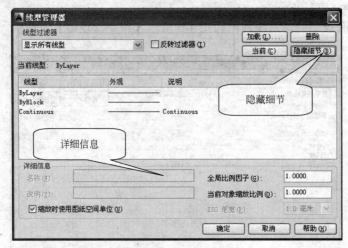

图 4-7 【隐藏细节】显示详细信息

4.5 线宽

不同的图线有不同的宽度要求，并且代表了不同的含义。如在一般的建筑图中，就有四种线宽。

启用"线宽"命令有三种方法。

- 选择→【格式】→【线宽】菜单命令。
- 单击对象工具栏上【对象特性】按钮 ── 0.30 毫米 ▾ 。
- 输入命令：LINEWEIGHT。

启用"线宽"命令后，系统弹出如图 4-8 所示【线宽设置】对话框。

在【线宽设置】对话框中，各选项的意义如下：

- 【线宽】：通过滑块上下移动选择不同的线宽。
- 【列出单位】：选择线宽单位为"毫米"或"英寸"。
- 【显示线宽】：控制是否显示线宽。
- 【调整显示比例】：调整线宽显示比例。
- 【当前线宽】：提示当前线宽设定值。

AutoCAD 2014 中文版电气制图教程

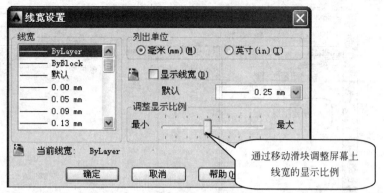

图 4-8 【线宽设置】对话框

4.6 图层

层，是一种逻辑概念。例如，设计一幢大楼，包含了楼房的结构、水暖布置、电气布置等，它们有各自的设计图，而最终又是合在一起。在这里，结构图、水暖图、电气图都是一个逻辑意义上的层。又如，在机械图中，粗实线、细实线、点划线、虚线等不同线型表示了不同的含义，也可以是在不同的层上。对于尺寸、文字、辅助线等，都可以放置在不同的层上。

在 AutoCAD 中，每个层可以看成是一张透明的纸，可以在不同的"纸"上绘图。不同的层叠加在一起，形成最后的图形，如图 4-9 所示，表示图层与图形之间的关系。

层有一些特殊的性质。例如，可以设定该层是否显示、是否允许编辑、是否输出等。如果要改变粗实线的颜色，可以将其他图层关闭，仅打开粗实线层，一次选定所有的图线进行修改。这样做显然比在大量的图线中去将粗实线挑选出来轻松得多。在图层中可以设定每层的颜色、线型、线宽。只要图线的相关特性设定成"随层"，图线都将具有所属层的特性。

对图层的管理、设置工作大部分是在【图层特性管理器】对话框中完成的，如图 4-10 所示。该对话框可以显示图层的列表及其特性设置，也可以添加、删除重命名图层，修改图层特性或添加说明。图层过滤器用于控制在列表中显示哪些图层，还可以对多个图层进行修改。

打开【图层特性管理器】对话框有三种方法。

- 选择→【菜单】→【格式】→【图层】菜单命令。
- 单击【对象特性】工具栏中的【图层特性管理器】按钮🔲。
- 输入命令：LAYER。

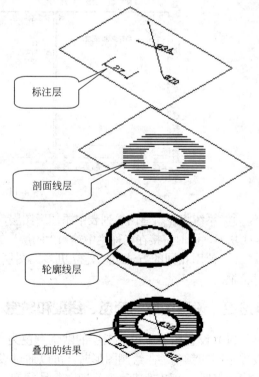

图 4-9 图层与图形之间的关系

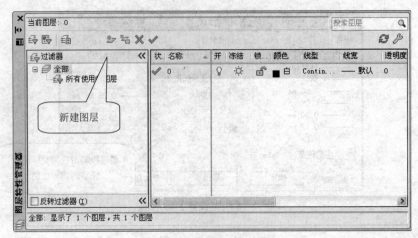

图 4-10　图层特性管理器

4.6.1　创建图层

用户在使用"图层"功能时，首先要创建图层，然后进行应用。在同一工程图样中，用户可以建立多个图层。创建图层的步骤如下：

① 单击【对象特性】工具栏中的【图层特性管理器】按钮，打开【图层特性管理器】对话框。

② 单击图 4-10 所示【图层特性管理器】对话框中【新建图层】按钮。

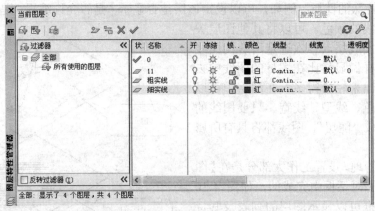

图 4-11　新建图层

③ 系统将在新建图层列表中添加新图层，其默认名称为"图层 1"，并且高亮显示，如图 4-11 所示，此时直接在名称栏中输入"图层"的名称，按【Enter】键，即可确定新图层的名称。

④ 使用相同的方法可以建立更多的图层。最后单击确定按钮，退出【图层特性管理器】对话框。

4.6.2　设置图层的颜色、线型和线宽

（1）设置图层颜色　图层的默认颜色为"白色"，为了区别每个图层，应该为每个图层设置不同的颜色。在绘制图形时，可以通过设置图层的颜色来区分不同种类的图形对象；在打印图形时，可以对某种颜色指定一种线宽，则此颜色所有的图形对象都会以同一线宽进行打印，用颜色代表线宽可以减少存储量、提高显示效率。

AutoCAD 2014 系统中提供了 256 种颜色，通常在设置图层的颜色时，都会采用 7 种标准颜色：红色、黄色、绿色、青色、蓝色、紫色以及白色。这 7 种颜色区别较大又有名称，便于识别和调用。设置图层颜色的操作步骤如下。

① 打开【图层特性管理器】对话框，单击列表中需要改变颜色的图层上【颜色】栏的图标 ■ ···，弹出【选择颜色】对话框，如图 4-12 所示。

② 从颜色列表中选择适合的颜色，此时【颜色】选项的文本框将显示颜色的名称，如图 4-11 所示。

③ 单击确定按钮，返回【图层特性管理器】对话框，在图层列表中会显示新设置的颜色，如图 4-12 所示，可以使用相同的方法设置其他图层的颜色。单击确定按钮，所有在这个"图层"上绘制的图形都会以设置的颜色来显示。

（2）设置图层线型　图层线型用来表示图层中图形线条的特性，通过设置图层的线型可以区分不同对象所代表的含义和作用，默认的线型方式为"Continuous"。

（3）设置图层线宽　图层线宽设置会应用到此图层的所有图形对象，并且用户可以在绘图窗口中选择显示或不显示线宽。设置图层线宽可以直接用于打印图纸。

① 设置图层线宽。打开【图层特性管理器】对话框，在列表中单击【线宽】栏的图标 ── 默认，弹出【线宽】对话框，在线宽列表中选择需要的线宽，如图 4-13 所示。单击确定按钮，返回【图层管理器】对话框。图层列表将显示新设置的线宽，单击确定按钮，确认图层设置。

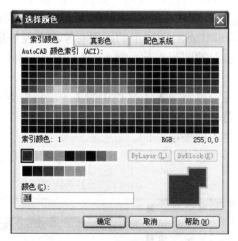

图 4-12　【选择颜色】对话框

图 4-13　【线宽】对话框

② 显示图层的线宽。单击状态栏中的【线宽】按钮 线宽，可以切换屏幕中线宽显示。当按钮处于凸起状态时，则不显示线宽；当处于凹下状态时，则显示线宽。

> **经验之谈：** 在工程图样，粗实线一般为 0.3mm，细实线一般为 0.13～0.25mm，用户可以根据图纸的大小来确定。通常在 A4 图纸中，粗实线可以设置为 0.3mm，细实线可以设置为 0.13mm；在 A0 图纸中，粗实线可以设置为 0.6mm，细实线可以设置为 0.25mm。

4.6.3　控制图层显示状态

如果工程图样中包含大量信息且有很多图层，则用户可通过控制图层状态，使用编辑、绘制、观察等工作变得更方便一些。图层状态主要包括打开与关闭、冻结与解冻、锁定与解锁、打印与不打印等，AutoCAD采用不同形式的图标来表示这些状态。

（1）打开/关闭　处于打开状态的图层是可见的，而处于关闭状态的图层是不可见的，也不能被编辑或打印。当图形重新生成时，被关闭的图层将一起被生成。打开/关闭图层有以下两种方法。

① 利用【图层特性管理器】对话框。单击【对象特征】工具栏中的【图层特性管理器】按钮，打开【图层特性管理器】对话框，在该对话框中的【图层】列表中单击图层中的灯泡图标或，即可切换图层的打开/关闭状态。如果关闭的图层是当前图层，系统将弹出【AutoCAD】提示框，如图4-14所示。

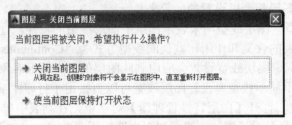

图4-14　【关闭当前图层】提示框

② 利用图层工具栏打开/关闭图层。单击【图层】工具栏中的图层列表，当列表中弹出图层信息时，单击灯泡图标或，就可以实现图层的打开/关闭，如图4-15所示。

（2）冻结/解冻　冻结图层可以减少复杂图形重新生成时的显示时间，并且可以加快一些绘图、缩放、编辑等命令的执行速度。处于冻结状态的图层上的图形对象将不能被显示、打印或重生成。解冻图层将重生成并显示该图层上的图形对象。冻结/解冻图层，有以下两种方法。

① 利用【图层特性管理器】对话框。单击【对象特征】工具栏中的【图层特性管理器】按钮，打开【图层特性管理器】对话框，在该对话框中的【图层】列表中单击图标或，即可切换图层的冻结/解冻状态。但是当前图层是不能被冻结的。

② 利用【图层】工具栏。单击【图层】工具栏中的图层列表，当列表中弹出图层信息时，单击图标或即可，如图4-16所示。

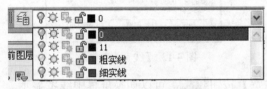

图4-15　打开/关闭状态

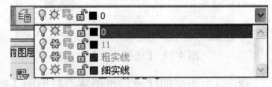

图4-16　冻结/解冻状态

（3）锁定/解锁　通过锁定图层，使图层中的对象不能被编辑和选择。但被锁定的图层是可见的，并且可以查看、捕捉此图层上的对象，还可在此图层上绘制新的图形对象。解锁图层是将图层恢复为可编辑和选择的状态。

锁定/解锁图层有以下两种方法。

① 利用【图层特性管理器】对话框。单击【对象特征】工具栏中的【图层特性管理器】按钮，打开【图层特性管理器】对话框，在该对话框中的【图层】列表中，单击图标或，即可切换图层的锁定/解锁状态。

② 利用【图层】工具栏。单击【图层】工具栏中的图层列表，当列表中弹出图层信息

时，单击图标或 即可，如图 4-17 所示。

图 4-17 锁定/解锁状态

（4）打印/不打印 当指定某层不打印后，该图层上的对象仍是可见的。图层的不打印设置只对图形中可见的图层(即图层是打开的并且是解冻的)有效。若图层设为可打印但该层是冻结的或关闭的，此时 AutoCAD 将不打印该图层。

打印/不打印图层的方法是利用【图层特性管理器】对话框。单击【对象特征】工具栏中的【图层特性管理器】按钮 ，打开【图层特性管理器】对话框，在该对话框中的【图层】列表中，单击图标 或 ，即可切换图层的打印/不打印状态，如图 4-18 所示。

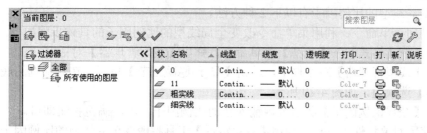

图 4-18 打印/不打印状态

4.6.4 设置当前图层

当需要在某个图层上绘制图形时，必须先使该图层成为当前层。系统默认的当前层为"0"图层。

（1）设置现有图层为当前图层 设置现有图层为当前图层有两种方法。

① 利用【图层】工具栏。在绘图窗口中不选择任何图形对象，在【图层】工具栏中的下拉列表中直接选择要设置为当前图层的图层即可，如图 4-19 所示，把"粗实线层"设为当前图层。

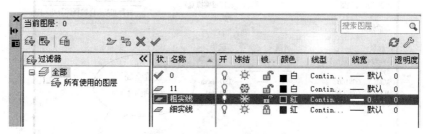

图 4-19 设置当前图层

② 利用【图层特性管理器】对话框。打开【图层特性管理器】对话框，在图层列表中单击选择要设置为当前图层的图层，然后双击状态栏中的图标，或单击【置为当前】按钮 ，使状态栏的图标变为当前图层图标。

（2）设置对象图层为当前图层 在绘图窗口中，选择已经设置图层的对象，然后在【图层】工具栏中单击【将对象的图层置为当前】按钮 ，则该对象所在图层即可成为当前图层。

（3）返回上一个图层　在【图层】工具栏中，单击【上一个图层】按钮 ，系统会按照设置的顺序，自动重置上一次设置为当前的图层。

4.7　设置非连续线型的外观

非连续线是由短横线、空格等重复构成的，如前面遇到的点划线、虚线等。这种非连续线的外观，如短横线的长短、空格的大小等，是可以由其线型的比例因子来控制的。当用户绘制的点划线、虚线等非连续线看上去与连续线一样时，即可调节其线型的比例因子。

4.7.1　设置全局线型的比例因子

改变全局线型的比例因子，AutoCAD 将重生成图形，它将影响图形文件中所有非连续线型的外观。

改变全局线型的比例因子有以下 2 种方法。

（1）利用菜单命令　利用菜单命令改变全局线型的比例因子的具体步骤如下。

① 选择→【格式】→【线型】菜单命令，弹出【线型管理器】对话框。

② 在【线型管理器】对话框中，单击【显示/隐藏细节】按钮，在对话框的底部会出现【详细信息】选项组，如图 4-20 所示。

③ 在【全局比例因子】数值框内输入新的比例因子，单击 确定 按钮即可。

（2）使用对象特性工具栏　使用【对象特性】工具栏改变全局线型的比例因子的具体步骤如下。

① 在【对象特性】工具栏中，单击线型控制列表框右侧的 按钮，并在其下拉列表中选择【其他】选项，弹出【线型管理器】对话框，如图 4-21 所示。

② 在【线型管理器】对话框中，单击【显示/隐藏细节】按钮，在对话框的底部会出现【详细信息】选项组，在【全局比例因子】数值框内输入新的比例因子，单击 确定 按钮即可。

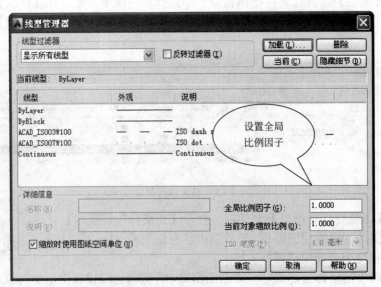

图 4-20　设置非连续线型的全局比例因子外观

图 4-21　线型管理器

4.7.2　改变当前对象的线型比例因子

改变当前对象的线型比例因子，将改变当前选中的对象中所有非连续线型的外观。

改变当前对象的线型比例因子有以下两种方法。

（1）利用【线型管理器】对话框

① 选择→【格式】→【线型】菜单命令，系统弹出【线型管理器】对话框。

② 在【线型管理器】对话框中，单击【显示/隐藏细节】按钮，在对话框的底部会出现【详细信息】选项组，如图 4-20 所示。

③ 在【当前对象缩放比例】数值框内输入新的比例因子，单击确定按钮即可。

> **特别注意：** 非连续线型外观的显示比例＝当前对象线型比例因子×全局线型比例因子。例如：当前对象线型比例因子为 3，全局线型比例因子为 2，则最终显示线型时采用的比例因子为 6。

（2）利用【对象特性管理器】对话框

① 选择→【工具】→【选项板】→【特性】菜单命令，打开【对象特性管理器】对话框，如图 4-22（a）所示。

② 选择需要改变线型比例的对象，此时【对象特性管理器】对话框将显示选中对象的特性设置，如图 4-22（b）所示。

(a) 修改前

(b) 修改后

图 4-22　对象特性管理器

③ 在【基本】选项组中，单击线型比例选项，将其激活，输入新的比例因子，按【Enter】键确认，即可改变其外观图形，此时其他非连续线型的外观将不会改变，如图 4-23 所示。

小圆线型比例为2

中间圆线型比例为1

小圆线型比例为0.5

图 4-23　不同比例因子

思考题

1．设置图形界限有什么作用？

2．设置颜色、线型、线宽的方法有几种？应如何管理这些图线特性？

3．AutoCAD 绘图前，为什么要首先设置图层？图层中包括哪些特性设置？

4．冻结和关闭图层的区别是什么？如果希望某图线显示又不希望该线条被修改，应如何操作？

5．在绘制图形时，如果发现某一图形没有绘制在预先设置的图层上，应怎样进行纠正？

6．系统默认的图层是什么？它能否被删除？

7．怎样改变默认线宽的宽度？

8．怎样快速改变非连续线型的比例？

练习题

练习一

1．建立新文件，运行 AutoCAD 软件，建立新的模板文件，图形范围是 1189×841，建立新图层：中心线层，线型为 center，线型比例为 0.5，颜色为红色。

2．将完成的模板图形以"CAD.DWT"为文件名保存在指定位置。

练习二

1．建立合适的绘图区域，图形必须在设置的绘图区内。

2．根据图 4-24 所示的图形，设置中心线层、虚线层、细实线层，调整线形比例。

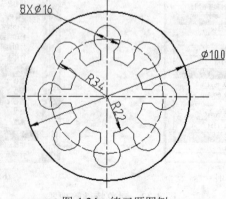

8×Ø16
Ø100
R34
R22

图 4-24　练习题图例

第**5**章

基本绘图命令

⚡ **本章提要**

本章是 AutoCAD 2014 绘图的基础部分,是这门课程的重点之一。将详细讲解 AutoCAD 2014 的基本绘图命令,主要知识点为点、直线、平行线、圆与圆弧、矩形与正多边形、射线与参照线等简单绘图命令的使用与技巧。

⚡ **通过本章学习,应达到如下基本要求。**

① 能够绘制各种简单的工程图。
② 掌握基本绘图命令使用和各种技巧。
③ 养成良好的绘图习惯,提高绘图的效率。

5.1 绘制点

5.1.1 设置点样式

点是图样中的最基本元素,在 AutoCAD 2014 中,可以绘制单独点的对象作为绘图的参考点。用户在绘制点时要知道绘制什么样的点和点的大小,因此需要设置点的样式。

设置点的样式操作步骤如下:

① 选择→【格式】→【点样式】菜单命令,系统弹出如图 5-1 所示【点样式】对话框。

② 在【点样式】对话框中提供了多种点样式,用户可以根据自己的需要进行选择。点的大小通过【点样式】中的【点大小】文本框内输入数值,设置的点显示大小。

③ 单击 确定 按钮,点样式设置完毕。

5.1.2 绘制点

启用绘制"点"的命令有以下三种方法。

- 选择→【绘图】→【点】→【单点】菜单命令。
- 单击标准工具栏中【点】的按钮 。
- 输入命令:PO(POINT)。

利用以上任意一种方法启用"点"的命令,绘制如图 5-2 所示的点的图形。

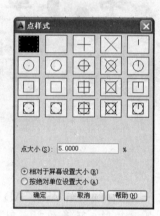

图 5-1 【点样式】对话框

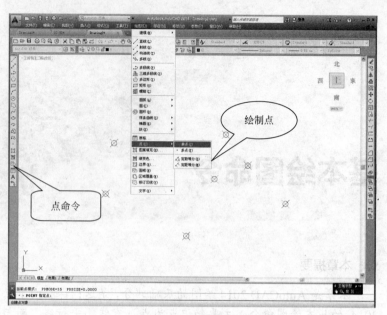

图 5-2 点的绘制

5.1.3 绘制等分点

（1）定数等分点 在 AutoCAD 2014 绘图中，经常需要对直线或一个对象进行定数等分，这个任务就要用点的定数等分来完成。

启用"点的定数等分"命令。选择→【绘图】→【点】→【定数等分】菜单命令。在所选择的对象上绘制等分点。

【例】绘制如图 5-3 所示。把直线 A、样条曲线 B 和椭圆 C 分别进行 4、6、8 等分。

① 把直线 A 进行 4 等分：

命令：_divide	//选择定数等分菜单命令
选择要定数等分的对象：	//选择要进行等分的直线
输入线段数目或[块(B)]:4	//输入等分数目

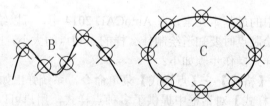

图 5-3 绘制定数等分点

② 把样条曲线 B 进行 6 等分：

命令：_divide	//选择定数等分菜单命令
选择要定数等分的对象：	//选择要进行等分的样条曲线
输入线段数目或[块(B)]:6	//输入等分数目

③ 把椭圆 C 进行 8 等分：

命令：_divide	//选择定数等分菜单命令
选择要定数等分的对象：	//选择要进行等分的椭圆
输入线段数目或[块(B)]:8	//输入等分数目

AutoCAD 2014 中文版电气制图教程

（2）定距等分点　　定距等分就是在一个图形对象上按指定距离绘制多个点。利用这个功能可以作为绘图的辅助点。

启用点的"定距等分"命令。选择→【绘图】→【点】→【定距等分】菜单命令。在所选择的对象上绘制等分点。

【例】绘制如图 5-4 所示，把长度为 384 的直线按每 70 一段进行定距等分。

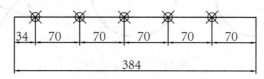

图 5-4　绘制定距等分点

命令：_measure　　　　　　　　　　//选择定距等分菜单命令
选择要定距等分的对象：　　　　　　//选择要进行等分的直线
指定线段长度或[块(B)]:70　　　　//输入指定的间距

5.2　绘制直线

直线是 AutoCAD 2014 中最常见的图素之一。

启用绘制"直线"的命令有以下三种方法。

- 选择→【绘图】→【直线】菜单命令。
- 单击标准工具栏中的【直线】按钮 ↗。
- 输入命令：LINE。

利用以上任意一种方法启用"直线"命令，就可以绘制直线。画直线有多种方法，下面重点介绍以下三种方法。

5.2.1　使用鼠标点绘制直线

启用绘制"直线"命令，用鼠标在绘图区域内单击一点作为线段的起点，移动鼠标，在用户想要的位置再单击，作为线段的另一点，这样连续可以画出用户所需的直线。

【例】设置点的样式，将圆 5 等分，使用鼠标绘制如图 5-5 所示的五角星图形。

命令：_divide　　　　　　　　　　//选择定数等分菜单命令
选择要定数等分的对象：　　　　　　//选择要进行等分的圆
输入线段数目或[块(B)]:5　　　　//输入等分数目

命令: _line 指定第一点:	//单击 ✏ 命令，并在窗口内 A 点单击
指定下一点或[放弃(U)]:	//再次单击于 B 点
指定下一点或[放弃(U)]:	//再次单击于 C 点
指定下一点或[闭合(C)/放弃(U)]:	//再次单击于 D 点
指定下一点或[闭合(C)/放弃(U)]:	//再次单击于 E 点
指定下一点或[闭合(C)/放弃(U)]:C	//输入 "C" 选择闭合，按【Enter】键

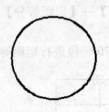 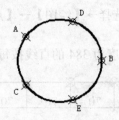 

图 5-5　鼠标绘制直线

5.2.2　通过输入点的坐标绘制直线

用户输入坐标值时有两种方式：一是绝对直角坐标，另一种是绝对极坐标。

（1）使用绝对坐标确定点的位置来绘制直线　绝对坐标是相对于坐标系原点的坐标，在缺省情况下绘图窗口中的坐标系为世界坐标系 WCS。其输入格式如下：

绝对直角坐标的输入形式是：x,y	//x,y 分别是输入点相对于原点的 X 坐标和 Y 坐标
绝对极坐标的输入形式是 r<Q	//r 表示输入点与原点的距离，Q 表示输入点到原点的连线与 X 轴正方向的夹角

【例】利用直角坐标绘制直线 AB，利用极坐标绘制直线 OC。如图 5-6 所示。

① 利用直角坐标值绘制线段 AB。

命令: _line 指定第一点:0, 60	//单击 ✏ 命令，输入 A 点坐标
指定下一点或[放弃(U)]:85, 80	//输入 B 点坐标，按【Enter】键
指定下一点或[放弃(U)]:	//按【Enter】

② 利用极坐标值绘制线段 OC。

命令_line 指定第一点:0, 0	//单击 ✏ 命令，输入 A 点坐标
指定下一点或[放弃(U)]87<-50	//输入 C 点坐标，按【Enter】键
指定下一点或[放弃(U)]:	//按【Enter】

（2）使用相对坐标确定点的位置来绘制直线　相对坐标是用户常用的一种坐标形式，其表示方法也有两种：一种是相对直角坐标，另一种是相对极坐标。相对坐标是指相对于用户最后输入点的坐标，其输入格式如下：

相对直角坐标的输入形式是：@x,y	//在绝对坐标前面加@
相对极坐标的输入形式是：@r<Q	//在相对极坐标前面加@

【例】用相对坐标绘制如图 5-7 所示的连续直线 ABCDEF。

命令: _line 指定第一点:	//单击 ✏ 命令，单击确定 A 的位置
指定下一点或[放弃(U)]:@50, 0	//输入 B 点相对坐标
指定下一点或[放弃(U)]:@60<55	//输入 C 点相对坐标
指定下一点或[闭合(C)/放弃(U)]:@50, 0	//输入 D 点相对坐标
指定下一点或[闭合(C)/放弃(U)]:@0, 55	//输入 E 点相对坐标
指定下一点或[闭合(C)/放弃(U)]:@-100, 0	//输入 F 点相对坐标
指定下一点或[闭合(C)/放弃(U)]:C	//输入 "C" 选择闭合选项，按【Enter】

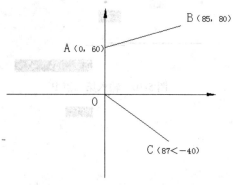

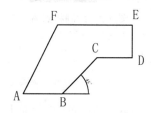

图 5-6　绝对坐标绘制直线　　　　　　　图 5-7　相对坐标绘制直线

> **经验之谈：** 使用正交功能绘制水平与垂直线。正交命令是用来绘制水平与垂直线的一种辅助工具，是 AutoCAD 中最为常用的工具。如果用户绘制水平与垂直线时，打开状态栏中的正交按钮┗┛，这时光标只能是水平与垂直方向移动。只要移动光标来指示线段的方向，并输入线段的长度值，不用输入坐标值就能绘制出水平与垂直方向的线段。

5.2.3　使用动态输入功能画直线

动态输入命令是 AutoCAD 2014 提供的新功能。动态输入命令在光标附近提供了一个命令界面，使用户可以专注于绘图区域。当启用动态命令时，工具栏提示将在光标附近显示信息，该信息会随着光标移动而动态更新。当某条命令为活动时，工具栏提示将为用户提供输入的位置。

启用"动态输入"命令有以下两种方法。

- 单击状态栏【动态输入】按钮 ┷。
- 按键盘上的【F12】键。

【例】用动态输入命令绘制如图 5-8 所示的平行四边形 ABCD。

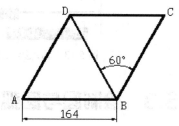

图 5-8　绘制平行四边形

操作步骤如下：

命令：_line 指定第一点：　　　　　　　　//单击 ╱ 命令，打开动态输入开关，用鼠标在
　　　　　　　　　　　　　　　　　　　　屏幕上随机单击确定第一点 A，如图 5-9 所示

指定下一点或[放弃(U)]:164 <正交 开>　//打开正交开关，在长度位置输入长度 164，B
　　　　　　　　　　　　　　　　　　　　点绘制完毕，如图 5-10 所示

指定下一点或[放弃(U)]:<正交 关>164　//在长度位置输入长度值 164，按【Tab】键，
　　　　　　　　　　　　　　　　　　　　切换输入位置角度值 60，按【Enter】，C 点
　　　　　　　　　　　　　　　　　　　　绘制完毕，如图 5-11 和图 5-12 所示

指定下一点或[闭合(C)/放弃(U)]:164<正交 开>　//打开正交开关，在长度位置输入长 164，D
　　　　　　　　　　　　　　　　　　　　点绘制完毕，如图 5-13 所示

指定下一点或[闭合(C)/放弃(U)]:C　　　　//输入 C 闭合，按【Enter】键

最后用鼠标将 B 点和 D 点连接上即可，如图 5-14 所示。

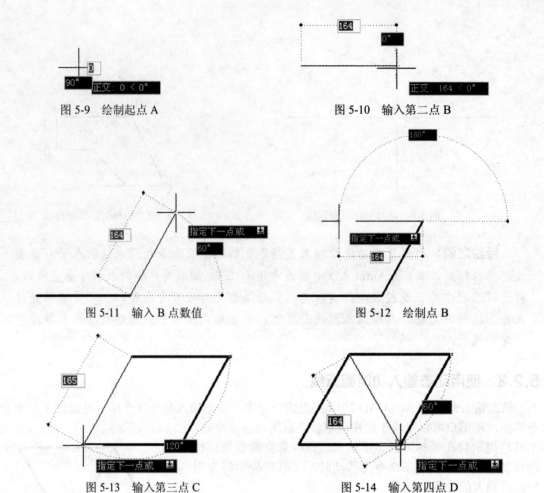

图 5-9　绘制起点 A

图 5-10　输入第二点 B

图 5-11　输入 B 点数值

图 5-12　绘制点 B

图 5-13　输入第三点 C

图 5-14　输入第四点 D

5.3　绘制圆与圆弧

　　圆与圆弧是工程图样中常见的曲线元素，在 AutoCAD 2014 中提供了多种绘制圆与圆弧的方法，下面详细介绍绘制圆与圆弧的命令及其操作方法。

5.3.1　绘制圆

　　启用绘制"圆"的命令有三种方法。
- 选择→【绘图】→【圆】菜单命令。
- 单击标准工具栏中的【圆】按钮 ⊘。
- 输入命令：C(Circle)。

　　启用"圆"的命令后，命令行提示：

命令：_circle 指定圆的圆心或[三点(3P)/两点(2P)/相切、相切、半径(T)]：

　　① 圆心和半径画圆：AutoCAD 2014 中缺省的方法是确定圆心和半径画圆。用户在"指定圆的圆心"提示下，输入圆心坐标后，命令行提示：

　　指定圆的半径或[直径(D)]:直接输入半径，按【Enter】键结束命令。

　　如果输入直径 D，命令行继续进行提示：

指定圆的直径<50>:输入圆的直径，按【Enter】键结束命令。

【例】绘制如图 5-15 所示半径为 50 的圆。

操作步骤如下:

命令: _circle 指定圆的圆心或[三点(3P)/两点(2P)/相切、相切、半径(T)]:

　　　　　　　　　　　//启用绘制圆的命令 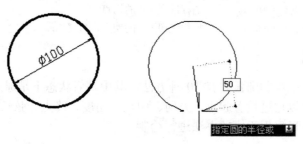，在绘图窗口中选定圆心位置

指定圆的半径或[直径(D)]:50　　　//输入半径值，按【Enter】键

图 5-15　圆心半径画圆

② 三点法画圆(3P):选择【三点】选项，通过指定的三个点绘制圆。

【例】如图 5-16 所示，通过指定的三个点 A、B、C 画圆。

命令: _circle 指定圆的圆心或[三点(3P)/两点(2P)/相切、相切、半径(T)]:3P

　　　　　　　　　　　//启用绘制圆的命令 ，输入"3P"

指定圆上的第一个点:　　　//单击 A 点

指定圆上的第二个点:　　　//单击 B 点

指定圆上的第三个点:　　　//单击 C 点，按【Enter】键

③ 二点法画圆(2P):选择【二点】选项，通过指定的 2 个点绘制圆。用户输入命令"2P"
后，命令行提示:

命令: _circle 指定圆的圆心或 [三点(3P)/两点(2P)/相切、相切、半径(T)]:2p

　　　　　　　　　　　//启用绘制圆的命令 ，输入"2P"

指定圆直径的第一个端点:　　　//指定其中一点

指定圆直径的第二个端点:　　　//指定其中一点，按【Enter】键

④ 相切、相切、半径画圆(T):选择【相切、相切、半径】选项，通过选择两个与圆相
切的对象，并输入圆的半径画圆。

【例】绘制如图 5-17 所示，与直线 OA 和 OB 相切，半径为 20 的圆。

命令: _circle 指定圆的圆心或[三点(3P)/两点(2P)/相切、相切、半径(T)]:

　　　　　　　　　　　//输入"T"选择"相切、相切、半径"

指定对象与圆的第一个切点:　　　//捕捉线段 OA 的切点

指定对象与圆的第二个切点:　　　//捕捉线段 OB 的切点

指定圆的半径 <103.4330>:　　　//指定半径 20，按【Enter】键

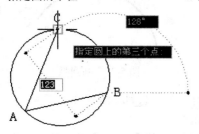

图 5-16　三点法画圆

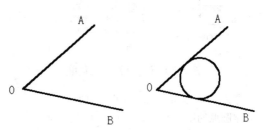

图 5-17　相切、相切、半径、画圆

⑤ 相切、相切、相切画圆(A)：选择【相切、相切、相切】选项，通过选择三个与圆相切的对象画圆。此命令必须从菜单栏中调出，如图 5-18 所示。

【例】绘制如图 5-19 所示，与三角形 ABC 都相切的圆。

命令：_circle 指定圆的圆心或[三点(3P)/两点(2P)/相切、相切、半径(T)]：

　　　　　　　　　　　　//选择→【绘图】→【圆】→【相切、相切、相切】选项

指定圆上的第一个点：_tan 到　　　//捕捉线段 AB 的切点

指定圆上的第二个点：_tan 到　　　//捕捉线段 BC 的切点

指定圆上的第三个点：_tan 到　　　//捕捉线段 CA 的切点，按【Enter】键

5.3.2 绘制圆弧

AutoCAD 2014 中绘制圆弧共有 10 种方法，其中缺省状态下是通过确定三点来绘制圆弧。绘制圆弧时，可以通过设置起点、方向、中点、角度、终点、弦长等参数来进行绘制。在绘图过程中用户可以采用不同的办法进行绘制。

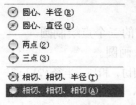

图 5-18　相切、相切、相切命令

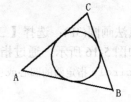

图 5-19　相切、相切、相切画圆

启用绘制"圆弧"命令有三种方法。

- 选择→【绘图】→【圆弧】菜单命令。
- 单击标准工具栏上【圆弧】的按钮 ⌒。
- 输入命令：A(Arc)。

通过选择→【绘图】→【圆弧】菜单命令后，系统将显示弹出如图 5-20 所示【圆弧】下拉菜单，在子菜单中提供了 10 种绘制圆弧的方法，用户可根据自己的需要，选择相应的选项来进行圆弧的绘制。

① "三点"画圆弧(P)：缺省的绘制方法，给出圆弧的起点、圆弧上的一点、端点画圆弧。

【例】绘制如图 5-21 所示圆弧 ABC。

图 5-20　【圆弧】下拉菜单

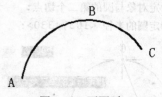

图 5-21　画圆弧

命令：_arc 指定圆弧的起点或[圆心(C)]：　　　//选择圆弧工具 ⌒，单击点 A

指定圆弧的第二个点或[圆心(C)/端点(E)]：　　//单击点 B

指定圆弧的端点：　　　　　　　　　　　　　//单击点 C，按【Enter】键

②"起点、圆心、端点"画圆弧(S)：以逆时针方向开始，按顺序分别单击起点、圆心、端点三个位置来绘制圆弧。

③"起点、圆心、角度"画圆弧(T)：以逆时针方向开始，按顺序分别单击起点、圆心两个位置，再输入角度值来绘制圆弧。

④"起点、圆心、长度"画圆弧(A)：以逆时针方向开始，按顺序分别单击起点、圆心两个位置，再输入圆弧的长度值来绘制圆弧。

⑤"起点、端点、角度"画圆弧(N)：以逆时针方向为开始，按顺序分别单击起点、端点两个位置，再输入圆弧的角度值来绘制圆弧。

⑥"起点、端点、方向"画圆弧(D)：是指通过起点、端点、方向使用定点设备绘制的圆弧。向起点和端点的上方移动光标，将绘制出凸的圆弧；向下移动光标将绘制出凹的圆弧。

⑦"起点、端点、半径"画圆弧(R)：是通过起点、端点和半径绘制的圆弧。可以输入长度，或通过顺时针或逆时针移动定点设备并单击确定一段距离来指定半径。

⑧"圆心、起点、端点"画圆弧(C)：以逆时针方向开始，按顺序分别单击圆心、起点、端点三个位置来绘制圆弧。

⑨"圆心、起点、角度"画圆弧(E)：按顺序分别单击圆心、起点两个位置，再输入圆弧的角度值来绘制圆弧。

⑩"圆心、起点、长度"画圆弧(L)：按顺序分别单击圆心、起点两个位置，再输入圆弧的长度值来绘制圆弧。

> **经验之谈：** 绘制圆弧需要输入圆弧的角度时，若角度为正值，则按逆时针方向画圆弧；若角度为负值，则按顺时针方向画圆弧。若输入弦长和半径为正值，则绘制180°范围内的圆弧；若输入弦长和半径为负值，则绘制大于180°的圆弧。

5.4 绘制射线与参照线

5.4.1 绘制射线

射线是一条只有起点、通过另一点或指定某方向无限延伸的直线，一般用作辅助线。启用绘制"射线"命令有两种方法。

- 选择→【绘图】→【射线】菜单命令。
- 输入命令：Ray。

【例】绘制如图 5-22 所示的射线。

命令：_ray 指定起点：　　　　//启用射线命令
指定通过点：　　　　　　　　//单击 A 点
指定通过点：　　　　　　　　//单击 B 点
指定通过点：　　　　　　　　//单击 C 点
指定通过点：　　　　　　　　//按【Enter】键

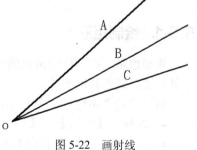

图 5-22　画射线

5.4.2 绘制参照线

参照线也叫构造线，是指通过某两点并确定了方向向两个方向无限延伸的直线。参照线一般用作辅助线。

启用"参照线"命令有三种方法。

- 选择→【绘图】→【参照线】菜单命令。
- 单击标准工具栏中的【参照线】按钮 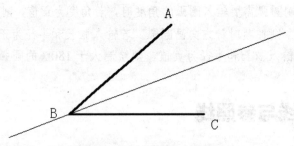。
- 输入命令：Xline。

启用"参照线"命令后，命令行提示如下：

命令：_xline 指定点或 [水平(H)/垂直(V)/角度(A)/二等分(B)/偏移(O)]：

其中的参数：

- 【水平(H)】：绘制水平参照线，随后指定的点为该水平线的通过点。
- 【垂直(V)】：绘制垂直参照线，随后指定的点为该垂直线的通过点。
- 【角度(A)】：指定参照线的角度，随后指定的点为该线的通过点。
- 【偏移(O)】：复制现有的参照线，指定偏移通过点。
- 【二等分(B)】：以参照线绘制指定角的平分线。

【例】绘制角 ABC 二等分线，如图 5-23 所示。

命令：_xline 指定点或 [水平(H)/垂直(V)/角度(A)/二等分(B)/偏移(O)]：B
                               // 启用参照线 命令，输入"B"按【Enter】键

指定角的顶点：   // 单击 B 点

指定角的起点：   // 单击 A 点

指定角的端点：   // 单击 C 点

指定角的端点：   // 按【Enter】键

图 5-23　绘制∠ABC 二等分线

5.5　绘制矩形与正多边形

5.5.1　绘制矩形

矩形也是工程图样中常见的元素之一，矩形可通过定义两个对角点来绘制，同时可以设定其宽度、圆角和倒角等。

启用绘制"矩形"命令有三种方法。

- 选择→【绘图】→【矩形】菜单命令。
- 单击标准工具栏中的【矩形】按钮 ▭。
- 输入命令：Rectang。

启用"矩形"命令后，命令行提示如下：

指定第一个角点或[倒角(C)/标高(E)/圆角(F)/厚度(T)/宽度(W)]：

其中的参数：

- 【指定第一角点】：定义矩形的一个顶点。
- 【指定另一个角点】：定义矩形的另一个角点。
- 【倒角(C)】：绘制带倒角的矩形。

第一倒角距离——定义第一倒角距离。

第二倒角距离——定义第二倒角距离。

- 【圆角(F)】：绘制带圆角的矩形。

矩形的圆角半径——定义圆角的半径。

- 【宽度(W)】：定义矩形的线宽。
- 【标高(E)】：矩形的高度。
- 【厚度(T)】：矩形的厚度。

【例】绘制如图 5-24 所示四种矩形。

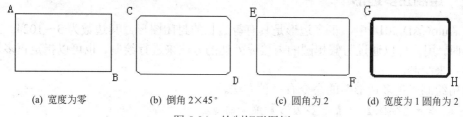

| (a) 宽度为零 | (b) 倒角 2×45° | (c) 圆角为 2 | (d) 宽度为 1 圆角为 2 |

图 5-24　绘制矩形图例

命令：_rectang　　　　　　　　　　　　　//启用绘制"矩形"命令

指定第一个角点或[倒角(C)/标高(E)/圆角(F)/厚度(T)/宽度(W)]：

　　　　　　　　　　　　　　　　　　　//单击 A 点，按【Enter】键

指定另一个角点或[面积(A)/尺寸(D)/旋转(R)]：　//单击 B 点，按【Enter】键

结果如图 5-24（a）所示。

命令：_rectang　　　　　　　　　　　　　//按【Enter】键，重复"矩形"命令

指定第一个角点或[倒角(C)/标高(E)/圆角(F)/厚度(T)/宽度(W)]：C

　　　　　　　　　　　　　　　　　　　//输入"C"，设置倒角

指定矩形的第一个倒角距离<0.0000>：2　　　//第一倒角距离为 2

指定矩形的第二个倒角距离<2.0000>：　　　//按【Enter】键

指定第一个角点或[倒角(C)/标高(E)/圆角(F)/厚度(T)/宽度(W)]：

　　　　　　　　　　　　　　　　　　　//单击 C 点，按【Enter】键

指定另一个角点或[面积(A)/尺寸(D)/旋转(R)]：　//单击 D 点，按【Enter】键

结果如图 5-24（b）所示。

命令：_rectang　　　　　　　　　　　　　//启用绘制"矩形"命令

指定第一个角点或 [倒角(C)/标高(E)/圆角(F)/厚度(T)/宽度(W)]：F

　　　　　　　　　　　　　　　　　　　//输入"F"，设置圆角

指定矩形的圆角半径<2.0000>：　　　　　　//圆角半径设置为 2

指定第一个角点或[倒角(C)/标高(E)/圆角(F)/厚度(T)/宽度(W)]：

　　　　　　　　　　　　　　　　　　　//单击 E 点，按【Enter】键

指定另一个角点或[面积(A)/尺寸(D)/旋转(R)]：　//单击 F 点，按【Enter】键

结果如图 5-24（c）所示。

命令：_rectang　　　　　　　　　　　　　//按【Enter】键，重复"矩形"命令

当前矩形模式:圆角=2.0000   //当前圆角半径为2
指定第一个角点或[倒角(C)/标高(E)/圆角(F)/厚度(T)/宽度(W)]:W
                                          //输入"W",设置线的宽度
指定矩形的线宽 <0.0000>:1   //线宽值为1
指定第一个角点或[倒角(C)/标高(E)/圆角(F)/厚度(T)/宽度(W)]:
                                          //单击G点,按【Enter】键
指定另一个角点或 [面积(A)/尺寸(D)/旋转(R)]:   //单击H点,按【Enter】键
结果如图5-24(d)所示。

> **经验之谈:**绘制的矩形是一整体,编辑时必须通过分解命令使之分解成单个的线段,同时矩形也失去线宽性质。

5.5.2 绘制正多边形

在 AutoCAD 2014 中,正多边形是具有等边长的封闭图形,其边数为3~1024。绘制正多边形时,用户可以通过与假想圆的内接或外切的方法来进行绘制,也可以指定正多边形某边的端点来绘制。

启用绘制"正多边形"的命令有三种方法。

- 选择→【绘图】→【正多边形】菜单命令。
- 单击标准工具栏中的【正多边形】按钮◇。
- 输入命令:Pol(Polygon)。

启用"正多边形"命令后,命令行提示如下:

指定正多边形的中心点或[边(E)]:

输入选项[内接于圆(I)/外切于圆(C)]<I>:

(1)利用内接于圆和外切于圆绘制正多边形 绘制正多边形以前,先来认识一下【内接于圆(I)】和【外切于圆(C)】。如图5-25所示,图中绘制两种图形都与假想圆的半径有关系,用户绘制正多边形时要弄清正多边形与圆的关系。内接于圆的正六边形,从六边形中心到两边交点的连线等于圆的半径。而外切于圆的正六边形的中心到边的垂直距离等于圆的半径。

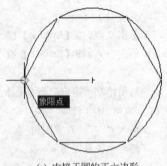

(a) 内接于圆的正六边形

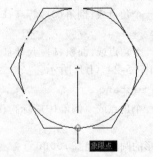

(b) 外切于圆的正六边形

图5-25 正多边形与圆的关系

【例】绘制如图5-26所示的正八边形。

命令:_polygon 输入边的数目<8>:8   //启用绘制"正多边形"命令◇,输入边数,按【Enter】键
指定正多边形的中心点或[边(E)]:   //在绘图区域内单击一点,确定中心位置

输入选项[内接于圆(I)/外切于圆(C)]:C　　　//输入"C"选择外切于圆，按【Enter】键
指定圆的半径:　　　　　　　　　　　　//输入外切于圆的半径50，按【Enter】键

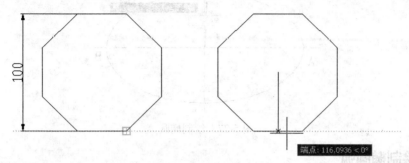

图 5-26　画正多边形

（2）根据边长绘制正多边形　通过指定边长的方式来绘制正多边形。输入正多边形边数后，再指定某条边的两个端点即可绘制出正多边形。输入命令后，命令行提示：

命令：_polygon 输入边的数目<8>:8　　//启用绘制"正多边形"命令⬠，输入边数，按【Enter】键
指定正多边形的中心点或[边(E)]:E　　//选择【边】选项，按【Enter】键
指定边的第一个端点:　　　　　　　　//指定多边形的一个端点，按【Enter】键
指定边的第二个端点:　　　　　　　　//指定多边形的另一个端点，按【Enter】键

5.6　绘制椭圆与椭圆弧

椭圆与椭圆弧是工程图样中常见的曲线，在 AutoCAD 2014 中绘制椭圆与椭圆弧比较简单，和正多边形一样，系统自动计算数据。

5.6.1　绘制椭圆

绘制椭圆的主要参数是椭圆的长轴和短轴，绘制椭圆的缺省方法是通过指定椭圆的第一根轴线的两个端点及另一半轴的长度。

启用绘制"椭圆"的命令有三种方法。

- 选择→【绘图】→【椭圆】菜单命令。
- 单击标准工具栏中的【椭圆】按钮⬭。
- 输入命令：El(Ellipse)。

启用"椭圆"命令后，命令行提示如下：

命令：_ellipse
指定椭圆的轴端点或 [圆弧(A)/中心点(C)]:

其中的参数：

- 【圆弧(A)】：用于绘制椭圆弧。
- 【中心点(C)】：通过确定椭圆中心点位置，再指定长轴和短轴的长度来绘制椭圆。

【例】绘制如图 5-27 所示的椭圆。

命令：_ellipse　　　　　　　　　　　//启用绘制"椭圆"命令⬭，按【Enter】键
指定椭圆的轴端点或[圆弧(A)/中心点(C)]:C　//输入"C"，选择【中心点】选项
指定椭圆的中心点:<对象捕捉 开>　　　//指定两中线的交点为中心点
指定轴的端点:<对象捕捉 关>　　　　　//动态状态点取 A 点，按【Enter】键
指定另一条半轴长度或 [旋转(R)]:50　//动态状态下输入长度值。按【Enter】键

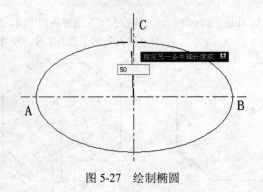

图 5-27　绘制椭圆

5.6.2　绘制椭圆弧

绘制椭圆弧的方法与绘制椭圆相似，首先确定椭圆的长轴和短轴，再输入椭圆弧的起始角和终止角即可。

启用绘制"椭圆弧"命令有两种方法。

- 选择→【绘图】→【椭圆】→【椭圆弧】菜单命令。
- 单击标准工具栏中的【椭圆弧】的按钮。

启用"椭圆弧"命令，绘制如图 5-28 所示的椭圆弧。

命令: _ellipse

指定椭圆的轴端点或[圆弧(A)/中心点(C)]:A　　//启用椭圆弧命令，按【Enter】键

指定椭圆弧的轴端点或[中心点(C)]:　　//单击 A 点，确定长轴的一个端点

指定轴的另一个端点:　　//单击 C 点，确定长轴的另一个端点

指定另一条半轴长度或[旋转(R)]:　　//单击 D 点，确定短半轴的端点

指定起始角度或[参数(P)]:0　　//输入起始角度值

指定终止角度或[参数(P)/包含角度(I)]:240　　//输入终止角度值，按【Enter】键

结果如图 5-28（a）所示。

> **经验之谈:** 绘制椭圆弧时，指定起始角度值和终止角度值时，可以用鼠标单击用户想要的位置，如图 5-28（b）所示。

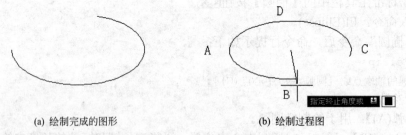

(a) 绘制完成的图形　　　　　　(b) 绘制过程图

图 5-28　绘制椭圆弧

5.7　绘制圆环

圆环是一种可以填充的同心圆，其内径可以是 0，也可以和外径相等。在绘图过程中用户需要指定圆环的内径、外径以及中心点。

启用绘制"圆环"的命令有两种方法。

- 选择→【绘图】→【圆环】菜单命令。
- 输入命令：Donut。

利用以上方法输入"圆环"命令，绘制如图 5-29 所示的圆环。

图 5-29　绘制圆环

命令：_donut	//启用圆环命令
指定圆环的内径 <20.0000>:20	//输入圆环内径
指定圆环的外径 <43.5813>:40	//输入圆环外径
指定圆环的中心点或 <退出>:	//单击圆环的中心点
指定圆环的中心点或 <退出>:	//按【Enter】键

经验之谈：用户如果想要绘制多个圆环时，可以连续单击圆环的中心点，就可以绘制多个相同的圆环。如果圆环内径为 0，则绘制的圆环为实心圆，如果圆环内径等于外径，则绘制的圆环为一个圆如图 5-30 所示三种不同情况。

(a) 内外径不相等　　　　　(b) 内径为零　　　　　(c) 内外径相等

图 5-30　圆环与内径的关系

5.8　绘制样条曲线

样条曲线是由多条线段光滑过渡而形成的曲线，其形状是由数据点、拟合点及控制点来控制的。其中数据点是在绘制样条曲线时由用户确定。拟合点及控制点是由系统自动产生，用来编辑样条曲线。

启用"样条曲线"命令有三种方法。

- 选择→【绘图】→【样条曲线】菜单命令。
- 单击标准工具栏中的【样条曲线】按钮 。
- 输入命令：Spl(Spline)。

利用以上方法启用"样条曲线"命令，绘制如图 5-31 所示的样条曲线。

命令：_spline	//启用样条曲线命令
指定第一个点或［对象(O)］:	//单击确定 A 点的位置
指定下一点:	//单击确定 B 点的位置
指定下一点或［闭合(C)/拟合公差(F)］<起点切向>:	//单击确定 C 点的位置

指定下一点或 [闭合(C)/拟合公差(F)] <起点切向>:　　　//单击确定 D 点的位置
指定下一点或 [闭合(C)/拟合公差(F)] <起点切向>:　　　//单击确定 E 点的位置
指定下一点或 [闭合(C)/拟合公差(F)] <起点切向>:　　　//单击确定 F 点的位置
指定下一点或 [闭合(C)/拟合公差(F)] <起点切向>:　　　//单击确定 G 点的位置
指定下一点或 [闭合(C)/拟合公差(F)] <起点切向>:　　　//按【Enter】键
指定起点切向:　　　　　　　　　　　　　　　　　　//移动鼠标,单击确定起点方向
指定端点切向:　　　　　　　　　　　　　　　　　　//移动鼠标,单击确定端点方向
其中的参数:

- 【对象(O)】:将通过 PEDIT 命令绘制的多段线转化为样条曲线。
- 【闭合(C)】:用于绘制闭合的样条曲线。
- 【拟合公差(F)】:用于设置拟合公差。拟合公差是样条曲线输入点之间所允许偏移的最大距离。当给定拟合公差时,绘制的样条曲线不是都通过输入点。如果公差设置为 0,样条曲线通过拟合点;如果公差设置大于 0,将使样条曲线在指定的公差范围内通过拟合点。如图 5-32 所示。

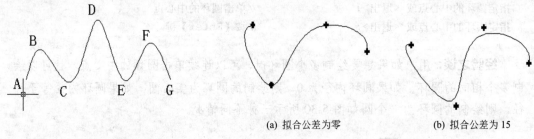

图 5-31　样条曲线的绘制　　　　　　　　　　(a) 拟合公差为零　　　　(b) 拟合公差为 15

图 5-32　拟合公差

- 【起点切向与端点切向】:用于定义样条曲线的第一点和最后一点的切向,如果按【Enter】键,AutoCAD 2014 将默认切向。

5.9　绘制多线

多线是指多条相互平行的直线。在绘图过程中用户可以调整和编辑平行直线间的距离、直线的数量,线条的颜色、线型等属性。如建筑平面图上用来表示墙体的双线就可以用多线来绘制。

5.9.1　绘制多线

启用绘制"多线"命令有两种方法。

- 选择→【绘图】→【多线】菜单命令。
- 输入命令:Ml(Mline)。

启用"多线"命令后,命令行提示如下:

命令:_mline
当前设置:对正 =上,比例=20.00,样式=STANDARD
指定起点或 [对正(J)/比例(S)/样式(ST)]:
其中的参数:

- 【当前设置】:显示当前多线的设置属性。

- **【对正(J)】**: 用于设置多线的对正方式,多线的对正方式有三种:上、无、下。其中"上对正"是指多线顶端的直线将随着光标进行移动,其对正点位于多线最顶端直线的端点上;"无对正"是指绘制多线时,多线中间的直线将随着光标进行移动,其对正点位于多线的中间;"下对正"是指绘制多线时,多线最底端直线将随着光标进行移动,其对正点位于多线最底端直线的端点上。

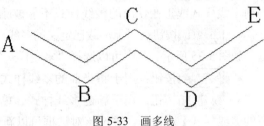

- **【比例(S)】**: 用于设置多线的比例,即指定多线宽度相对于定义宽度的比例因子,该比例不影响线型的外观。

- **【样式(J)】**: 用于选择和定义多线的样式,系统缺省的样式为 STANDARD。

图 5-33 画多线

【例】 绘制如图 5-33 所示的多线。

```
命令:_mline                              //启用绘制"多线"命令
当前设置:对正 =上,比例=20.00,样式=STANDARD
指定起点或 [对正(J)/比例(S)/样式(ST)]:      //单击 A 点位置
指定下一点:                              //单击 B 点位置
指定下一点或 [放弃(U)]:                    //单击 C 点位置
指定下一点或 [闭合(C)/放弃(U)]:            //单击 D 点位置
指定下一点或 [闭合(C)/放弃(U)]:            //单击 E 点位置
指定下一点或 [闭合(C)/放弃(U)]:            //按【Enter】键
```

> **经验之谈:** 绘制多线过程中,两线的实际宽度为多线比例与多线偏移量的乘积,而不是多线的偏移量。

5.9.2 设置多线样式

"多线样式"决定多线中线条的数量、线条的颜色和线型、直线间的距离等。还能确定多线封口的形式。

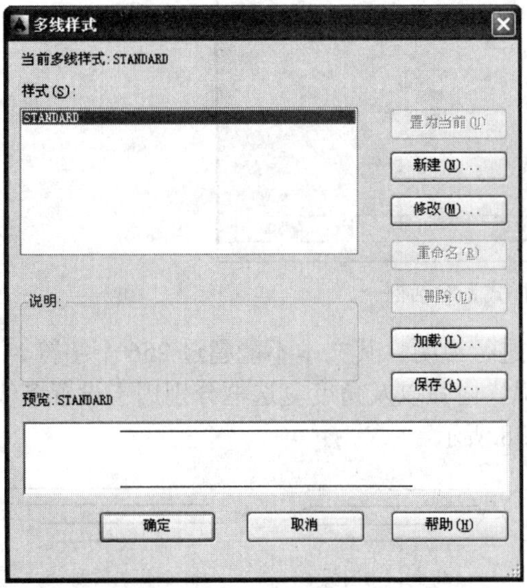

启用"多线样式"命令有两种方法。

- 选择→【格式】→【多线样式】菜单命令。

- 输入命令:Mlstyle。

启用"多线样式"命令后,系统将显示弹出如图 5-34 所示【多线样式】对话框,通过该对话框可以设置多线样式。下面详细介绍【多线样式】对话框中的各个选项与按钮的功能。

- **【样式($\underline{S}$)】**文本框:用于显示所有已定义的多线样式。选中样式名称,单击置为当前按钮,即可以将已定义的多线样式作为当前的多线样式。

- **【说明】**选项:显示对当前多线样式的说明。

图 5-34 【多线样式】对话框

- 置为当前(U)按钮：将在样式列表框中选中的多线样式作为当前使用。
- 修改(M)按钮：用于修改在样式列表框中选中的多线样式。
- 重命名(R)按钮：用于更改在样式列表框中选中的多线样式。
- 删除(L)按钮:用于删除列表框中选中的多线样式。但是缺省的样式"STANDARD"、当前多线样式或正在使用的多线样式不能被删除。
- 加载(L)按钮：用于加载已定义的多线样式。单击该按钮，弹出【加载多线样式】对话框，如图 5-35 所示。从中可以选择"多线样式"中的样式或从文件中加载多线样式。
- 保存(A)按钮：用于将当前的多线样式保存到多线文件中。
- 新建(N)按钮：用于新建多线样式。单击该按钮，系统将弹出如图 5-36 所示【创建新的多线样式】对话框，通过该对话框可以新建多线样式。在新样式名中输入所要创建新的多线样式的名称，系统将弹出如图 5-37 所示【新建多线样式】对话框。下面详细介绍多线样式对话框中的各个选项与按钮的功能。

图 5-35 【加载多线样式】对话框

图 5-36 【创建新的多线样式】对话框

图 5-37 【新建多线样式】对话框

- 【说明(P)】文本框：对所定义的多线样式进行说明，其文本不能超过 256 个字符。
- 【封口】选项组：该选项组中的直线、外弧、内弧以及角度复选框分别用于设置多线的封口为直线、外弧、内弧和角度形状，如图 5-38 所示。

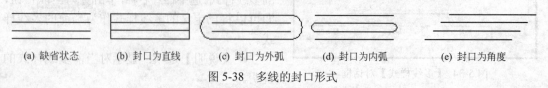

(a) 缺省状态　　　(b) 封口为直线　　　(c) 封口为外弧　　　(d) 封口为内弧　　　(e) 封口为角度

图 5-38　多线的封口形式

- 【填充】列表框：用于设置填充的颜色，如图 5-39 所示。
- 【显示连接】复选框：用于选择是否在多线的拐角处显示连接线，若选择该选项，则多线如图 5-40（a）所示，否则将不显示连接线,如图 5-40（b）所示。

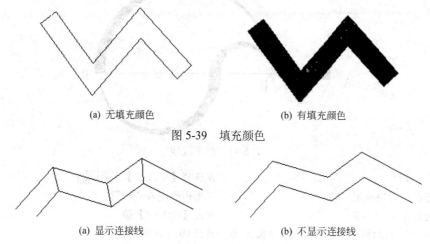

(a) 无填充颜色　　　　　　　　　　　(b) 有填充颜色

图 5-39　填充颜色

(a) 显示连接线　　　　　　　　　　　(b) 不显示连接线

图 5-40　连接线显示

- 【元素列表】：用于显示多线中线条的偏移量、线条的颜色、线型设置。
- 添加 按钮：用于添加一条新线，其间距可在偏移数值框中输入。
- 删除 按钮：用于删除在元素列表框中选定的直线元素。
- 【偏移数值框】：为多线样式中的每个元素指定偏移值。
- 【颜色列表框】：用于设置元素列表框中选定的直线元素的颜色。
- 线型 按钮：用于设置元素列表框中选定的直线元素的线型。

5.10　绘制多段线

多段线是由线段和圆弧构成的连续线段组，是一个单独图形对象。在绘制过程中，用户可以随意设置线宽。

启用绘制"多段线"命令有三种方法。

- 选择→【绘图】→【多段线】菜单命令。
- 单击标准工具栏中的【多段线】按钮 。
- 输入命令：Pl(Pline)。

启用绘制"多段线"命令后，命令行提示如下：

命令：_pline

指定起点：

当前线宽为 0.0000

指定下一个点或[圆弧(A)/半宽(H)/长度(L)/放弃(U)/宽度(W)]：

其中的参数：

- 【指定下一个点】：该选项为默认选项。指定多段线的下一点，生成一段直线。命令行提示：

指定下一点或 [圆弧(A)/闭合(C)/半宽(H)/长度(L)/放弃(U)/宽度(W)]:可以继续输入下一点，连续不断地重复操作。直接回车，结束命令。

- 【圆弧(A)】：用于绘制圆弧并添加到多段线中。绘制的圆弧与上一线段相切。

【例】绘制如图 5-41 所示多段线。

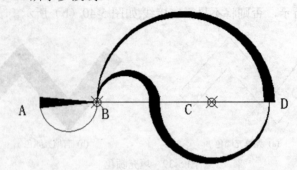

图 5-41　画多段线

命令：_pline	//选择【多段线】工具

命令：_pline　　　　　　　　　　　　　//选择【多段线】工具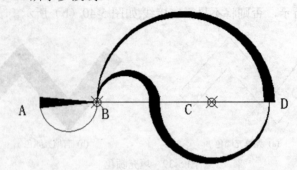

指定起点：<对象捕捉 开>　　　　　　　//单击确定 A 点位置

当前线宽为 0.0000　　　　　　　　　　//按【Enter】键

指定下一个点或[圆弧(A)/半宽(H)/长度(L)/放弃(U)/宽度(W)]:A

　　　　　　　　　　　　　　　　　　//输入 A，选择【圆弧】选项，按【Enter】键

指定圆弧的端点或

[角度(A)/圆心(CE)/方向(D)/半宽(H)/直线(L)/半径(R)/第二个点(S)/放弃(U)/宽度

(W)]:A　　　　　　　　　　　　　　　//输入 A，选择【角度】选项，按【Enter】键

指定包含角:180　　　　　　　　　　　//输入圆弧的包含角度值

指定圆弧的端点或[圆心(CE)/半径(R)]:　//单击 B 点确定节 AB 弧

指定圆弧的端点或

[角度(A)/圆心(CE)/闭合(CL)/方向(D)/半宽(H)/直线(L)/半径(R)/第二个点(S)/放弃(U)/

宽度(W)]:W　　　　　　　　　　　　　//输入 W，选择【宽度】选项，按【Enter】键

指定起点宽度 <0.0000>:0　　　　　　//输入起点宽度为 0

指定端点宽度 <0.0000>:10　　　　　　//输入端点宽度为 10

指定圆弧的端点或

[角度(A)/圆心(CE)/闭合(CL)/方向(D)/半宽(H)/直线(L)/半径(R)/第二个点(S)/放弃(U)/

宽度(W)]:　　　　　　　　　　　　　//单击 D 点确定 BD 弧

指定圆弧的端点或

[角度(A)/圆心(CE)/闭合(CL)/方向(D)/半宽(H)/直线(L)/半径(R)/第二个点(S)/放弃(U)/

宽度(W)]:W　　　　　　　　　　　　　//输入 W，选择【宽度】选项，按【Enter】键

指定起点宽度 <10.0000>:0　　　　　　//输入起点宽度为 0

指定端点宽度 <0.0000>: 10　　　　　　//输入端点宽度为 10

指定圆弧的端点或

[角度(A)/圆心(CE)/闭合(CL)/方向(D)/半宽(H)/直线(L)/半径(R)/第二个点(S)/放弃(U)/

宽度(W)]:　　　　　　　　　　　　　//单击 C 点确定 DC 弧

指定圆弧的端点或

[角度(A)/圆心(CE)/闭合(CL)/方向(D)/半宽(H)/直线(L)/半径(R)/第二个点(S)/放弃(U)/

宽度(W)]:W　　　　　　　　　　　　　//输入 W，选择【宽度】选项，按【Enter】键

指定起点宽度 <10.0000>:　　　　　　 //输入端点宽度为 10

指定端点宽度 <0.0000>:0　　　　　　 //输入端点宽度为 0

指定圆弧的端点或

[角度(A)/圆心(CE)/闭合(CL)/方向(D)/半宽(H)/直线(L)/半径(R)/第二个点(S)/放弃(U)/
宽度(W)]:   //单击 B 点确定径 CB 弧
指定圆弧的端点或
[角度(A)/圆心(CE)/闭合(CL)/方向(D)/半宽(H)/直线(L)/半径(R)/第二个点(S)/放弃(U)/
宽度(W)]:L   //输入 L,选择【直线】选项
指定下一点或 [圆弧(A)/闭合(C)/半宽(H)/长度(L)/放弃(U)/宽度(W)]:W
                                  //输入 W,选择【宽度】选项,按【Enter】键
指定起点宽度 <0.0000>:   //输入起点宽度为 0
指定端点宽度 <0.0000>: 10   //输入端点宽度为 10
指定下一点或 [圆弧(A)/闭合(C)/半宽(H)/长度(L)/放弃(U)/宽度(W)]:
                                  //单击 A 点或输入 C 闭合,确定 BA 直线

- 【长度(L)】:在与前一段相同的角度方向上绘制指定长度的直线段。如果前一线段为
圆弧,AutoCAD 将绘制与该弧线段相切的新线段。
- 【半宽(H)】:用于指定从有宽度的多段线线段的中心到其一边的宽度,起点半宽将成
为默认的端点半宽,端点半宽在再次修改半宽之前将作为所有后续线段的统一半宽,宽线线
段的起点和端点位于宽线的中心。
- 【宽度(W)】:用于指定下一条直线段或弧线段的宽度。与半宽的设置方法相同,可以
分别起始点与终止点的宽度,可以绘制箭头图形或者其他变化宽度的多段线。
- 【闭合(C)】:从当前位置到多段线的起始点绘制一条直线段用以闭合多段线。
- 【角度(A)】:指定圆弧线段从起始点开始的包含角。输入正值将按逆时针方向创建弧
线段;输入负值将按顺时针方向创建弧线段。
- 【方向(D)】:用于指定弧线段的起始方向。绘制过程中可以用鼠标单击,来确定圆弧
的弦方向。
- 【直线(L)】:用于退出绘制圆弧选项,返回绘制直线的初始提示。
- 【半径(R)】:用于指定弧线段的半径。
- 【第二点】选项:用于指定三点圆弧的第二点和端点。
- 【放弃(U)】:删除最近一次添加到多段线上的弧线段或直线段。

5.11 修订云线

"云线"的作用是在检查或者用红线圈阅图形时,用户可以使用云状线来进行标记,这
样可以提高用户的工作效率。云状线是由连续的圆弧组成的多段线,其弧长的最大值和最小
值可以分别进行设定。

启用绘制"云线"的命令有三种方法。

- 选择→【绘图】→【云线】菜单命令。
- 单击标准工具栏中的【云线】按钮 。
- 输入命令:Revcloud。

启用"云线"命令后,命令行将给出如下提示:

命令: _revcloud
最小弧长:15 最大弧长:15 样式:普通
指定起点或[弧长(A)/对象(O)/样式(S)]<对象>:

其中的参数:

- 【弧长(A)】:用于设置"云线"弧长的最大值和最小值,其中弧长的最大值不能大于

其最小值的 3 倍。

- 【对象(O)】：用于将其他闭合对象如圆、矩形、闭合多段线等，转化为"云线"图形，并控制"云线"中弧线的方向，
- 【样式(S)】：用于选择"云线"图形效果为普通或手绘。

【例】绘制如图 5-42 所示的云线。

图 5-42　画云线

命令：_revcloud　　　　　　　　　　　　// 启用修订云线命令
最小弧长：15 最大弧长：15 样式：普通
指定起点或 [弧长(A)/对象(O)/样式(S)] <对象>:A
　　　　　　　　　　　　　　　　　　// 输入A，选择【弧长】选项，按【Enter】键
指定最小弧长 <15>:20　　　　　　　　　// 输入最小弧长值
指定最大弧长 <15>:40　　　　　　　　　// 输入最大弧长值
指定起点或 [弧长(A)/对象(O)/样式(S)] <对象>:　// 单击确定"云线"起始点
沿云线路径引导十字光标... <正交 关>　　// 移动鼠标绘制云线
修订云线完成。　　　　　　　　　　　// 光标移动至起点时，图形自动闭合

【例】绘制如图 5-43 所示的图形，操作步骤如下：

命令：_revcloud　　　　　　　　　　　　// 选择修订云线工具
最小弧长：15 最大弧长：40 样式：普通
指定起点或 [弧长(A)/对象(O)/样式(S)] <对象>:O
　　　　　　　　　　　　　　　　　　// 输入为O，选择【对象】选项，按【Enter】键
选择对象：　　　　　　　　　　　　　// 拾取正六边形
反转方向[是(Y)/否(N)] <否>:Y　　　　// 输入 Y 为图形 b，输入 N 为图形 c
修订云线完成。　　　　　　　　　　　// 按【Enter】键

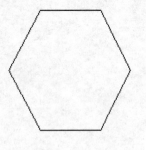　　　　

(a) 六边形　　　　　　(b) 反转方向　　　　　　(c) 普通方向

图 5-43　修订云线

5.12 徒手绘图

徒手绘图命令是 AutoCAD 2014 提供的一种能够随意绘制曲线图形的绘图命令，使用该命令通过移动鼠标就能绘制出手工绘制曲线的效果。

启用"徒手绘图"命令的方法是在命令行中直接输入命令。

* 输入命令：Sketch。

启用"徒手绘图"命令后，命令行将给出如下提示：

命令：sketch

记录增量 <1.0000>：5

徒手画.画笔(P)/退出(X)/结束(Q)/记录(R)/删除(E)/连接(C)

其中的参数：

* 【画笔(P)】：用于控制笔落或笔提状态，输入"P"时不用按【Enter】键确认。使用鼠标单击同样可以改变笔落或笔提状态。
* 【退出(X)】：用于退出徒手绘图命令，并且记录图形中已绘制的草图曲线图形。
* 【结束(Q)】：用于退出徒手绘图命令，但是不记录图形中已绘制的草图曲线图形。
* 【记录(R)】：不退出徒手绘图命令，但是记录图形中已绘制的草图曲线图形。
* 【删除(E)】：删除未保存的草图曲线。
* 【连接(C)】：继续从上一条徒手绘制的曲线末端开始绘图。

【例】绘制如图 5-44 所示的图形。

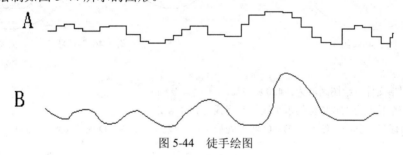

图 5-44　徒手绘图

命令：sketch　　　　　　　　　　　//在命令行中直接输入"SKETCH"

记录增量 <3.0000>：　　　　　　　　//输入线段的最小长度值

徒手画.画笔(P)/退出(X)/结束(Q)/记录(R)/删除(E)/连接(C)。

<笔落>　　　　　　　　　　　　　　//单击确定线段 A 的起始点，移动鼠标

<笔提>　　　　　　　　　　　　　　//单击确定线段 A 的终止点

<笔落>　　　　　　　　　　　　　　//单击确定线段 B 的起始点，移动鼠标

<笔提>　　　　　　　　　　　　　　//单击确定线段 B 的终止点，按【Enter】键

已记录 156 条直线。　　　　　　　　//显示构成曲线的线段数量

思考题

1. 指定点的方式有几种?有几种方法可以精确输入点的坐标?
2. 多段线与一般线段有什么区别?
3. 绘制带有线宽的直线有哪几种方法?
4. 用 AutoCAD 绘图过程中对圆、圆弧、椭圆、椭圆弧一类图形对象的显示效果如何进行控制，使它们在绘图窗口中显示的图形变得更光滑?

练习题

练习一

1. 建立新的图形文件，绘图区域为 240×200。

2. 绘制一个三角形，其中：AB 长为 100，BC 长为 80，AC 长为 60；绘制三角形 AB 边的高 CO。

3. 绘制三角形 OAC 和 OBC 的内切圆；绘制三角形 ABC 的外接圆。完成后的图形如图 5-45 所示。

练习二

1. 建立图形文件，绘图区域为：297×210。

2. 绘制半径为 20，30 的两圆，其圆心在同一水平线上，距离为 80。

3. 在大圆中绘制一个内切圆半径为 20 的正八边形，在小圆中绘制一个外接圆半径为 15 的正五边形。

4. 绘制两圆的公切线和一条半径为 50 并与两圆相切的圆弧。

5. 将图中的线宽变为 0.3。完成图形如图 5-46 所示。

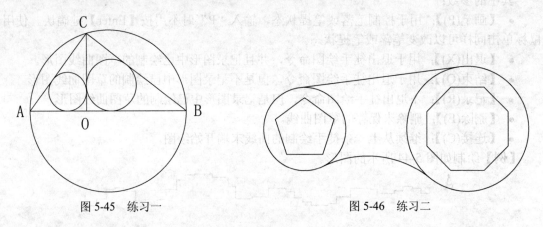

图 5-45　练习一　　　　　　　　　　　　图 5-46　练习二

练习三

1. 建立图形文件，绘图区域为：420×297。

2. 绘制一个长度为 150 单位的水平线，并将线进行 4 等分。

3. 绘制多段线，其中：线宽在 B、C 两点处最宽，宽度为 10；A、D 两点处线宽为 0。完成后图形如图 5-47 所示。

练习四

1. 建立图形文件，绘图区域为：200×200。

2. 绘制一个边长为 20、AB 边与水平线夹角为 30° 的正八边形，绘制一个半径为 10 的圆，且圆心与正八边形同心；再绘制正八边形的外接圆。

3. 绘制一个与正八边形相距为 10 的外围正八边形，完成后的图形如图 5-48 所示。

练习五

1. 建立图形文件，绘图区域为：297×210。

2. 绘制一个 120×100 的矩形。在矩形中心绘制两条相交的多线，多线类型为三线，且多线每两条线的间距为 10，两条相交线在中间断开。完成后的图形如图 5-49 所示。

练习六

1. 建立合适的绘图区域，图形必须在设置的绘图区内。

2. 设置合适的图层及属性，绘制如图 5-50 所示的图形。

练习七

1. 建立合适的绘图区域，图形必须在设置的绘图区内。

2. 设置合适的图层及属性，绘制如图 5-51 所示的图形。

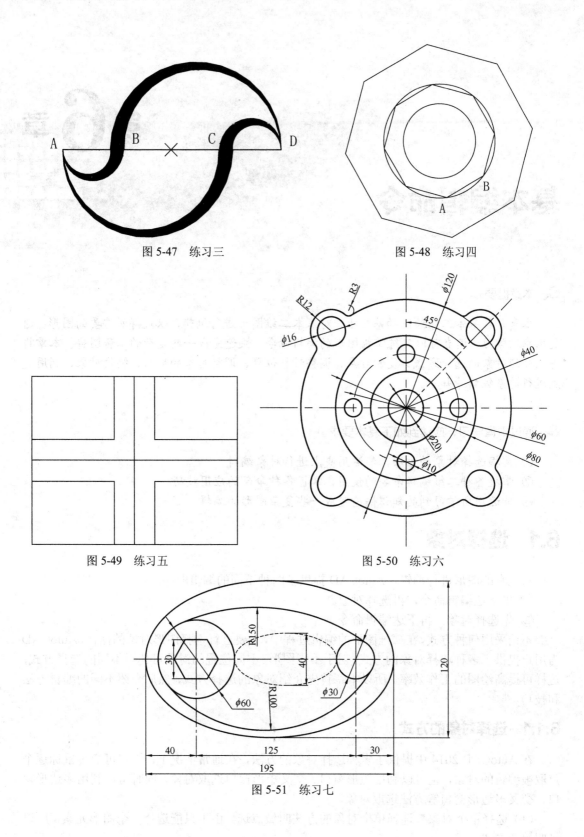

图 5-47 练习三

图 5-48 练习四

图 5-49 练习五

图 5-50 练习六

图 5-51 练习七

第**6**章

基本编辑命令

📌 **本章提要**

本章是在基本二维绘图的基础上，对基本二维图形进行编辑，以获得所需要的图形。通过本章的学习，读者可以熟练掌握图形的编辑命令，快速完成一些复杂的工程图样。本章将重点介绍对象的选择方式、复制对象、调整对象位置、调整对象的形状、编辑对象、利用夹点进行对象编辑等知识。

📌 **通过本章学习，应达到如下基本要求。**

① 掌握选择对象的方法，能运用夹点进行对象编辑。
② 掌握各种二维编辑命令的使用，掌握各种命令的应用技巧。
③ 能运用所学习到的知识快速完成一些复杂图形的编辑。

6.1 选择对象

对已有的图形进行编辑，AutoCAD 提供了两种不同的编辑顺序：

① 先下达编辑命令，再选择对象。

② 先选择对象，再下达编辑命令。

不论采用何种方式，在二维图形的编辑过程中，需要进行选择图形对象的操作，AutoCAD 为用户提供了多种选择对象的方式。对于不同图形、不同位置的对象可使用不同的选择方式，这样可提高绘图的工作效率。所以本章首先介绍对象的选择方式，然后介绍不同的编辑方法和技巧。

6.1.1 选择对象的方式

在 AutoCAD 2014 中提供了多种选择对象的方法，在通常情况下，用户可通过鼠标逐个点取被编辑的对象，也可以利用矩形窗口、交叉矩形窗口选取对象，同时可以利用多边形窗口、交叉多边形窗口等方法选取对象。

（1）选择单个对象　选择单个对象的方法叫做点选。由于只能选择一个图形元素，所以又叫单选方式。

① 使用光标直接选择：用十字光标直接单击图形对象，被选中的对象将以带有夹

点的虚线显示，如图 6-1 所示，如果需要选择多个图形对象，可以继续单击需要选择的图形对象。

② 使用工具选择：这种选择对象的方法是在启用某个编辑命令的基础上，例如：选择【复制】命令，十字光标变成一个小方框，这个小方框叫"拾取框"。在命令行出现"选择对象："时，用"拾取框"单击所要选择的对象即可将其选中，被选中的对象以虚线显示，如图 6-2 所示。如果需要连续选择多个图形元素，可以继续单击需要选择的图形。

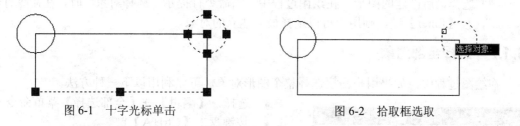

图 6-1　十字光标单击　　　　　　　　　图 6-2　拾取框选取

（2）利用矩形窗口选择对象　如果用户需要选择多个对象时，应该使用矩形窗口选择对象。在需要选择多个图形对象的左上角或左下角单击，并向右下角或右上角方向移动鼠标，系统将显示一个紫色的矩形框，当矩形框将需要选择的图形对象包围后，单击鼠标，包围在矩形框中的所有对象就被选中，如图 6-3 所示，选中的对象以虚线显示。

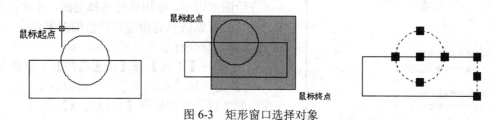

图 6-3　矩形窗口选择对象

（3）利用交叉矩形窗口选择对象　在需要选择的对象右上角或右下角单击，并向左下角或左上角方向移动鼠标，系统将显示一个绿色的矩形虚线框，当虚线框将需要选择的图形对象包围后，单击鼠标，虚线框包围和相交的所有对象就被选中，如图 6-4 所示，被选中的对象以虚线显示。

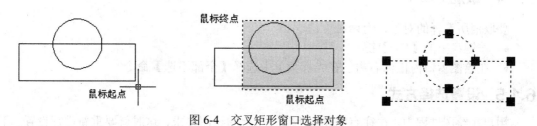

图 6-4　交叉矩形窗口选择对象

> **经验之谈：** 利用矩形窗口选择对象时，与矩形框边线相交的对象将不被选中；而利用交叉矩形窗口选择对象时，与矩形虚线框边线相交的对象将被选中。

（4）利用多边形窗口选择对象　在绘图过程中，当命令行提示"选择对象"时，在命令行输入"WP"，按【Enter】键，则用户可以通过绘制一个封闭多边形来选择对象，凡是包围在多边形内的对象都将被选中。

（5）利用交叉多边形窗口选择对象　在绘图过程中，当命令行提示"选择对象"时，在命令行输入"CP"，按【Enter】键，则用户可以通过绘制一个封闭多边形来选择对象，凡是包围在多边形内以及与多边形相交的对象都将被选中。

（6）利用折线选择对象　在绘图过程中，当命令行提示"选择对象"时，在命令行输入"F"，按【Enter】键，则用户可以连续选择单击以绘制折线，此时折线以虚线显示，折线绘制完成后按【Enter】键，此时所有与折线相交的图形对象都将被选中。

（7）选择最后创建的图形　在绘图过程中，当命令行提示"选择对象"时，在命令行输入"L"，按【Enter】键，则用户可以选择最后建立的对象。

6.1.2　选择全部对象

在绘图过程中，如果用户需要选择整个图形对象，可以利用以下三种方法。

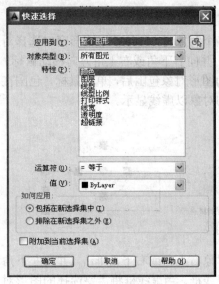

图 6-5　【快速选择】对话框

- 选择→【编辑】→【全部选择】菜单命令。
- 按键盘上【Ctrl+A】键。
- 使用编辑工具时，当命令行提示"选择对象："时，输入"ALL"，并按【Enter】键。

6.1.3　快速选择对象

在绘图过程中，使用快速选择功能，可以快速将指定类型的对象或具有指定属性值的对象选中，启用"快速选择"命令有以下三种方法。

- 选择→【工具】→【快速选择】菜单命令。
- 使用光标菜单，在绘图窗口内右击鼠标，并在弹出的光标菜单中选择【快速选择】选项。
- 输入命令：Qselect。

当启用"快速选择"命令后，系统弹出如图 6-5 所示【快速选择】对话框，通过该对话框可以快速选择所需的图形元素。

6.1.4　取消选择

要取消所选择的对象，有两种方法。

- 按键盘上的【Esc】键。
- 在绘图窗口内鼠标右击，在光标菜单中选择【全部不选】命令。

6.1.5　设置选择方式

用户在绘图过程中，往往有些设置不符合自己的绘图要求，这时就要重新进行设置。下面介绍在选项对话框中设置选择的常用方法。操作步骤如下：

① 选择→【工具】→【选项】菜单命令，或者在绘图区域右击鼠标，在弹出的快捷菜单中选择【选项】对话框，单击【选择】选项卡，如图 6-6 所示。

② 在对话框中可以对选择的一些具体项目进行设置。例如：在【拾取框大小】选项组中可以通过拖动滑块来设置拾取点在绘图区域内显示状态的大小。

③ 选择所需的选项，单击确定按钮，就可以完成选择方式的设置。

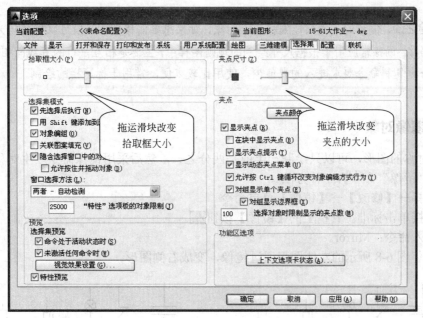

图 6-6　设置选择

6.2　复制对象

对图形中相同的或相近的对象，不论其复杂程度如何，只要完成一个后，便可以通过复制命令产生其他的若干个。复制可由偏移、镜像、复制、阵列共同组成，通过复制命令的使用可以减少大量的重复劳动。

6.2.1　偏移对象

绘图过程中，单一对象可以将其偏移，从而产生复制的对象。偏移对象可以是直线、曲线、圆、封闭图形等。

启用"偏移"命令有三种方法。

- 选择→【修改】→【偏移】菜单命令。
- 直接单击标准工具栏上的【偏移】按钮🔛。
- 输入命令：Offset。

【例】将图 6-7 所示的直线、圆、矩形分别向内偏移 10 个单位。

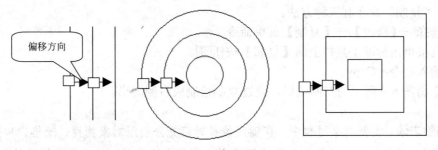

图 6-7　偏移图例

经验之谈: 偏移时一次只能偏移一个对象,如果想要偏移多条线段可以将其转为多段线来进行偏移。偏移常应用于根据尺寸绘制的规则图样中,主要是相互平行的直线间相互复制。偏移命令比复制命令要求键入的数值少,使用比较方便,常用于标题栏的绘制。

6.2.2 镜像对象

对于对称的图形,可以只绘制一半或是四分之一,然后采用镜像命令产生对称的部分。启用"镜像"命令有三种方法。

- 选择→【修改】→【镜像】菜单命令。
- 直接单击标准工具栏上的【镜像】按钮◿◣。
- 输入命令:Mirror。

【例】将图 6-8 所示的左侧图形通过镜像,变成右侧图形。

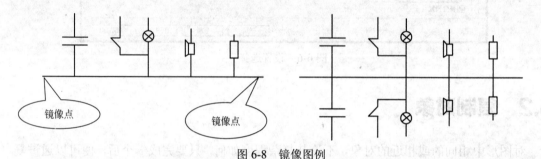

图 6-8 镜像图例

经验之谈: 该命令一般用于对称的图形,可以只绘制其中的一半甚至是四分之一,然后采用镜像命令产生对称的部分。而对于文字的镜像,要通过 MIRRTEXT 变量来控制是否使文字和其他的对象一样被镜像。如果为 0,则文字不作镜像处理。如果为 1(缺省设置),文字和其他的对象一样被镜像。

6.2.3 复制对象

对图形中相同的或相近的对象,不论其复杂程度如何,只要完成一个后,便可以通过复制命令产生其他的若干个。

启用"复制"命令有三种方法。

- 选择→【修改】→【复制】菜单命令。
- 直接单击标准工具栏上的【复制】按钮◳。
- 输入命令:Copy。

【例】将图 6-9 所示的左侧图形,通过复制绘制成右侧图形。

经验之谈: 复制对象过程中,在确定位移时应充分利用对象捕捉、栅格、和捕捉等精确绘图的辅助工具。在绝大多数的编辑命令中都应该使用辅助工具来精确绘图。

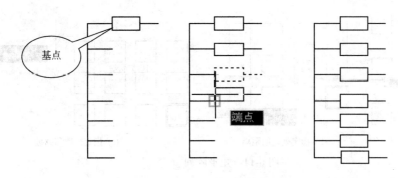

图 6-9　复制图例

6.2.4　阵列

阵列主要是对于规则分布的图形，一次性选择的对象复制多个并按指定的规律进行环形或者是矩形排列。

（1）矩形阵列　矩形阵列就是将图形呈行列类进行排列，如建筑立面的空格、规律摆放的桌椅等。

- 选择→【修改】→【阵列】→【矩形阵列】菜单命令，图 6-10 所示。
- 直接单击标准工具栏上的【矩形阵列】按钮。
- 输入命令：Array/AR。

使用矩形阵列需要设置的参数有阵列的源对象、行和列的数目、行距和列距。行和列的数目决定了需要复制的图形对象有多少个。

图 6-10　菜单栏调用【矩形阵列】命令

启用"矩形阵列"命令后，命令行提示如下。

```
命令：ARRAY                              //按【Enter】
选择对象：找到 1 个                      //选择阵列象
选择对象：
输入阵列类型〔矩形(R)/路径(PA)/极轴(PO)〕<路径>：r    //选择矩形
类型 = 矩形　关联 = 是
选择夹点以编辑阵列或〔关联(AS)/基点(B)/计数(COU)/间距(S)/列数(COL)/行数(R)/层数
(L)/退出(X)〕<退出>：
```

命令行主要选项介绍如下。

- 关联：指定阵列中的对象是关联的还是独立的。
- 基点：定义阵列基点和基点夹点位置。
- 计数：指定行数和列数并使用户在移动光标时可以动态观察阵列结果。
- 间距：指定行间距和列间距并使用户在移动光标时可以动态观察结果。
- 列数：编辑列数和列间距。
- 行数：指定阵列中的行数、它们之间的距离以及行之间的增量标高。
- 层数：指定三维阵列的层数和层间距。

通过夹点和动态输入可进行矩形阵列的变化，如图 6-11 所示。

（2）路径阵列　路径阵列可沿曲线阵列复制图形，通过设置不同的基点，能得到不同的阵列结果。

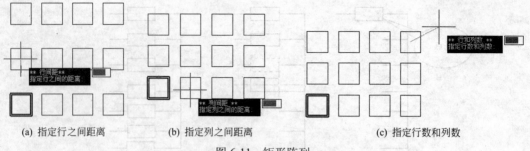

(a) 指定行之间距离　　　　(b) 指定列之间距离　　　　(c) 指定行数和列数

图 6-11　矩形阵列

调用"路径阵列"命令的方法如下。

- 选择→【修改】→【阵列】→【路径阵列】菜单命令。
- 直接单击标准工具栏上的【路径阵列】按钮 ↗。
- 输入命令：Array/PR。

启用"路径阵列"命令后，命令行提示如下。

命令：_arraypath　　　　　　// 按路径阵列命令 ↗ 按【Enter】
选择对象：找到 1 个　　　　　// 选择阵列象
选择对象：
类型 = 路径　关联 = 是
选择路径曲线：
选择夹点以编辑阵列或〔关联(AS)/方法(M)/基点(B)/切向(T)/项目(I)/行(R)/层(L)/对齐项目(A)/Z 方向(Z)/退出(X)〕<退出>：

命令行主要选项介绍如下。

- 关联：指定是否创建对象，或者是否创建选定对象的非关联副本。
- 方法：控制如何沿路径分布项目。
- 基点：定义阵列基点和基点。路径阵列中的项目相对于基点放置。
- 切向：指定阵列中的项目如何相对于路径的起始方向对齐。
- 项目：根据"方法"设置，指定项目数或项目之间的距离。
- 行：指定阵列中的行数、它们之间的距离以及行之间的增量标高。
- 层：指定三维阵列的层数和层间距。
- 对齐项目：指定是否对齐每个项目以与路径的方向相切。对齐相对于第一个项目的方向。
- Z 方向：控制是否保持项目的原始 Z 方向或沿三维路径自然倾斜项目。

通过夹点和动态输入可进行路径阵列的变化，如图 6-12 所示。

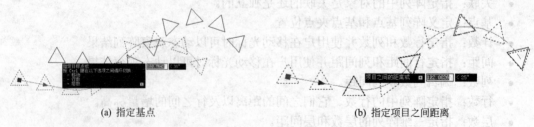

(a) 指定基点　　　　　　　　　　　(b) 指定项目之间距离

图 6-12　路径阵列

（3）极轴阵列　极轴阵列即环形阵形，是以某一点为中心点进行环形复制，阵列结果是使阵列对象沿中心点的四周均匀排列成环形。

调用"环形阵列"命令的方法如下。

- 选择→【修改】→【阵列】→【环形阵列】菜单命令，如图 6-13 所示。
- 直接单击标准工具栏上的【环形阵列】按钮，如图 6-14 所示。
- 输入命令：Array/AR。

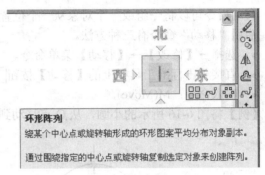

图 6-13　菜单调入命令　　　　　　　　　　图 6-14　工具栏调入命令

启用【环形阵列】命令后，命令行提示如下。

命令：_arraypolar　　// 启用环形阵列命令按【Enter】

选择对象：找到 1 个　　// 选择阵列对象

选择对象：

类型 = 极轴　关联 = 是

指定阵列的中心点或［基点(B)/旋转轴(A)］：

选择夹点以编辑阵列或［关联(AS)/基点(B)/项目(I)/项目间角度(A)/填充角度(F)/行(ROW)/层(L)/旋转项目(ROT)/退出(X)]<退出>：

命令行主要选项介绍如下。

- 基点：指定阵列的基点。
- 项目间角度：每个对象环形阵列后相隔的角度。
- 填充角度：对象环形阵列的总角度。
- 旋转项目：控制在阵列项时是否转项。

通过夹点和动态输入可进行环形阵列的变化，如图 6-15 所示。

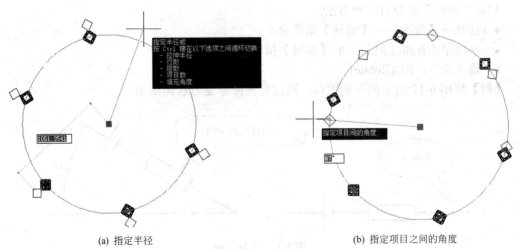

(a) 指定半径　　　　　　　　　　　　　　(b) 指定项目之间的角度

图 6-15　环形阵列

6.3 调整对象

6.3.1 移动对象

移动命令可以将一组或一个对象从一个位置移动到另一个位置。

启用"移动"命令有三种方法。

- 选择→【修改】→【移动】菜单命令。
- 直接单击标准工具栏上的【移动】按钮✛。
- 输入命令：M(Move)。

【例】将图 6-16 所示的小圆，从 O 点移动到 A 点。

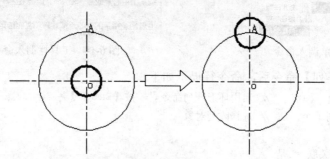

图 6-16　移动图例

> **经验之谈**：移动和复制需要进行的操作基本相同，但结果不同。复制在原位置保留了原对象，而移动在原位置并不保留原对象。绘图过程中，应该充分采用对象捕捉等辅助绘图手段进行精确移动对象。

6.3.2 旋转对象

旋转命令可以将某一个对象旋转一个指定角度或参照一个对象进行旋转。

启用"旋转"命令有三种方法。

- 选择→【修改】→【旋转】菜单命令。
- 直接单击标准工具栏上的【旋转】按钮🔄。
- 输入命令：RO(Rotate)。

【例】将图 6-17 所示的左侧图形，通过旋转命令变为右侧图形。

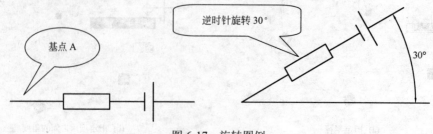

图 6-17　旋转图例

6.3.3 对齐对象

使用"对齐"命令，可以将对象移动、旋转或是按比例缩放，使之与指定的对象对齐。启用"对齐"命令有两种方法。

- 选择→【修改】→【三维操作】→【对齐】菜单命令。
- 输入命令：Aling。

【例】将图 6-18 所示的左侧图形 AB 位置，通过对齐命令变成 CD 位置。

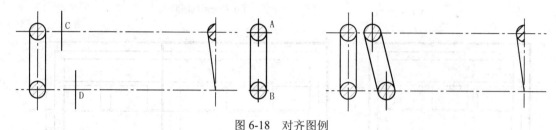

图 6-18　对齐图例

6.3.4 拉长对象

使用拉长命令，可以延伸或缩短非闭合直线、圆弧、非闭合多段线、椭圆弧、非闭合样条曲线等图形对象的长度，也可以改变圆弧的角度。

启用"拉长"命令有两种方法。

- 选择→【修改】→【拉长】菜单命令。
- 输入命令：Len(Lengthen)。

【例】将图 6-19 所示的左侧圆的中心线 AB、CD 分别拉长至右侧位置。

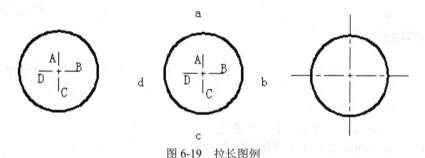

图 6-19　拉长图例

6.3.5 拉伸对象

使用拉伸命令可以在一个方向上按用户所指定的尺寸拉伸、缩短对象。拉伸命令是通过改变端点位置来拉伸或缩短图形对象，编辑过程中除被伸长、缩短的对象外，其他图形对象间的几何关系将保持不变。可进行拉伸的对象有圆弧、椭圆弧、直线、多段线、二维实体、射线和样条曲线等。

启用"拉伸"命令有三种方法。

- 选择→【修改】→【拉伸】菜单命令。
- 直接单击标准工具栏上的【拉伸】按钮。
- 输入命令：S(Stretch)。

【例】如图 6-20 所示，将（a）图通过拉伸命令，绘制成（b）图。

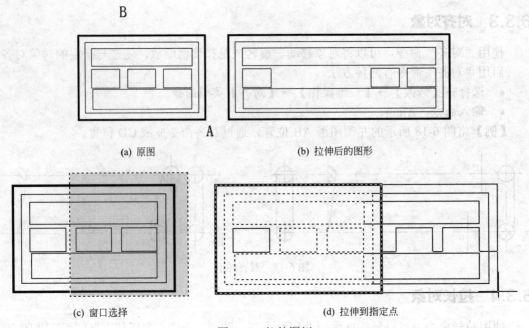

B

(a) 原图　　　　　　　　　　　　(b) 拉伸后的图形

A

(c) 窗口选择　　　　　　　　　　(d) 拉伸到指定点

图 6-20　拉伸图例

> **经验之谈：** 拉伸一般只能采用交叉窗口或多边形窗口的方式来选择对象，可以采用
> Remove 方式取消不需拉伸的对象。其中比较重要的是必须选择好端点是否应该包含在
> 被选择的窗口中。如果端点被包含在窗口中，则该点会同时被移动，否则该端点不会被
> 移动。

6.3.6　缩放对象

缩放命令可以根据用户的需要将对象按指定比例因子相对于基点放大或缩小，该命令的使用是真正改变了原来图形的大小，是用户在绘图过程中经常用到的命令。

启用"缩放"命令有三种方法。

- 选择→【修改】→【缩放】菜单命令。
- 直接单击标准工具栏上的【缩放】按钮 。
- 输入命令：Sc(Scale)。

【例】如图 6-21 所示，通过缩放命令，把中间原来图形各放大和缩小一倍。

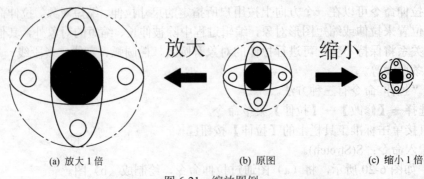

放大　　　　　　　　　　　缩小

(a) 放大 1 倍　　　　　　(b) 原图　　　　　　(c) 缩小 1 倍

图 6-21　缩放图例

> **经验之谈：** 比例缩放是真正改变了原来图形的大小，和视图显示中的 ZOOM 命令缩放有本质区别，ZOOM 命令仅仅改变在屏幕上的显示大小，图形本身尺寸无任何大小变化。

6.4 编辑对象

6.4.1 修剪对象

绘图过程中经常需要修剪图形，将超出的部分去掉，以便于使图形精确相交。修剪命令是比较常用的编辑工具，用户在绘图过程中通常是先粗略绘制一些线段，然后使用修剪命令将多余的线段修剪掉。

- 选择→【修改】→【修剪】菜单命令。
- 直接单击标准工具栏上的【修剪】按钮 -/- 。
- 输入命令：Tr(Trim)。

【例】如图 6-22 所示，通过修剪命令，完成图形编辑。

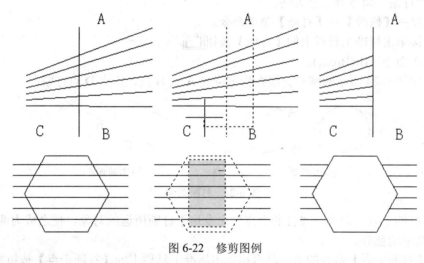

图 6-22　修剪图例

6.4.2 延伸对象

延伸是以指定的对象为边界，延伸某对象与之精确相交。

启用"延伸"命令有三种方法。

- 选择→【修改】→【延伸】菜单命令。
- 直接单击标准工具栏上的【延伸】按钮 --/ 。
- 输入命令：Ex(Extend)。

【例】将图 6-23 所示的直线 A 延伸到五边形 B 上，再延伸到直线 C 上。

6.4.3 打断对象

打断命令可将某一对象一分为二或去掉其中一段减少其长度。AutoCAD 2014 提供了两

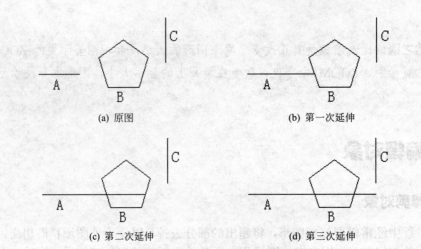

(a) 原图　　　　　　　　　　　　　　(b) 第一次延伸

(c) 第二次延伸　　　　　　　　　　　(d) 第三次延伸

图 6-23　延伸图例

种用于打断的命令："打断"和"打断于点"命令。可以进行打断操作的对象包括直线、圆、圆弧、多段线、椭圆、样条曲线等。

（1）"打断"命令　打断命令可将对象打断，并删除所选对象的一部分，从而将其分为两个部分。

启用"打断"命令有三种方法。

- 选择→【修改】→【打断】菜单命令。
- 直接单击标准工具栏上的【打断】按钮■。
- 输入命令：Br(Break)。

【例】将图 6-24 所示的圆和直线在指定位置 A 点 B 点，C 点 D 点打断。

(a) 打断圆　　　　　　　　　　　　(b) 打断直线

图 6-24　打断图例

（2）"打断于点"命令　"打断于点"命令用于打断所选的对象，使之成为两个对象，但不删除其中的部分。

启用【打断于点】命令的方法是直接单击标准工具栏上的【打断于点】按钮■。

【例】将图 6-25 所示的圆弧在 A 点打断成两部分。

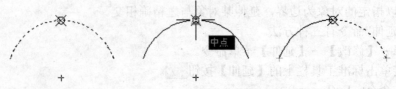

图 6-25　打断于点图例

6.4.4　合并对象

合并命令是 AutoCAD 2014 提供的新功能，利用它可以将直线、圆、椭圆和样条曲线等独立的线段合并为一个对象。

启用"合并"命令有三种方法。

- 选择→【修改】→【合并】菜单命令。
- 直接单击标准工具栏上的【合并】按钮 ➡←。
- 输入命令：J(Join)。

【例】将图 6-26 所示的椭圆弧 A、椭圆弧 B 合并成椭圆，圆弧 C、圆弧 D 进行合并。

> **经验之谈：**选择圆弧时注意先后顺序，圆弧合并是按照逆时针方向合并的。

6.4.5 分解对象

使用分解命令可以把复杂的图形对象或用户定义的块分解成简单的基本图形对象，这样就可以进行编辑图形了。

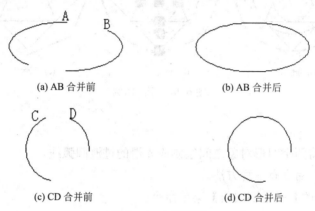

(a) AB 合并前   (b) AB 合并后

(c) CD 合并前   (d) CD 合并后

图 6-26 合并图例

启用"分解"命令有三种方法。

- 选择→【修改】→【分解】菜单命令。
- 直接单击标准工具栏上的【分解】按钮 。
- 输入命令：Explode。

启用"分解"命令后，根据命令行提示，选择对象，然后按【Enter】键，整体图形就被分解。

【例】将图 6-27 所示的四边形进行分解。

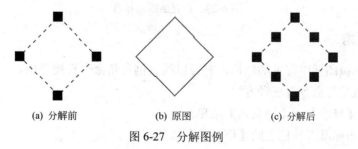

(a) 分解前   (b) 原图   (c) 分解后

图 6-27 分解图例

6.4.6 删除对象

使用删除命令是将图形中的没有用的图形对象删除掉。删除命令是最常用的命令之一。

启用"删除"命令有三种方法。

- 选择→【修改】→【删除】菜单命令。
- 直接单击标准工具栏上的【删除】按钮 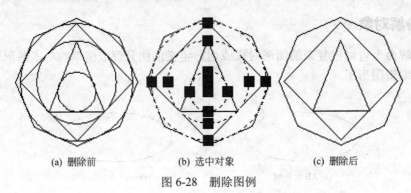 。
- 输入命令：ERASE。

启用"删除"命令后，根据命令行提示，选择对象，然后按【Enter】键，选中的图形就被删除。

【例】将图 6-28 所示图形中的圆删除。

(a) 删除前   (b) 选中对象   (c) 删除后

图 6-28 删除图例

6.4.7 倒圆角

通过倒圆角可将两个图形对象之间绘制成光滑的过渡圆弧线。

启用"倒圆角"命令有三种方法。

- 选择→【修改】→【倒圆角】菜单命令。
- 直接单击标准工具栏上的【倒圆角】按钮 。
- 输入命令：F(Fillet)。

【例】将图 6-29 所示图形进行不修剪和修剪倒圆角处理。

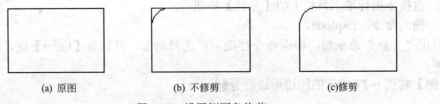

(a) 原图   (b) 不修剪   (c)修剪

图 6-29 设置倒圆角修剪

6.4.8 倒直角

倒直角是机械图样中常见的结构，它可以通过倒直角命令直接产生。

启用"倒直角"命令有三种方法。

- 选择→【修改】→【倒直角】菜单命令。
- 直接单击标准工具栏上的【倒直角】按钮 。
- 输入命令：CHA(Chamfer)。

【例】将图 6-30 所示六边形进行倒角，倒角距离为 10，角度为 65°。

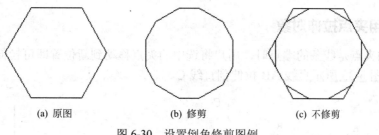

| (a) 原图 | (b) 修剪 | (c) 不修剪 |

图 6-30 设置倒角修剪图例

6.5 使用夹点编辑对象

夹点即图形对象上可以控制对象位置、大小的关键点。如直线而言，其中心点可以控制位置，而两个端点可以控制其长度和位置，所以直线有三个夹点。使用夹点编辑图形时，要先选择作为基点的夹点，这个选定的夹点叫基夹点。选择夹点后可以进行移动、拉伸、旋转等编辑。

当命令行提示状态下选择了图形对象时，会在图形对象上显示出小方框表示的夹点。不同对象其夹点如图 6-31 所示。

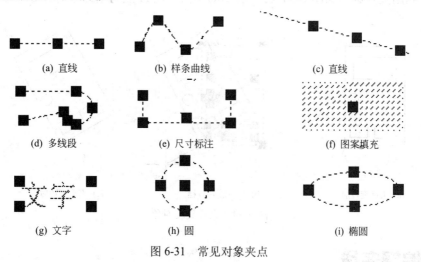

(a) 直线	(b) 样条曲线	(c) 直线
(d) 多线段	(e) 尺寸标注	(f) 图案填充
(g) 文字	(h) 圆	(i) 椭圆

图 6-31 常见对象夹点

6.5.1 利用夹点移动或复制对象

利用夹点移动对象，只需要选中移动夹点，则所选对象会和光标一起移动，在目标点按下鼠标左键即可。

【例】将图 6-32 所示图形中的小圆利用夹点移动复制的方法，移动复制到 B 点和 C 点位置。

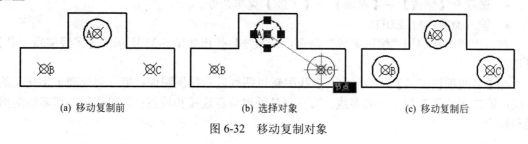

| (a) 移动复制前 | (b) 选择对象 | (c) 移动复制后 |

图 6-32 移动复制对象

6.5.2　利用夹点拉伸对象

当选中的夹点是线条的端点时，用户将选中的夹点移动到新位置即可拉伸对象。

【例】将图 6-33 所示直线 AB 拉伸到直线 C。

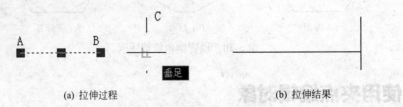

(a) 拉伸过程　　　　　　　　　　　　　(b) 拉伸结果

图 6-33　利用夹点拉伸对象

6.5.3　利用夹点旋转对象

利用夹点可将选定的对象进行旋转。在操作过程中用户选中的夹点既是对象的旋转中心，也可以指定其他点作为旋转中心。

【例】利用夹点旋转如图 6-34（a）所示的小门，以 A 点为基点顺时针 30°。

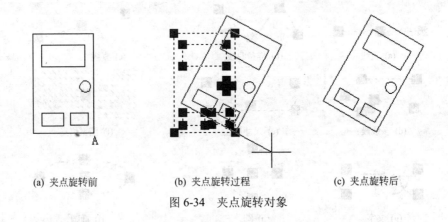

(a) 夹点旋转前　　　　(b) 夹点旋转过程　　　　(c) 夹点旋转后

图 6-34　夹点旋转对象

6.6　编辑多线

在第 3 章已经介绍了多线的画法。用户可以将已经绘制的多线进行编辑，以便修改其形状。"编辑多线"命令可以控制多线之间相交时的连接方式，增加或删除多线的顶点，控制多线的打断或合并。

启用"编辑多线"命令有两种方法。

- 选择→【修改】→【对象】→【多线】菜单命令。
- 输入命令：MLEDIT。

利用上述方法启用"编辑多线"命令后，系统将弹出如图 6-35 所示的【多线编辑工具】对话框。

在【多线编辑工具】对话框中，多线编辑以四列显示样例图像：第一列处理十字交叉的多线；第二列处理 T 形相交的多线；第三列是处理角点连接和顶点；第四列是处理多线的剪切和接合。

图 6-35 【多线编辑工具】对话框

思考题

1. 用 AutoCAD 绘制图形时为什么要对图形对象进行一些必要的编辑和修改操作？

2. 选择屏幕上的对象有哪些方法？这些方法有什么区别？

3. 哪些命令可以复制对象？

4. 在进行对象的拉伸操作时，是否必须采用交叉窗口选择方式？

5. 当需要连续多次执行同一个命令时，有几种方法？

练习题

练习一

根据所学习过编辑命令，将图 6-36 所示的左侧图形变换成右侧图形。

（提示：编辑步骤→将中间两个圆平移到长方形角点复制到其他三个角点→将最小圆复制到左侧直线两端→阵列中间小圆和中心线→镜像）

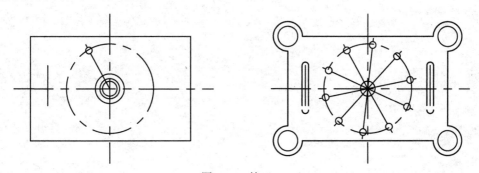

图 6-36　练习一

练习二

1. 先绘制图 6-37 所示左侧图形，比例自定。

2. 根据所有学习命令，将左侧图形通过编辑变成右侧图形。

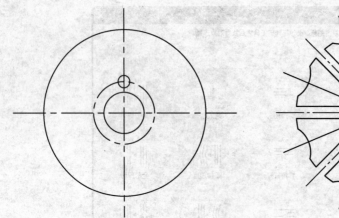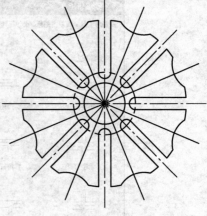

图 6-37　练习二

练习三

1. 绘制图 6-38 所示左侧图形。
2. 根据所有学习编辑命令，将左侧图形变换成右侧图形。

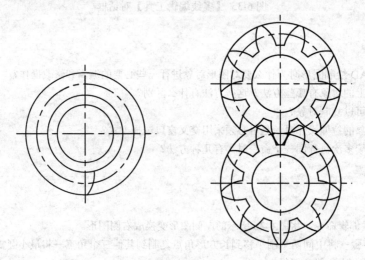

图 6-38　练习三

第**7**章

图案填充

📎 **本章提要**

图案填充就是用某种图案充满图形中的指定封闭区域。在大量的机械图样、建筑图样上，需要在剖视图、断面图上绘制填充图案。在其他的设计图上，也常需要将某一区域填充某种图案，用 AutoCAD 2014 实现填充图案是非常方便而灵活的。本章重点讲解填充命令和填充对话框的用法和设置，以及填充图案的编辑。

📎 **通过本章学习，应达到如下基本要求。**

①掌握图案填充的设置方法，能熟练运用图案填充命令来实现图样的填充。
②掌握图案填充的编辑方法，能在已经绘制好的填充图案上进行熟练的编辑。
③能熟练运用渐变色功能，对平面图形进行立体渲染。

7.1 图案填充命令

启用"图案填充"命令有三种方法。

- 选择→【绘图】→【图案填充】菜单命令。
- 单击绘图工具栏上的【图案填充】按钮 。
- 输入命令：BH(BHATCH)。

启用"图案填充"命令后，系统将弹出如图 7-1 所示【图案填充和渐变色】对话框。

7.1.1 选择图案填充区域

在图 7-1 所示的【图案填充和渐变色】对话框中，右侧排列的按钮与选项用于选择图案填充的区域。这些按钮与选项的位置是固定的，无论选择哪个选项卡都可以发生作用。

在【图案填充和渐变色】对话框中，各选项组的意义如下。

（1）【边界】选项组 该选项组中可以选择【图案填充】的区域方式。其各个选项的意义如下。

- 【添加：拾取点】按钮 ：用于根据图中现有的对象自动确定填充区域的边界，该方式要求这些对象必须构成一个闭合区域。对话框将暂时关闭，系统提示用户拾取一个点。单击该按钮，系统将暂时关闭【图案填充和渐变色】对话框，此时就可以在闭合区域内单击，

图 7-1 【图案填充和渐变色】对话框

系统自动以虚线形式显示用户选中的边界，如图 7-2 所示。

图 7-2 添加拾取点

确定完图案填充边界后，下一步就是在绘图区域内单击鼠标右键以显示光标菜单，如图 7-3 所示，利用此选项用户可以单击【预览】选项，来预览图案填充的效果如图 7-4 所示。

图 7-3 光标菜单

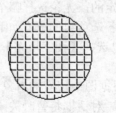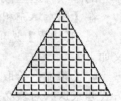

图 7-4 填充效果

具体操作步骤如下：

命令：_bhatch   //选择图案填充命令▨，在弹出的【图案填充和渐变色】对话
                                框中单击拾取点▣按钮

拾取内部点或[选择对象(S)/删除边界(B)]：正在选择所有对象…
                                //在图形内部单击，如图 7-2 所示

正在选择所有可见对象…
正在分析所选数据…
正在分析内部孤岛…   //边界变为虚线，单击右键，弹出光标菜单，选择【预览】选
                                项，如图 7-3 所示

拾取内部点或[选择对象(S)/删除边界(B)]：
<预览填充图案>
拾取或按【Esc】键返回到对话框或 <单击右键接受图案填充>：
                                //单击右键，填充效果如图 7-4 所示

- 【添加：选择对象】按钮▣：用于选择图案填充的边界对象，该方式需要用户逐一选择图案填充的边界对象，选中的边界对象将变为虚线，如图 7-5 所示，系统不会自动检测内部对象，如图 7-6 所示。

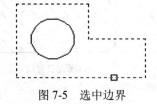

图 7-5 选中边界

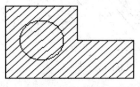

图 7-6 填充效果

具体操作步骤如下：

命令：_bhatch   //选择图案填充命令▨，在弹出的【图案填充和渐变色】对话框中单击
                                选择对象▣按钮

选择对象或[拾取内部点(K)/删除边界(B)]：找到 1 个   //依次单击各个边
选择对象或[拾取内部点(K)/删除边界(B)]：找到 1 个，总计 2 个
选择对象或[拾取内部点(K)/删除边界(B)]：找到 1 个，总计 3 个
选择对象或[拾取内部点(K)/删除边界(B)]：找到 1 个，总计 4 个
选择对象或[拾取内部点(K)/删除边界(B)]：找到 1 个，总计 7 个
选择对象或[拾取内部点(K)/删除边界(B)]：找到 1 个，总计 6 个
选择对象或[拾取内部点(K)/删除边界(B)]：   //单击右键，弹出光标菜单，选择【预
                                览】选项，如图 7-3 所示

<预览填充图案>
拾取或按【Esc】键返回到对话框或 <单击右键接受图案填充>：   //单击右键
结果如图 7-6 所示。

- 【删除边界】按钮▣：用于从边界定义中删除以前添加的任何对象，如图 7-7 所示。

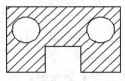

(a) 删除边界前

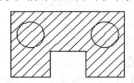

(b) 删除边界后

图 7-7 删除图案填充边界

具体操作步骤如下：

命令：_rectang　　　　　　　　　　　　//选择图案填充命令 ▦，在弹出【图案填充和渐变色】对话框中单击拾取点 ⊞ 按钮

拾取内部点或[选择对象(S)/删除边界(B)]：　　//单击 A 点附近位置，如图 7-8（a）所示

正在选择所有可见对象...

正在分析所选数据...

正在分析内部孤岛...

拾取内部点或[选择对象(S)/删除边界(B)]：　　//按【Enter】键，返回【图案填充和渐变色】对话框，单击删除边界 ▨ 按钮

选择对象或[添加边界(A)]：　　　　　　　//单击选择圆 B，如图 7-8（b）所示

选择对象或[添加边界(A)/放弃(U)]：　　　//单击选择圆 C，如图 7-8（b）所示

选择对象或[添加边界(A)/放弃(U)]：　　　//按【Enter】键，返回【图案填充和渐变色】对话框，单击确定按钮

结果如图 7-8（c）所示。

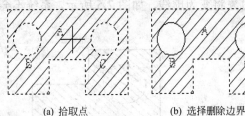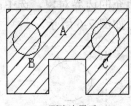

(a) 拾取点　　　　　　(b) 选择删除边界　　　　　(c) 删除边界后

图 7-8　删除边界过程

- 【重新创建边界】按钮 ▨：围绕选定的图形边界或填充对象创建多段线或面域，并使其与图案填充对象相关联(可选)。如果未定义图案填充，则此选项不可选用。
- 【查看选择集】按钮 🔍：单击【查看选择集】按钮选项，系统将显示当前选择的填充边界。如果未定义边界，则此选项不可选用。

（2）【选项】选项组　在【选项】选项组，是控制几个常用的图案填充或填充选项。

【关联】选项：用于创建关联图案填充。关联图案是指图案与边界相链接，当用户修改边界时，填充图案将自动更新。

- 【创建独立的图案填充】选项：用于控制当指定了几个独立的闭合边界时，是创建单个图案填充对象，还是创建多个图案填充对象。

- 【绘图顺序】选项：用于指定图案填充的绘图顺序，图案填充可以放在所有其他对象之后，所有其他对象之前、图案填充边界之后或图案填充边界之前。

- 【继承特性】按钮 ▨：用指定图案的填充特性填充到指定的边界。单击继承特性 ▨ 按钮，并选择某个已绘制的图案，系统即可将该图案的特性填充到当前填充区域中。

7.1.2　选择图案样式

在【图案填充】选项卡中，【类型和图案】选项组可以选择图案填充的样式。【图案】下拉列表用于选择图案的样式，如图 7-9 所示，所选择的样式将在其下的【样例】显示框中显示出来，用户需要时可以通过滚动条来选取自己所需的样式。

单击【图案】下拉列表框右侧的按钮 ▨ 或单击【样例】显示框，弹出【填充图案选项板】的对话框，如图 7-10 所示，列出了所有预定义图案的预览图像。

AutoCAD 2014 中文版电气制图教程

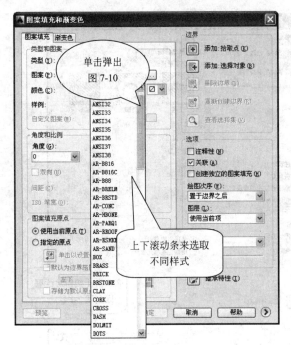

图 7-9　选择图案样式　　　　　　图 7-10　【填充图案选项板】对话框

在【填充图案选项板】对话框中，各个选项的意义如下：

- 【ANSI】选项：用于显示系统附带的所有 ANSI 标准图案，如图 7-10 所示。
- 【ISO】选项：用于显示系统附带的所有 ISO 标准图案，如图 7-11 所示。
- 【其他预定义】选项：用于显示所有其他样式的图案，如图 7-12 所示。
- 【自定义】选项：用于显示所有已添加的自定义图案。

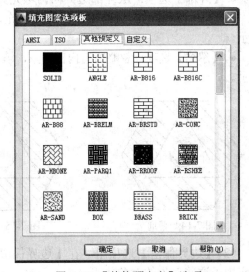

图 7-11　【ISO】选项　　　　　　图 7-12　【其他预定义】选项

7.1.3　孤岛的控制

在【图案填充和渐变色】对话框中，单击【更多】选项按钮 ⊙，展开其他选项，可以控制"孤岛"的样式，此时对话框如图 7-13 所示。

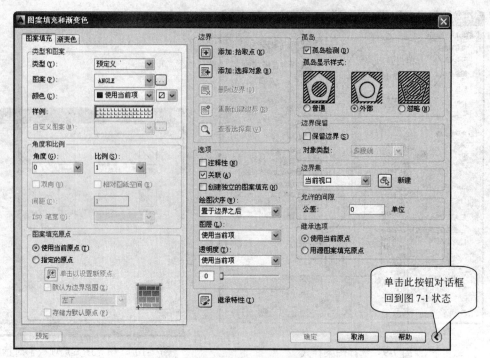

图 7-13 【孤岛】样式对话框

（1）【孤岛】选项组　在【孤岛】选项组中，各选项的意义如下。

• 【孤岛检测】选项：控制是否检测内部闭合边界。

• 【普通】选项：从外部边界向内填充。如果系统遇到一个内部孤岛，它将停止进行图案填充，直到遇到该孤岛的另一个孤岛。其填充效果如图 7-14 所示。

• 【外部】选项：从外部边界向内填充。如果系统遇到内部孤岛，它将停止进行图案填充。此选项只对结构的最外层进行图案填充，而图案内部保留空白。其填充效果如图 7-15 所示。

• 【忽略】选项：忽略所有内部对象，填充图案时将通过这些对象。其填充效果如图 7-16 所示。

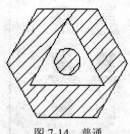　　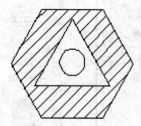　　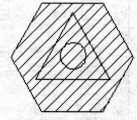

图 7-14 普通　　　　　　图 7-15 外部　　　　　　图 7-16 忽略

（2）【边界保留】选项组　在【边界保留】选项组中，指是否将边界保留为对象，并确定应用于这些对象的对象类型。

（3）【边界集】选项组　在【边界集】选项组中，是定义当从指定点定义边界时要分析的对象集。当使用"选择对象"定义边界时，选定的边界集无效。

• 【新建】按钮：提示用户选择用来定义边界集的对象。

（4）【允许的间隙】选项组　在【允许的间隙】选项组中，设置将对象用作图案填充边界时可以忽略的最大间隙。默认值为0，此值指定对象必须是封闭区域而没有间隙。

- 【公差】文本框：按图形单位输入一个值(0~700)，以设置将对象用作图案填充边界时可以忽略的最大间隙。任何小于等于指定值的间隙都将被忽略，并将边界视为封闭。

（5）【继承选项】选项组　使用该选项创建图案填充时，这些设置将控制图案填充原点的位置。

- 【使用当前原点】：使用当前的图案填充原点的设置。
- 【用源图案填充原点】：使用源图案填充的图案填充原点。

7.1.4　选择图案的角度与比例

在【图案填充】选项卡中，【角度和比例】可以定义图案填充角度和比例。【角度】下拉列表框用于选择预定义填充图案的角度，用户也可在该列表框中输入其他角度值，如图7-17所示。

(a) 角度为0°　　　　(b) 角度为47°　　　　(c) 角度为90°

图7-17　填充角度

在【图案填充】选项卡中，【比例】下拉列表框用于指定放大或缩小预定义或自定义图案，用户也可在该列表框中输入其他缩放比例值，如图7-18所示。

(a) 比例为0.7　　　　(b) 比例为1　　　　(c) 比例为2

图7-18　填充比例

7.1.5　渐变色填充

在【图案填充】选项卡中，选择【渐变色】填充选项卡，可以填充图案为渐变色。也可以直接单击标准工具栏上【渐变色填充】按钮▤。启用【渐变色】填充命令后，系统弹出如图7-19所示【渐变色】填充选项卡。

在【渐变色】填充选项卡中,各选项组的意义如下:

（1）【颜色】选项组　在【颜色】选项组中,主要用于设置渐变色的颜色。

- 【单色】选项：从较深的着色到较浅色调平滑过渡的单色填充。如图7-19所示，选择颜色按钮▢，系统弹出如图7-20所示的对话框，从中可以选择系统所提供的索引颜色、真彩色或配色系统颜色。

- 【着色—渐浅】滑块：用于指定一种颜色为选定颜色与白色的混合，或为选定颜色与黑色的混合，用于渐变填充。

- 【双色】选项：在两种颜色之间平滑过渡的双色渐变填充。AutoCAD 2014分别为颜色1和颜色2显示带有浏览按钮的颜色样例，如图7-21所示。

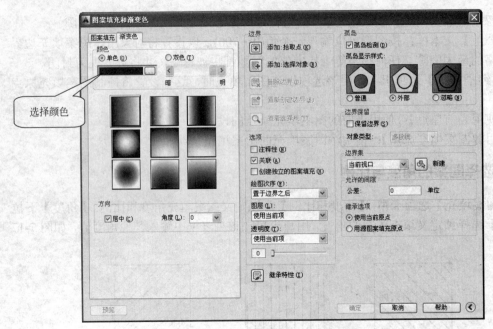

图 7-19 【渐变色】填充选项卡

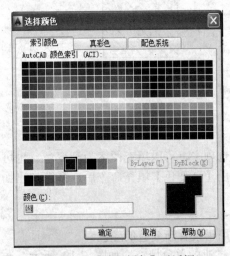

图 7-20 【选择颜色】对话框

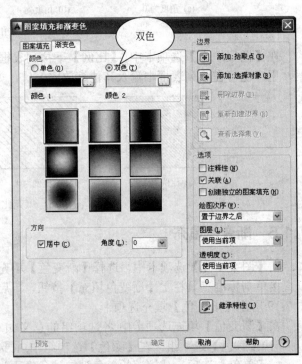

图 7-21 【双色】选项

在渐变图案区域列出了 9 种固定的渐变图案的图标,单击图标就可以选择渐变色填充为线状、球状和抛物面状等图案的填充方式。

(2)【方向】选项组　在【方向】选项组中,主要用于指定渐变色的角度以及其是否对称。

• 【居中】单选项:用于指定对称的渐变配置。如果选定该选项,渐变填充将朝左上方变化,创建光源在对象左边的图案。

- 【角度】文本框：用于指定渐变色的角度。此选项与指定给图案填充的角度互不影响。

平面图形"渐变色"填充效果如图 7-22 所示。

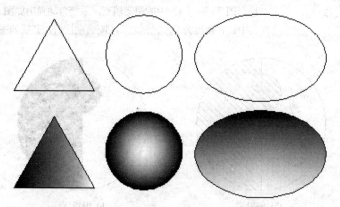

图 7-22　平面图形"渐变色"填充效果

7.2　编辑图案填充

如果对绘制完的填充图案感到不满意，可以通过编辑图案填充随时进行修改。

启用"编辑图案填充"命令有三种方法。

- 选择→【修改】→【对象】→【图案填充】菜单命令。
- 直接单击标准工具栏【修改Ⅱ】上的【编辑图案填充】按钮 。
- 输入命令：HATCHDIT。

启用"编辑图案填充"命令后，选择需要编辑的填充图案，系统将弹出如图 7-23 所示的对话框。在该对话框中，有许多选项都以灰色显示，表示不要选择或不可编辑。修改完成后，单击 预览 按钮进行预览，最后单击 确定 按钮,确定图案填充的编辑。

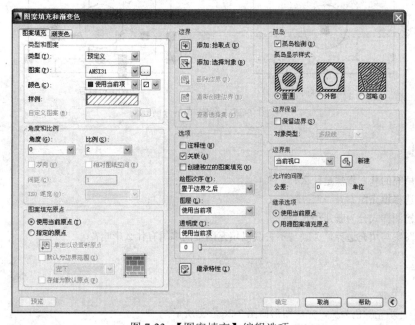

图 7-23　【图案填充】编辑选项

【例】将图 7-24 所示左侧图形中的图案填充，改成右侧图形所示的图案填充形式。

命令：_hatchedit　　　　//选择编辑图案填充命令 ☑

选择图案填充对象：　　　//选择图 7-24（a）中的图案填充，系统自动弹出如图 7-23 所示的对话框，在其中设置角度为 0，比例为 2，按确定按钮，完成如图 7-24（b）所示。

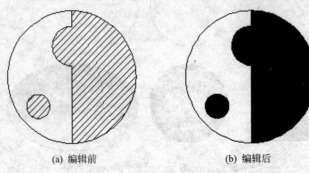

(a) 编辑前　　　　　　　　　　(b) 编辑后

图 7-24　图案填充编辑图例

7.3　图案填充的分解

　　图案填充无论多么复杂，通常情况下都是一个整体，即一个匿名"块"。在一般情况下不会对其中的图线进行单独的编辑，如果需要编辑，也是采用图案填充编辑命令。但在一些特殊情况下，如标注的尺寸和填充的图案重叠，必须将部分图案打断或删除以便清晰显示尺寸，此时必须将图案分解，然后才能进行相关的操作。

　　用"分解"命令 ✂ 分解后的填充图案变成了各自独立的实体。图 7-25 显示了分解前和分解后的不同夹点。

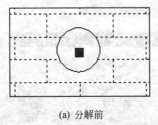 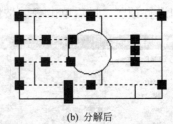

(a) 分解前　　　　　　　　　　(b) 分解后

图 7-25　图案填充分解

思考题

1．图案填充的基本步骤是什么？
2．如何选择填充图案？
3．孤岛检测样式分为哪几种？
4．填充图案与填充边界，关联与不关联以填充图案的编辑有什么影响？

练习题

练习一
填充图形，填充颜色为黑，完成图形如图 7-26 右侧所示。

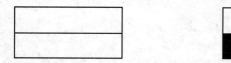

图 7-26 "练习一"图例

练习二

1. 建立新图形文件，设置绘图区域。

2. 按图 7-27 左侧尺寸要求绘制图形，线的颜色为红色。

3. 填充图形，填充颜色为绿色，要求轮廓线可见。完成图形如图 7-27 右侧所示。

练习三

1. 建立图形文件，绘制如图 7-28 所示左侧图形。

2. 通过二维图形编辑，设置合适的填充比例，完成图形如图 7-28 右侧所示。

练习四

选择适当的"渐变色填充"方案，把图 7-29 所示的圆和圆柱进行填充。

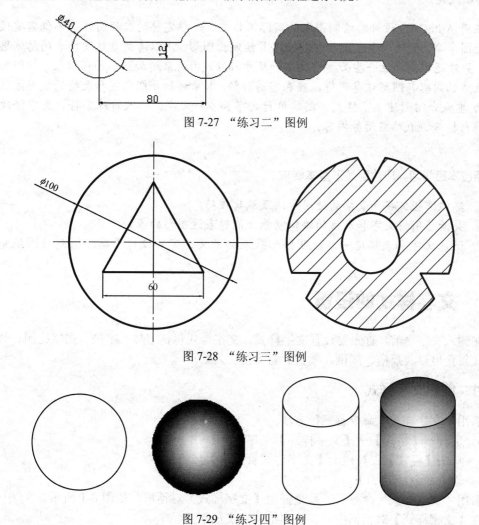

图 7-27 "练习二"图例

图 7-28 "练习三"图例

图 7-29 "练习四"图例

第 8 章

文字与表格

本章提要

在用 AutoCAD 设计和绘制图形的实际工作中，一幅完整的工程图样，不仅需要使用相关的绘图命令、编辑命令以及绘图辅助工具绘制出图形，用以清楚表达设计者的总体思想和意图，另外还需要加注一些必要的文字和尺寸标注，由此来增加图形的可读性，使图形本身不易表达的内容与图形信息变得准确和容易理解。本章详细介绍文字和表格的使用方法及编辑技巧,重点介绍创建文字样式、创建单行文字和多行文字、输入特殊字符、文字修改、文字查找与检查、表格应用等内容。

通过本章学习，应达到如下基本要求。

① 熟练掌握文字和表格的使用方法及编辑技巧。
② 灵活应用好文字和表格的编辑功能，能够表达图形的各种信息。
③ 运用文字和表格进一步说明图形代表的意义、完善设计思路，做到使图纸整洁、清晰。

8.1 文字样式的设置

在输入文字之前，首先要设置文字样式。文字样式包括字体、字高、宽度比例、倾斜比例、倾斜角度以及反向、颠倒、垂直、对齐等内容。

8.1.1 创建文字样式

启用"文字样式"命令有三种方法：
- 选择→【格式】→【文字样式】菜单命令。
- 单击【样式】工具栏上【文字样式管理器】按钮。
- 输入命令：STYLE。

启用"文字样式"命令后，系统弹出【文字样式】对话框，如图 8-1 所示。

在【文字样式】对话框中，各选项组的意义如下：

（1）"按钮区"选项组 在【文字样式】对话框的右侧和下方有若干按钮，它们用来对文字样式进行最基本的管理操作。

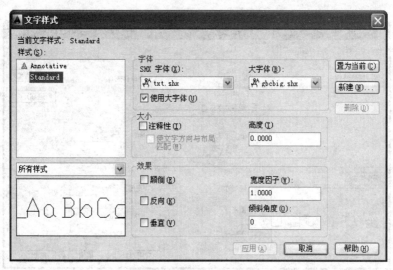

图 8-1 【文字样式】对话框

- 置为当前(C)：将在【样式】列表中选择的文字样式设置为当前文字样式。
- 新建(N)...：该按钮是用来创建新字体样式的。单击该按钮，弹出【新建文字样式】对话框，如图 8-2 所示。在该对话框的编辑框中输入用户所需要的样式名，单击 确定 按钮，返回到【新建文字样式】对话框，在对话框中对新命名的文字进行设置。

图 8-2 【新建文字样式】对话框

- 删除(D)：该按钮是用来删除在【样式】列表区选择的文字样式，但不能删除当前文字样式，以及已经用于图形中文字的文字样式。
- 应用(A)：在修改了文字样式的某些参数后，该按钮变为有效。单击该按钮，可使设置生效，并将所选文字样式设置为当前文字样式。此时 取消 按钮将变为 关闭(C) 按钮。

（2）"字体设置"选项组　该设置区用来设置文字样式的字体类型及大小。

- SHX 字体(X):下拉列表：通过该选项可以选择文字样式的字体类型。默认情况下，☑使用大字体(U) 复选框被选中，此时只能选择扩展名为".shx"的字体文件。
- 大字体(B):下拉列表；选择为亚洲语言设计的大字体文件，例如，gbcbig.txt 代表简体中文字体，chineseset.txt 代表繁体中文字体，bigfont.txt 代表日文字体等。
- □使用大字体(U) 复选框：如果取消该复选框，"SHX 字体"下拉列表将变为"字体名"下拉列表，此时可以在其下拉列表中选择".shx"字体或"TrueType 字体"(字体名称前有"Ｔ"标志)，如宋体、仿宋体等各种汉字字体，如图 8-3 所示。

> **学习提示:** 一旦在【字体名】下拉列表中选择"TrueType 字体"，□使用大字体(U) 复选框将变为无效，而后面的【字体样式】下拉列表将变为有效，利用该下拉列表可设置字体的样式（常规、粗体、斜体等，该设置只对英文字体有效，并且字体不同，字体样式下拉列表的内容也不同）。

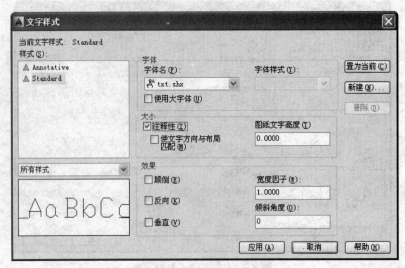

图 8-3 选择 TrueType 字体

（3）"大小"设置选项组

● 图纸文字高度(T)编辑框：设置文字样式的默认高度，其缺省值为 0。如果该数值为 0，则在创建单行文字时，必须设置文字高度；而在创建多行文字或作为标注文本样式时，文字的默认高度均被设置为 2.5，用户可以根据情况进行修改。如果该数值不为 0，无论是创建单行、多行文字，还是作为标注文本样式，该数值将被作为文字的默认高度。

● ☑注释性(I) ⓘ 复选框：如果选中该复选框，表示使用此文字样式创建的文字支持使用注释比例，此时【高度】编辑框将变为【图纸文字高度】编辑框，如图 8-4 所示。

图 8-4 【注释性】复选框的意义

（4）"效果"设置选项组　"效果"设置用来设置文字样式的外观效果，如图 8-5 所示。

● □颠倒(E)：颠倒显示字符，也就是通常所说的"大头向下"。

● □反向(K)：反向显示字符。

● □垂直(V)：字体垂直书写，该选项只有在选择".shx"字体时才可使用。

● 宽度因子(W)：：在不改变字符高度情况下，控制字符的宽度。宽度比例小于 1，字的宽度被压缩，此时可制作瘦高字；宽度比例大于 1，字的宽度被扩展，此时可制作扁平字。

● 倾斜角度(O)：：控制文字的倾斜角度，用来制作斜体字。

注意：设置文字倾斜角 a 的取值范围是：$-85° \leqslant a \leqslant 85°$。

（5）"预览"显示区　在"预览"显示区，随着字体的改变和效果的修改，动态显示文字样例，如图 8-6 所示。

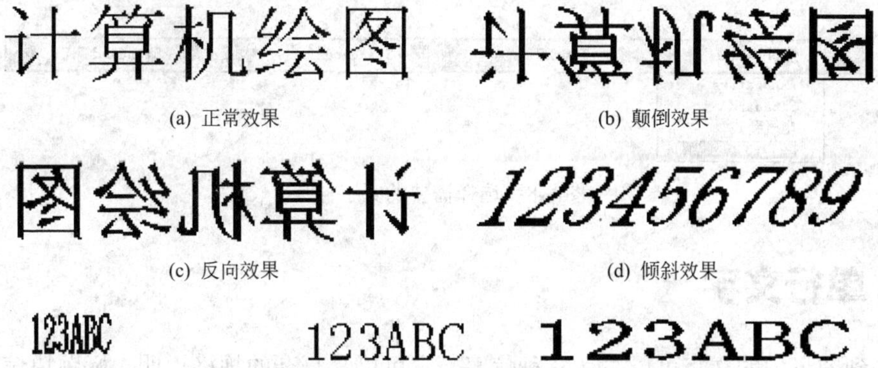

计算机绘图 ⟨颠倒效果⟩

(a) 正常效果   (b) 颠倒效果

⟨反向效果⟩ 123456789

(c) 反向效果   (d) 倾斜效果

123ABC   123ABC   123ABC

(e) 宽度为 0.5   (f) 宽度为 1   (g) 宽度为 2

图 8-5　各种文字的效果

AaBbCc

图 8-6　"预览"显示

8.1.2　选择文字样式

在图形文件中输入文字的样式是根据当前使用的文字样式决定的。将某一个文字样式设置为当前文字样式有两种方法：

（1）使用【文字样式】对话框　打开【文字样式】对话框，在【样式名】选项的下拉列表中选择要使用的文字样式，单击 ▭关闭▭ 按钮，关闭对话框，完成文字样式的选择，如图 8-7 所示。

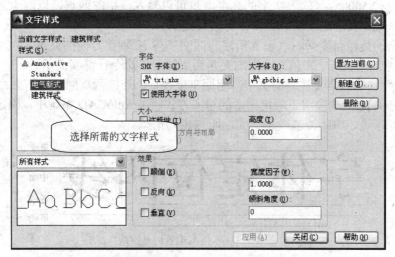

图 8-7 使用【文字样式】对话框选择文字样式

（2）使用【样式】工具栏　在【样式】工具栏中的【文字样式管理器】选项的下拉列表中选择需要的文字样式即可，如图 8-8 所示。

图 8-8 选择需要的文字样式

8.2 单行文字

添加到图形中的文字可以表达各种信息。它可以是复杂的规格说明、标题块信息、标签文字或图形的组成部分,也可以是最简单的文本信息。对于不需要使用多种字体的简短内容,可使用"Text"或"Dtext"命令创建单行文字。单行文字标注方式可以为图形标注一行或几行文字,而每行文字都是一个独立的对象,读者可以对其重定位、调整格式或进行其他修改。

8.2.1 创建单行文字

调用"单行文字"命令有两种方式:

- 选择→【绘图】→【文字】→【单行文字】菜单命令。
- 输入命令: Text 或 Dtext。

启动"单行文字"命令后,命令行提示如下:

命令: _dtext

当前文字样式: 样式 3 当前文字高度: 2.5000

指定文字的起点或 [对正(J)/样式(S)]:

其中的参数:

- 【指定文字的起点】: 该选项为默认选项,输入或拾取注写文字的起点位置。当确定起点位置后,命令行提示:

指定高度<2.5000>:(输入文字的高度。也可以输入或拾取两点,以两点之间的距离为字高。当系统确定文字高度值后,命令行继续提示)

指定文字的旋转角度<0>:(输入所注写的文字与 X 轴正方向的夹角,也可以输入或拾取两点,以两点的连线与 X 轴正方向的夹角为旋转角。命令行继续提示)

输入文字:(输入需要注写的文字。用回车键换行,连续两次回车,结束命令)

- 【对正(J)】: 该选项用于确定文本的对齐方式。在 AutoCAD 系统中,确定文本位置采用 4 条线,即顶线、中线、基线和底线,如图 8-9 所示。

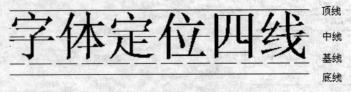

图 8-9 文本排列位置的基准线

输入 J 后,命令行提示:

输入选项[对齐(A)/调整(F)/中心(C)/中间(M)/右(R)/左上(TL)/中上(TC)/右上(TR)/左中(ML)/正中(MC)/右中(MR)/左下(BL)/中下(BC)/右下(BR)]:

各种定位方式含义如下。

◆ 对齐（A）：该选项是通过输入两点（◇表示定位点）确定字符串底线的长度，如图8-10所示。这种定位方式根据输入文字的多少确定字高，字高与字宽比例不变。也就是说两对齐点位置不变的情况下，输入的字数越多，字就越小。

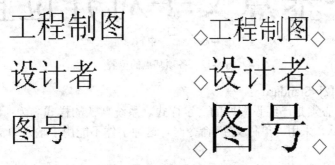

图8-10　对齐方式定位文字

◆ 调整（F）：该选项是通过输入两点确定字符串底线的长度和原设定好的字高确定字的定位。即字高始终不变，当两定位点确定之后，输入的字多字就变窄，反之字就变宽，如图8-11所示。

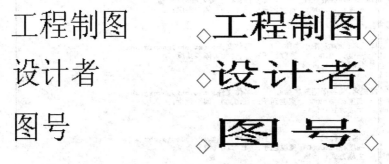

图8-11　调整方式定位文字

◆ 中心（C）：该选项是将定位点设定在字符串基线的中点。

◆ 中间（M）：该选项是将定位点设定在字符串的中间。当所输入字符只占从顶线到底线或从中线到基线，那么该定位点位于中线与基线之间；当所输入字符只占从顶线到基线，该定位点位于中线上；当所输入字符只占从顶线到基线，该定位点位于基线上。

◆ 右（R）：该选项是将定位点设定在字符串基线的右端。

◆ 左_E（TL）：该选项是将定位点设定在字符串顶线的左端。

◆ 中上（TC）：该选项是将定位点设定在字符串顶线的中间。

◆ 右_E（TR）：该选项是将定位点设定在字符串顶线的右端。

◆ 左中（ME）：该选项是将定位点设定在字符串中线的左端。

◆ 正中（MC）：该选项是将定位点设定在字符串中线的中间。

◆ 右中（MR）：该选项是将定位点设定在字符串中线的右端。

◆ 左T（BL）：该选项是将定位点设定在字符串底线的左端。

◆ 中下（BC）：该选项是将定位点设定在字符串底线的中间。

◆ 右下（BR）：该选项是将定位点设定在字符串底线的右端。

各项基点的位置如图8-12所示。

● 【样式(S)】：该选项是用于改变当前文字样式。输入S，命令行提示：

图 8-12 各项基点的位置

输入样式名或[?]<Standard>：

输入的样式名必须是已经设置好的文字样式。系统默认的样式名为：Standard，其字体文件名为仅 txt. shx，采用"单行文字"命令时，这种字体不能用于输入中文字符，输入的汉字只能显示为"?"。

在上句提示行中输入"?"并回车后，屏幕上弹出"AutoCAD 文本窗口"，显示已设置的文字样式名及其所选字体文件名，如图 8-13 所示。

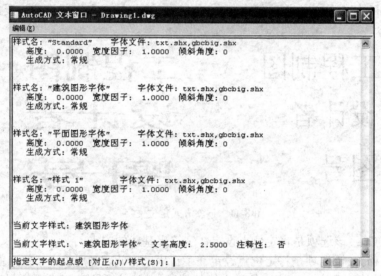

图 8-13 文字样式

8.2.2 输入特殊字符

创建单行文字时，用户还可以在文字中输入特殊字符，例如直径符号Φ、百分号%、正负公差符号±、文字的上划线、下划线等，但是这些特殊符号一般不能由标注键盘直接输入，为此系统提供了专用的代码。每个代码是由"%%"与一个字符所组成，如%%C、%%D、%%P 等。表 8-1 为用户提供了特殊字符的代码。

表 8-1 特殊字符的代码

输入代码	对应字符	输入效果
%%O	上划线	**文字说明**
%%U	下划线	**文字说明**
%%D	度数符号"°"	90°

输入代码	对应字符	输入效果
%%P	公差符号 "±"	±100
%%C	圆直径标注符号 "Φ"	80
%%%	百分号 "%"	98%
\U+2220	角度符号 "∠"	∠A
\U+2248	几乎相等 "≈"	X≈A
\U+2260	不相等 "≠"	A≠B
\U+00B2	上标 2	X^2
\U+2082	下标 2	X_2

8.3　多行文字

当需要标注的文字内容较长、较复杂时，可以使用 "Mtext" 命令进行多行文字标注。多行文字又称为段落文字，它是由任意数目的文字行或段落所组成。与单行文字不同的是，在一个多行文字编辑任务中创建的所有文字行或段落将被视作同一个多行文字对象，读者可以对其进行整体选择、移动、旋转、删除、复制、镜像、拉伸或比例缩放等操作。另外，与单行文字相比较，多行文字还具有更多的编辑选项，如对文字加粗、增加下划线、改变字体颜色等。

8.3.1　创建多行文字

调用 "多行文字" 命令有三种方法：

- 选择→【绘图】→【文字】→【多行文字】菜单命令。
- 单击绘图工具栏上的【多行文字】按钮 A 。
- 输入命令：Mtext。

启动 "多行文字" 命令后，光标变为如图 8-14 所示的形式，在绘图窗口中，单击指定一点并向下方拖动鼠标绘制出一个矩形框，如图 8-15 所示。绘图区内出现的矩形框用于指定多行文字的输入位置与大小，其箭头指示文字书写的方向。

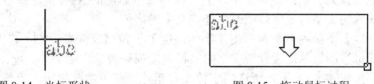

图 8-14　光标形状　　　　　　　图 8-15　拖动鼠标过程

拖动鼠标到适当位置后单击，弹出【在位文字编辑器】，它包括一个顶部带标尺的【文字输入】框和【文字格式】工具栏，如图 8-16 所示。

在【文字输入】框输入需要的文字，当文字达到定义边框的边界时会自动换行排列，如图 8-17（a）所示。输入完成后，单击确定按钮，此时文字显示在用户指定的位置，如图 8-17（b）所示。

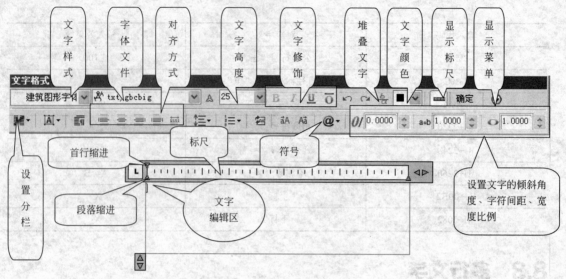

图 8-16　在位文字编辑器

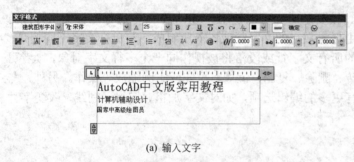

(a) 输入文字　　　　　　　　　　　　　　　　(b) 图形文字显示

图 8-17　文字输入

8.3.2　使用文字格式工具栏

用户要编辑文字，一定要清楚工具栏中各种参数的意义。

- 【文字格式】工具栏：控制多行文字对象的文字样式和选定文字的字符格式。
- 【样式】下拉列表框：单击【样式】下拉列表框右侧的 ▼ 按钮，弹出其下拉列表，从中即可向多行文字对象应用文字样式。
- 【字体】下拉列表框：单击【字体】下拉列表框右侧的 ▼ 按钮，弹出其下拉列表，从中即可为新输入的文字指定字体或改变选定文字的字体。
- 【字体高度】下拉列表框：单击【字体高度】下拉列表框右侧的 ▼ 按钮，弹出其下拉列表，从中即可按图形单位设置新文字的字符高度或修改选定文字的高度。
- 【粗体】按钮 **B**：若用户所选的字体支持粗体，则单击此按钮，为新建文字或选定文字打开和关闭粗体格式。
- 【斜体】按钮 *I*：若用户所选的字体支持斜体，则单击此按钮，为新建文字或选定文字打开和关闭斜体格式。
- 【下划线】按钮 U：单击【下划线】按钮 U 为新建文字或选定文字打开和关闭下划线。
- 【放弃】按钮 ↶ 与【重做】按钮 ↷：用于在【在位文字编辑器】中放弃和重做操作。
- 【堆叠】按钮：用于创建堆叠文字［选定文字中包含堆叠字符：插入符(^)、正向斜杠(/)和磅符号(#)时］，堆叠字符左侧的文字将堆叠在字符右侧的文字之上。如果选定堆叠文字，单击【堆叠】按钮 ，则取消堆叠。

【例】输入分数与公差。

用【文字格式】对话框中的【折叠】按钮 设置有分数、公差等形式的文字。通常使用 "/"、"^"、或 "#" 等符号设置文字的折叠方式。

文字的折叠形式如下：

① 分数形式：使用 "/" 或 "#" 连接分子与分母，选择分数文字，单击【折叠】按钮 即可显示为分数的表形式，效果如图 8-18 所示。

$$3/4 \rightarrow \frac{3}{4} \qquad 3\#4 \rightarrow \frac{3}{4}$$

图 8-18　分数形式

② 上标形式：使用 "^" 字符标识文字，将 "^" 放在文字之后，然后将其与文字都选中，并单击【折叠】按钮 即可设置所选文字为上标字符，效果如图 8-19 所示。

③ 下标形式：将 "^" 放在文字之前，然后将其与文字都选中，并单击【折叠】按钮 即可设置所选文字为下标字符，效果如图 8-20 所示。

$$1002^\wedge \rightarrow 100^2 \qquad 100^\wedge 2 \rightarrow 100_2$$

图 8-19　上标形式　　　　　　　图 8-20　下标形式

④公差形式：将字符 "^" 放在文字之间，然后将其与文字都选中，并单击【折叠】按钮 即可将所选文字设置为公差形式，效果如图 8-21 所示。

$$100+0.21^\wedge-0.01 \rightarrow 100^{+0.21}_{-0.01}$$

图 8-21　公差形式

- 【文字颜色】下拉列表框：用于为新输入的文字指定颜色或修改选定文字的颜色。
- 【标尺】按钮 ：用于在编辑器顶部显示或隐藏标尺。拖动标尺末尾的箭头可更改多行文字对象的宽度。
- 【左对齐】按钮 ：用于设置文字边界左对齐。
- 【居中对齐】按钮 ：用于设置文字边界居中对齐。
- 【右对齐】按钮 ：用于设置文字边界右对齐。
- 【对正】按钮 ：用于设置文字对正。
- 【分布】按钮 ：用于设置文字均匀分布。
- 【底部】按钮 ：用于设置文字边界底部对齐。
- 【编号】按钮 ：用于使用编号创建带有句点的列表。
- 【项目符号】按钮 ：用于使用项目符号创建列表。

- 【插入字段】按钮 ![icon]:单击【插入字段】按钮,弹出【字段】对话框,如图 8-22 所示。从中可以选择要插入到文字中的字段。关闭该对话框后，字段的当前值将显示在文字中。
- 【大写】按钮 ![icon]:用于将选定文字更改为大写。
- 【小写】按钮 ![icon]:用于将选定文字更改为小写。
- 【上划线】按钮 ![icon]:用于将直线放置到选定文字上。
- 【符号】按钮 ![icon]:用于在光标位置插入符号或不间断空格，单击 ![icon] 按钮，弹出图 8-22 所示【字段】对话框，选择最下面 其他(O)... 选项，弹出图 8-23【字符映射表】对话框，可选择所需要的符号。

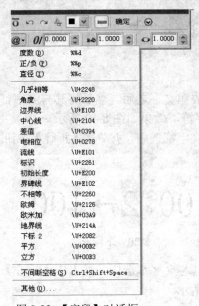

图 8-22 【字段】对话框

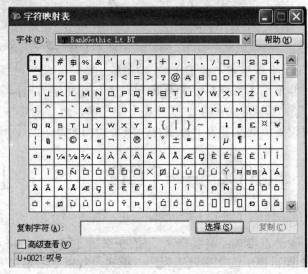

图 8-23 【字符映射表】对话框

【例】输入图 8-24 所示四个特殊字符。

图 8-24 特殊字符

① 在图 8-23【字符映射表】对话框中，在【字体】下拉列表中选择 Symbol 文件，如图 8-25 所示，系统弹出图 8-26 所示特殊符号对话框，如果需要的话，此时可以选择多个符号。

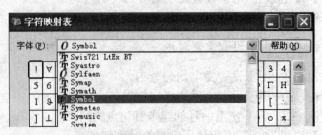

图 8-25 选择符号文件

② 在图 8-26 中选择 ♥，单击 复制(C) 按钮，将选中的符号复制到剪贴板中，然后关闭【字符映射表】对话框。

③ 按【Ctrl+V】组合键，将保存在剪贴板中的符号粘贴到文字编辑区，如图 8-27 所示。

① 按同样的方法，进行其他三个符号的选择。

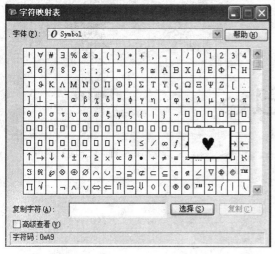

图 8-26　选择所需要的符号　　　　　图 8-27　粘贴在文字编辑区

● 【倾斜角度】列表框 $0/$ 0.0000 ⬍：用于确定文字是向右倾斜还是向左倾斜。倾斜角度表示的是相对于 90°角方向的偏移角度。输入一个−85°～85°之间的数值使文字倾斜。倾斜角度值为正时文字向右倾斜，倾斜角度为负值时文字向左倾斜，如图 8-28 所示。

倾斜角度　　　　　倾斜角度

(a) 角度值为−30°　　　　　　　　(b) 角度值为 30°

图 8-28　不同倾斜角度显示文字

● 【追踪】列表框 a⇔b 1.0000 ⬍：用于增大或减小选定字符之间的空间。默认值为 1.0 是常规间距。设置值大于 1.0 可以增大该宽度，反之减小该宽度，如图 8-29 所示。

工程制图　　　　　工　程　制　图

(a) 追踪值为 1.0　　　　　　　　(b) 追踪值为 2.0

图 8-29　不同追踪值显示

● 【宽度比例】列表框 a⇔b 1.0000 ⬍：用于扩展或收缩选定字符。默认值为 1.0 设置代表此字体中字母的常规宽度。设置大于 1.0 可以增大该宽度，反之减小该宽度，如图 8-30 所示。

● 【选项】按钮 ⬇：用于显示【选项】菜单，如图 8-31 所示。控制【文字格式】工具栏的显示并提供了其他编辑命令。

abcde   abcde

(a) 宽度比例为 1.0   (b) 宽度比例为 2.0

图 8-30 不同宽度比例显示   图 8-31 【选项】菜单

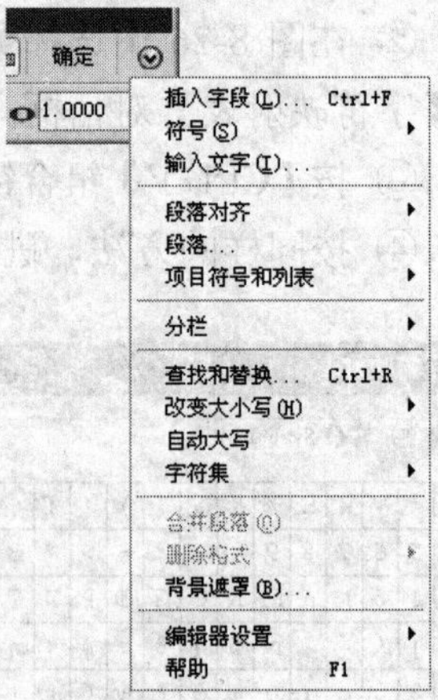

8.4 文字修改

8.4.1 双击编辑文字

无论是单行文字还是多行文字，均可直接通过双击来编辑，此时实际上是执行了 DDEDIT 命令，该命令的特点如下。

① 编辑单行文字时，文字全部被选中，因此，如果此时直接输入文字，则文本原内容均被替换，如图 8-32 所示。如果希望修改文本内容，可首先在文本框中单击。如果希望退出单行文字编辑状态，可在其他位置单击或按【Enter】键。

计算机绘图人员   计算机老师

图 8-32 编辑单行文字

② 编辑多行文字时，将打开【文字格式】工具栏和文本框，这和输入多行文字完全相同。
③ 退出当前文字编辑状态后，可单击编辑其他单行或多行文字。
④ 如果希望结束编辑命令，可在退出文字编辑状态后按【Enter】键。

8.4.2 修改文字特性

要修改单行文字的特性，可在选中文字后单击标准工具栏中的【对象特性】按钮打开单行文字的【特性】面板。利用该面板可修改文字的内容、样式、对正方式、高度、宽度比例、倾斜角度，以及是否颠倒、反向等。

8.5 文字查找检查

在 AutoCAD 2014 中，用户可以快速查找、替换指定的文字，并对其进行拼写检查。本节将具体介绍文字查找与检查的方法。

8.5.1 文字查找、替换

在 AutoCAD 中，用户可以快速查找指定的文字，并可以对查找到的文字进行替换、修改、选择以及缩放等，为此系统提供了"查找"命令。

启用"查找"命令有三种方法：

- 选择→【编辑】→【查找】菜单命令。
- 输入命令：FIND。
- 单击鼠标右键，从光标菜单中选择【查找】选项。

利用上述任意一种方法启用"查找"命令，弹出【查找和替换】对话框，如图 8-33 所示。

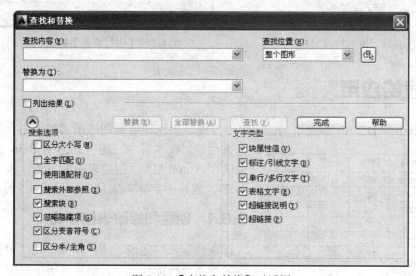

图 8-33 【查找和替换】对话框

在该对话框中，用户可以进行文字查找、替换、修改、选择以及缩放等操作。

在【查找和替换】对话框中，其各个选项与按钮的意义如下：

- 【查找内容】文本框：用于输入或选择要查找的文字。
- 【替换为】文本框：用于输入替换后的文字。
- 【查找位置】下拉列表框：用于选择文字的查找范围。其中"整个图形"选项用于在整个图形中查找文字；"当前选择"选项用于在指定的文字对象中查找文字。单击按钮，然后选择图形中的文字即可。

8.5.2 文字拼写检查

在 AutoCAD 中，用户可以对当前图形的所有文字进行拼写检查，以便查找文字的错误，为此系统提供了"拼写检查"命令。

启用"拼写检查"命令有两种方法：

- 选择→【工具】→【拼写检查】菜单命令。
- 输入命令：TABLESTYLE。

启用"拼写检查"命令后，即可选择要进行拼写检查的文字，或者在命令行中输入"ALL"选择图形中的所有文字。当图形中没有拼写错误的文字时，弹出【AutoCAD 信息】对话框，如图 8-34 所示，表示完成拼写检查；当 AutoCAD 检查到拼写错误的文字后，弹出【拼写检查】对话框，如图 8-35 所示，此时用户即可在该对话框中进行修改等操作。

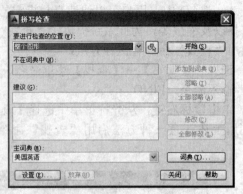

图 8-34 拼写检查完成   图 8-35 【拼写检查】对话框

8.6 表格应用

利用 AutoCAD 2014 的表格功能，可以方便、快速地绘制图纸所需的表格，如明细表、标题栏等。在本节中，通过创建图 8-36 所示表格来说明在 AutoCAD 中创建表格的方法。该表格的列宽为 25，表格中字体为宋体，字号为 4.5 号。

图 8-36 表格示例

8.6.1 创建和修改表格样式

在绘制表格之前，用户需要启用"表格样式"命令来设置表格的样式，表格样式用于控制表格单元的填充颜色、内容对齐方式、数据格式，表格文本的文字样式、高度、颜色，以及表格边框等。

① 启用"表格样式"命令有三种方法：

- 选择→【格式】→【表格样式】菜单命令。
- 单击【样式】工具栏中的【表格样式管理器】按钮 。
- 输入命令：TABLESTYLE。

启用"表格样式"命令后，系统将弹出【表格样式】对话框，如图 8-37 所示。

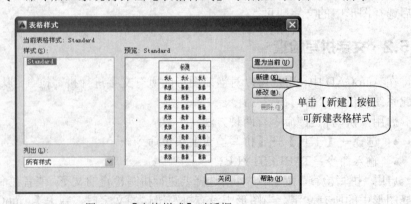

单击【新建】按钮
可新建表格样式

图 8-37 【表格样式】对话框

② 单击 修改(M)... 按钮，打开图 8-38 所示【修改表格样式】对话框。打开【常规】设置区中的【对齐】下拉列表，选择"正中"，如图 8-39 所示。

图 8-38 【修改表格样式】对话框

图 8-39 设置单元格内容对齐方式

③ 打开对话框右侧的【文字】选项卡，设置【文字高度】为 4.5，如图 8-40 所示。

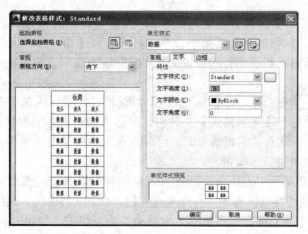

图 8-40 设置文字高度

④ 单击【文字样式】下拉列表框右侧的 按钮，打开【文字样式】对话框，取消【使用大字体】复选框，将【字体名】设置为"宋体"，如图 8-41 所示。依次单击 应用(A) 和 关闭(C) 按钮，关闭【文字样式】对话框。

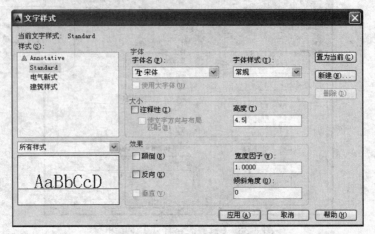

图 8-41　修改文字样式字体

⑤ 单击 确定 按钮，关闭【修改表格样式】对话框。单击 关闭(C) 按钮，关闭【表格样式】对话框。

> **学习提示：** 表格中，单元类型被分为 3 类，它们分别是标题（表格第一行）、表头（表格第二行）和数据，通过表格预览区可看到这一点。默认情况下，在【单元样式】设置区中设置的是数据单元的格式。要设置标题、表头单元的格式，可打开【单元样式】设置区中上方单元类型下拉列表，然后选择"表头"和"标题"。

8.6.2　创建表格

创建表格时，可设置表格的表格样式，表格列数、列宽、行数、行高等。创建结束后系统自动进入表格内容编辑状态，下面一起来看看其具体操作。

① 单击【绘图】工具栏中的【表格】工具 或选择【绘图】→【表格】菜单，打开【插入表格】对话框。

② 在【列和行设置】区设置表格列数为 5，列宽为 25，行数为 5(默认行高为 1 行)；在【设置单元样式】设置区依次打开【第一行单元样式】和【第二行单元样式】下拉列表，从中选择"数据"，将标题行和表头行均设置为"数据"类型(表示表格中不含标题行和表头行)，如图 8-42 所示。

③ 单击 确定 按钮，关闭【插入表格】对话框。在绘图区域单击，确定表格放置位置，此时系统将自动打开【文字格式】工具栏，并进入表格内容编辑状态，如图 8-43 所示。如果表格尺寸较小，无法看到编辑效果时，可首先在表格外空白区单击，暂时退出表格内容编辑状态，然后放大表格显示即可。

④ 在表格左上角单元中双击，重新进入表格内容编辑状态，然后输入"姓名"等文本内容，通过【Tab】键切换到同行的下一个单元，【Enter】键切换同一列的下一个表单元，或【↑】、【↓】、【←】、【→】键在各表单元之间切换，为表格的其他单元输入内容，如图 8-44 所示，编辑结束后，在表格外单击或者按【Esc】键退出表格编辑状态。

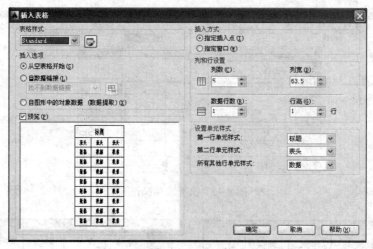

图 8-42　设置表格参数

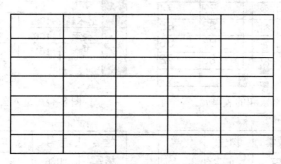

图 8-43　在绘图区域单击放置表格

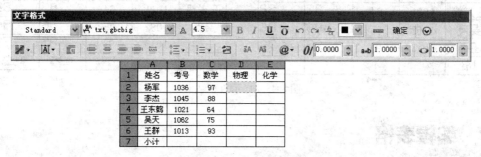

图 8-44　为表格单元输入内容

8.6.3　在表格中使用公式

通过在表格中插入公式，可以对表格单元执行求和、均值等各种运算。例如，要在如图 8-45 所示表格中，使用求和公式计算表中数学、物理和化学之和，具体操作步骤如下。

① 单击选中表单元 C6，单击【表格】工具栏中的【公式】 fx ▾ 按钮，从弹出的公式列表中选择"求和"，如图 8-45 所示。

② 分别在 C2 和 C6 表单元中单击，确定选取表单元范围的第一个角点和第二个角点，显示并进入公式编辑状态，如图 8-46 和图 8-47 所示。

③ 单击【文字格式】工具栏中的 确定 按钮，求和结果如图 8-48 所示。依据类似方法，对其他表单元进行求和。

图 8-45　执行求和操作

	A	B	C	D	E
1	姓名	考号	数学	物理	化学
2	杨军	1036	97	92	68
3	李杰	1045	88	79	74
4	王东鹤	1021	64	83	82
5	吴天	1062	75	96	86
6	王群	1013	93	85	72
7	小计				

图 8-46　选择要求和的表单元

	A	B	C	D	E
1	姓名	考号	数学	物理	化学
2	杨军	1036	97	92	68
3	李杰	1045	88	79	74
4	王东鹤	1021	64	83	82
5	吴天	1062	75	96	86
6	王群	1013	93	85	72
7	小计		=Sum(C2:C6)		

图 8-47　进入公式编辑状态

姓名	考号	数学	物理	化学
杨军	1036	97	92	68
李杰	1045	88	79	74
王东鹤	1021	64	83	82
吴天	1062	75	96	86
王群	1013	93	85	72
小计		417		

姓名	考号	数学	物理	化学
杨军	1036	97	92	68
李杰	1045	88	79	74
王东鹤	1021	64	83	82
吴天	1062	75	96	86
王群	1013	93	85	72
小计		417	435	382

图 8-48　显示求和结果

8.7　编辑表格

在 AutoCAD 中，用户可以方便地编辑表格内容，合并表单元，以及调整表单元的行高与列宽等。

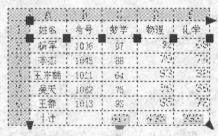

图 8-49　选择表格

8.7.1　选择表格与表单元

要调整表格外观（例如合并表单元、插入或删除行或列），应首先掌握如何选择表格或表单元，具体方法如下：

① 要选择整个表格，可直接单击表线，或利用选择窗口选择整个表格。表格被选中后，表格框线将显示为断续线，并显示了一组夹点，如图 8-49 所示。

② 要选择一个表单元，可直接在该表单元中单击，此时将在所选表单元四周显示夹点，如图 8-50 所示。

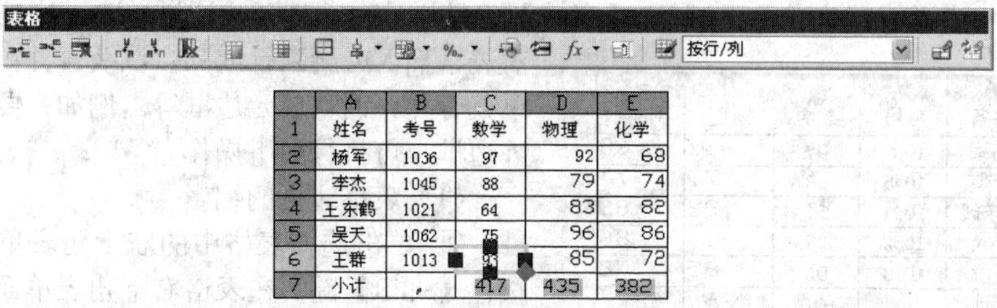

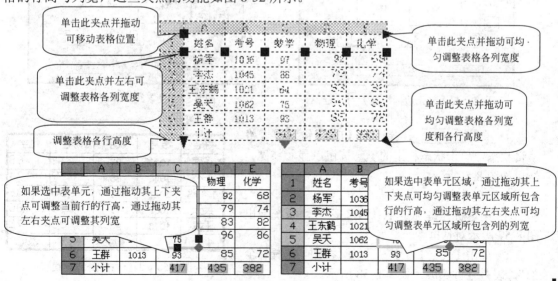

图 8-50　选择表单元

③ 要选择表单元区域，可首先在表单元区域的左上角表单元中单击，然后向表单元区域的右下角表单元中拖动，则释放鼠标后，选择框所包含或与选择框相交的表单元均被选中，如图 8-51 所示。此外，在单击选中表单元区域中某个角点的表单元后，按住【Shift】键，在表单元区域中所选表单元的对角表单元中单击，也可选中表单元区域。

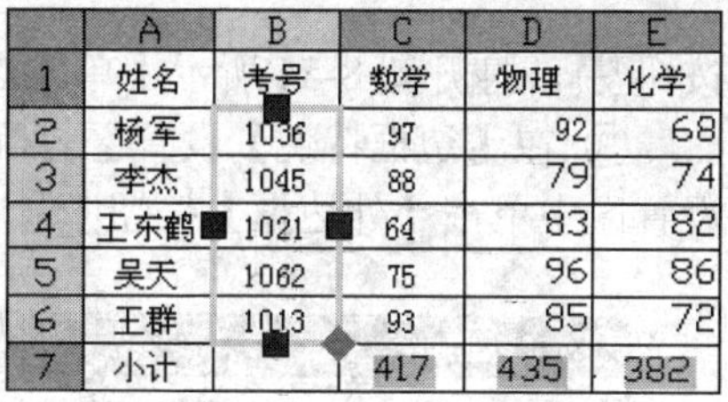

图 8-51　选择表单元区域

④ 要取消表单元选择状态，可按【Esc】键，或者直接在表格外单击。

8.7.2　编辑表格内容

要编辑表格内容，只需鼠标双击表单元进入文字编辑状态即可。要删除表单元中的内容，可首先选中表单元，然后按【Delete】键。

8.7.3　调整表格的行高与列宽

选中表格、表单元或表单元区域后，通过拖动不同夹点可移动表格的位置，或者调整表格的行高与列宽；这些夹点的功能如图 8-52 所示。

图 8-52　表格各夹点的不同用途

135

8.7.4 利用【表格】工具栏编辑表格

在选中表单元或表单元区域后，【表格】工具栏被自动打开，通过单击其中的按钮，可对表格插入或删除行或列，以及合并单元、取消单元合并、调整单元边框等。例如，要调整表格外边框，可执行如下操作。

（1）表格边框的编辑

① 单击选择表格中的左上角表单元，然后按住【Shift】键，在表格右下角表单元单击，从而选中所有表单元，如图 8-53 所示。

	A	B	C	D	E
1	姓名	考号	数学	物理	化学
2	杨军	1036	97	92	68
3	李杰	1045	88	79	74
4	王东鹤	1021	64	83	88
5	吴天	1062	75	96	86
6	王群	1013	93	85	72
7	小计		417	435	382

图 8-53　选中所有表单元

② 单击【表格】工具栏中的【单元边框】按钮，打开图 8-54 所示【单元边框特性】对话框。

③ 在【边框特性】设置区打开【线宽】下拉列表，设置【线宽】为 0.3，在【应用于】设置区中单击【外边框】按钮，如图 8-55 所示。

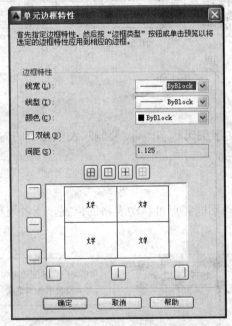

图 8-54　【单元边框特性】对话框

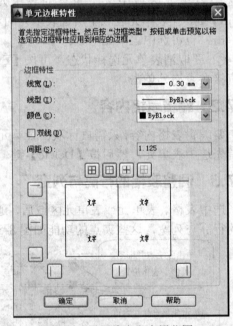

图 8-55　设置线宽和应用范围

④ 单击 确定 按钮，按【Esc】键退出表格编辑状态。单击状态栏上的 线宽 按钮以显示线宽，结果如图 8-56 所示。

（2）合并表格

① 用鼠标左键选定 A1、B2 区域，系统弹出图 8-57 所示对话框。

② 单击【表格】工具栏上 按钮，选择"全部"，表格合并完成，如图 8-58 所示。

姓名	考号	数学	物理	化学
杨军	1036	97	92	68
李杰	1045	88	79	74
王东鹤	1021	64	83	82
吴天	1062	75	96	86
王群	1013	93	85	72
小计		417	435	382

图 8-56　调整表格外边框线宽

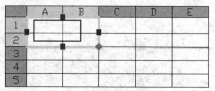

图 8-57　选定要合并的单元格

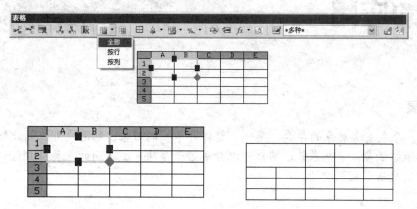

图 8-58　合并过程显示

思考题

1．在绘图窗口输入文字时，为什么有时出现的是"？"？

2．单行文字和多行文字输入时文字时各有什么特点？

3．单行文字的"对正方式"有多少种？"中间对正"与"正中对正"方式一样吗？

4．怎样改变文本的大小、样式、对正方式和文本内容？

5．怎样用多行文字输入特殊符号？

6．怎样创建表格的样式？

7．怎样编辑表格中的文字内容？

8．如何对表格进行合并和拆分？

练习题

用绘制表格方式，绘制如图 8-59 所示的标题栏。

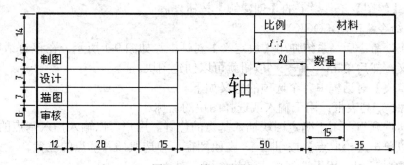

图 8-59　练习题图例

137

第9章

图块的应用

本章提要

块，指一个或多个对象的集合，是一个整体即单一的对象。利用块可以简化绘图过程并可以系统地组织任务。如一张装配图，可以分成若干个块，由不同的人员分别绘制，最后通过块的插入及更新形成装配图。

通过本章学习，应达到如下基本要求。

① 掌握图块的创建、插入和保存。
② 掌握动态块的创建和应用。
③ 掌握带属性图块的创建、应用和编辑。

9.1 创建图块

9.1.1 定义图块

定义图块就是将图形中选定的一个或多个对象组合成一个整体,为其命名保存,并在以后使用过程中将它视为一个独立、完整的对象进行调用和编辑。定义图块时需要执行块命令,用户可以通过以下方法调用该命令:

- 选择→【绘图】→【块】→【创建】菜单命令。
- 单击【绘图】工具栏上的【创建块】按钮 。
- 输入命令:B(BLOCK)。

启用"块"命令后,系统弹出【块定义】对话框,如图9-1所示。在该对话框中对图形进行块的定义,然后单击 确定 按钮就可以创建图块。

在【块定义】对话框中各个选项的意义如下。

(1) 名称(N):列表框:用于输入或选择图块的名称。

(2) 基点 选项组:用于确定图块插入基点的位置。用户可以输入插入基点的 X、Y、Z 坐标;也可以单击【拾取点】按钮 ,在绘图窗口中选取插入基点的位置。

(3) 对象 选项组:用于选择构成图块的图形对象。

- 按钮:单击该按钮,即可在绘图窗口中选择构成图块的图形对象。

- 按钮：单击该按钮，打开【快速选择】对话框，如图 9-2 所示。可以通过该对话框进行快速过滤来选择满足条件的实体目标。

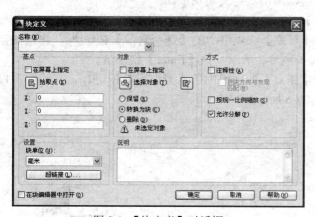

图 9-1 【块定义】对话框

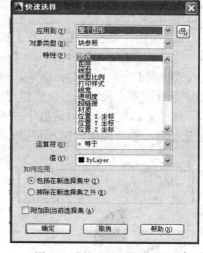

图 9-2 【快速选择】对话框

- ○保留(R)单选项：选择该选项，则在创建图块后，所选图形对象仍保留并且属性不变。
- ◉转换为块(C)单选项：选择该选项，则在创建图块后，所选图形对象转换为图块。
- ○删除(D)单选项：选择该选项，则在创建图块后，所选图形对象将被删除。

（4）设置选项组：用于指定块的设置。

- 块单位(U)：下拉列表框：指定块参照插入单位。
- 超链接(L)…按钮：将某个超链接与块定义相关联，单击该按钮，弹出【插入超链接】对话框，如图 9-3 所示，从列表或指定的路径，可以将超链接与块定义相关联。

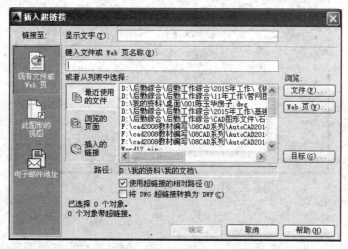

图 9-3 【插入超链接】对话框

- □在块编辑器中打开(O)复选框：用于在块编辑器中打开当前的块定义，主要用于创建动态块。

（5）方式选项组：用于块的方式设置。

- □按统一比例缩放(S)复选框：指定块参照是否按统一比例缩放。

139

- ☑允许分解(P)复选框：指定块参照是否可以被分解。
- 说明文本框：用于输入图块的说明文字。

【例】通过定义块命令将图9-4所示的图形创建成块，名称为"标高"。

操作步骤如下：

① 单击工具栏上【创建块】按钮🔲，弹出块定义对话框。

② 在【块定义】对话框的【名称】列表框中输入图块的名称"标高"。

③ 在【块定义】对话框中，单击【对象】选项组中的【选择对象】按钮🔲，在绘图窗口中选择图形，此时图形以虚线显示，如图9-5所示，按【Enter】键确认。

④ 在【块定义】对话框中，单击【基点】选项组中的【拾取点】按钮🔲，在绘图窗口中选择圆心作为图块的插入基点，如图9-6所示。

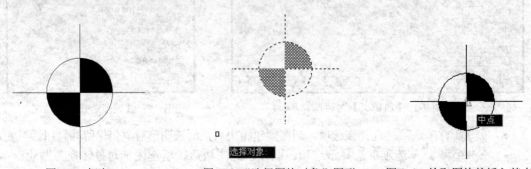

图9-4　标高　　　　　　　图9-5　"选择图块对象"图形　　　图9-6　拾取图块的插入基点

⑤ 单击 确定 按钮，即可创建"标高"图块，如图9-7所示。

图9-7　创建完成后的【块定义】对话框

9.1.2　写块

前面定义的图块，只能在当前图形文件中使用，如果需要在其他图形中使用已经定义的图块，如标题栏、图框以及一些通用的图形对象等，可以将图块以图形文件形式保存下来。这时，它就和一般图形文件没有什么区别，可以被打开、编辑，也可以以图块形式方便地插入到其他图形文件中。"保存图块"也就是通常所说的【写块】。

【写块】需要使用"WBLOCK"命令，启用命令后，系统将弹出如图9-8所示的【写块】对话框。

图 9-8 【写块】对话框

在【写块】对话框中各个选项的意义如下。

（1）**源** 选项组：用于选择图块和图形对象，将其保存为文件并为其指定插入点。

- **○块(B)**：单选项：用于从列表中选择要保存为图形文件的现有图块。
- **○整个图形(E)** 单选项：将当前图形作为一个图块，并作为一个图形文件保存。
- **⊙对象(O)** 单选项：用于从绘图窗口中选择构成图块的图形对象。

（2）**目标** 选项组：用于指定图块文件的名称、位置和插入图块时使用的测量单位。

- **文件名和路径(F)**：列表框：用于输入或选择图块文件的名称、保存位置。单击右侧的 **...** 按钮，弹出【浏览图形文件】对话框，即可指定图块的保存位置，并指定图块的名称。

设置完成后，单击 **确定** 按钮，将图形存储到指定的位置，在绘图过程中需要时即可调用。

> **特别注意：**利用"写块"命令创建的图块是 AutoCAD 2014 的一个 DWG 文件，属于外部文件，它不会保留原图形未用的图层、线型等属性。

9.1.3 插入块

在绘图过程中，若需要应用图块时，可以利用"插入块"命令将已创建的图块插入到当前图形中。在插入图块时，用户需要指定图块的名称、插入点、缩放比例和旋转角度等。

启用"插入块"命令有两种方法。

- 选择→【插入】→【块】菜单命令。
- 单击【绘图】工具栏中的【插入块】按钮 。
- 输入命令：I(INSERT)。

利用上述任意一种方法启用"插入块"命令，弹出【插入】对话框，如图 9-9 所示，从中即可指定要插入的图块名称与位置。

在【插入】对话框中各个选项的意义如下。

（1）**名称(N)**：列表框：用于输入或选择需要插入的图块名称。

若需要使用外部文件(即利用"写块"命令创建的图块)，可以单击 **浏览(B)...** 按钮，在弹出的【选择图形文件】对话框选择相应的图块文件，单击 **确定** 按钮，即可将该文件中的图形作为块插入到当前图形。

（2）插入点选项组：用于指定块的插入点的位置。用户可以利用鼠标在绘图窗口中指定插入点的位置，也可以输入 X、Y、Z 坐标。

（3）比例选项组：用于指定块的缩放比例。用户可以直接输入块的 X、Y、Z 方向的比例因子，也可以利用鼠标在绘图窗口中指定块的缩放比例。

（4）旋转选项组：用于指定块的旋转角度。在插入块时，用户可以按照设置的角度旋转图块。也可以利用鼠标在绘图窗口中指定块的旋转角度。

（5）□分解(D)复选框：若选择该选项，则插入的块不是一个整体，而是被分解为各个单独的图形对象。

9.1.4 分解图块

当在图形中使用块时，AutoCAD 2014 将块作为单个的对象处理，只能对整个块进行编辑。如果用户需要编辑组成块的某个对象时，需要将块的组成对象分解为单一个体。

将图块分解，有以下几种方法。

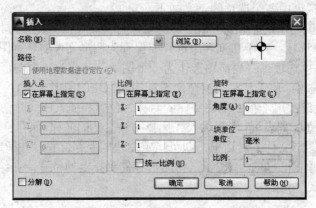

图 9-9 【插入】对话框

（1）插入图块时，在【插入】对话框中，选择【分解】复选框，再单击 确定 按钮，插入的图形仍保持原来的形式，但可以对其中某个对象进行修改。

（2）插入图块对象后，使用"分解"命令，单击工具栏中的 按钮，将图块分解为多个对象。分解后的对象将还原为原始的图层属性设置状态。如果分解带有属性的块，属性值将丢失，并重新显示其属性定义。

9.2 创建带属性的图块

图块属性是附加在图块上的文字信息，在 AutoCAD 2014 中经常利用图块属性来预定义文字的位置、内容或缺省值等。在插入图块时，输入不同的文字信息，可以使相同的图块表达不同的信息，如表面粗糙度就是利用图块属性设置的。

9.2.1 创建与应用图块属性

定义带有属性的图块时，需要作为图块的图形与标记图块属性的信息，将这两个部分进行属性的定义后，再定义为图块即可。

启用"定义属性"命令有两种方法。

- 选择→【绘图】→【块】→【定义属性】菜单命令。
- 输入命令：ATTDEF。

利用上述任意一种方法启用"定义属性"命令，弹出【属性定义】对话框，如图 9-10 所示，从中可以定义模式、属性标记、属性提示、属性值、插入点以及属性的文字选项等。

【例】创建带有属性的电阻图块，并把它应用到如图 9-11 所示的图形中。

操作步骤如下：

① 根据所绘制图形的大小，首先绘制一个电阻符号，如图 9-11 左侧图形。

② 选择→【绘图】→【块】→【定义属性】菜单命令，弹出【属性定义】对话框。

③ 在属性选项组的标记文本框中输入电阻参数值的标记"RX"，在【提示】文本框中输入提示文字"电阻"，在中输入参数值"−R1"，如图 9-12 所示。

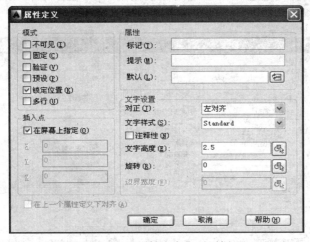

图 9-10 【属性定义】对话框

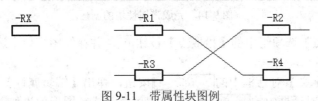

图 9-11 带属性块图例

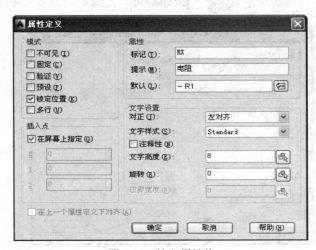

图 9-12 输入属性值

④ 单击【属性定义】对话框中的 ▭确定 按钮，在绘图窗口中指定属性的插入点，如图 9-13（a）所示，在文本的左下角单击鼠标，完成图形效果如图 9-13（b）所示。

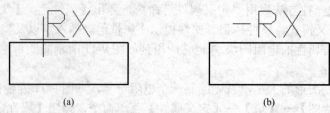

(a)   (b)

图 9-13　完成属性定义

⑤ 选择→【绘图】→【块】→【创建】菜单命令，弹出【块定义】对话框，在【名称】文本框中输入块的名称"电阻"，单击【对象】按钮▦，在绘图窗口选择如图 9-13（b）所示的图形，并单击鼠标右键，完成带属性块的创建，如图 9-14 所示。

图 9-14　完成带属性块的创建

⑥ 单击【基点】选项组中的【拾取点】按钮▦，并在绘图窗口中选择中点作为图块的基点，如图 9-15 所示。

⑦ 单击【块定义】对话框中的 ▭确定 按钮，弹出【编辑属性】对话框，如图 9-16所示，直接单击该对话框中的 ▭确定 按钮即可。完成后图形效果如图 9-17 所示。

图 9-15　选择基点　　　　　图 9-16　【编辑属性】对话框　　　　　图 9-17　完成后图形效果

⑧ 选择→【插入】→【块】菜单命令,弹出【插入】对话框,如图 9-18 所示,单击 确定 按钮,并在绘图窗口内相应的位置单击。

⑨ 在命令提示行输入电阻参数值的大小即可。若直接按【Enter】键,则图形效果如图 9-17 所示,把这个块直接插入到图 9-11 中。重新插入块,在命令行中输入"-R2",如图 9-19 所示。把此时的块插入到图 9-11 的图中合适位置,完成整个图块的操作。

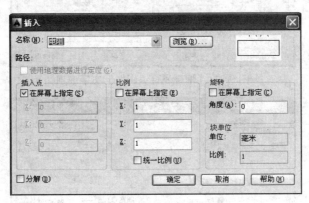

图 9-18　插入带属性的块

图 9-19　输入属性值

9.2.2　编辑图块属性

创建带有属性的块以后,用户可以对其属性进行编辑,如编辑属性标记、提示等,其操作步骤如下。

① 直接双击带有属性的图块,弹出【增强属性编辑器】对话框,如图 9-20 所示。

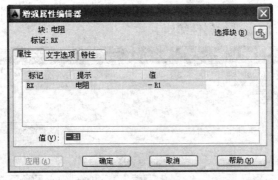

图 9-20　增强属性编辑器

② 在【属性】选项卡中显示图块的属性,如标记、提示以及缺省值,此时用户可以在【值】数值框中修改图块属性的缺省值。

③ 单击【文字选项】选项卡,【增强属性编辑器】对话框显示如图 9-21 所示,从中可以设置属性文字在图形中的显示方式,如文字样式、对正方式、文字高度、旋转角度等。

④ 单击【特性】选项卡,【增强属性编辑器】对话框显示如图 9-22 所示,从中可以定义图块属性所在的图层以及线型、颜色、线宽等。

145

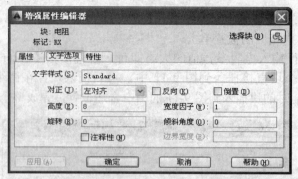

图 9-21 【增强属性编辑器】文字选项

图 9-22 【增强属性编辑器】特性

⑤ 设置完成后单击 应用(A) 按钮,即可修改图块属性;若单击 确定 按钮,也可修改图块属性,并关闭对话框。

9.2.3 块属性管理器

图形中存在多种图块时,可以通过【块属性管理器】来管理图形中所有图块的属性。

启用"块属性管理器"命令,选择→【修改】→【对象】→【属性】→【块属性管理器】菜单命令,启用"块属性管理器"命令,弹出【块属性管理器】对话框,如图 9-23 所示。在对话框中,可以对选择的块进行属性编辑。

图 9-23 块属性管理器

单击【选择块】按钮 ⬚,暂时隐藏对话框,在图形中选中要进行编辑的图块,返回到【块属性管理器】对话框中进行编辑。

在【块】选项的下拉列表中可以指定要编辑的块,在列表中将显示块所具有的属性定义。单击 设置(S)... 按钮,弹出【设置】对话框,可以设置【块属性管理器】中属性信息的列出方式,如图 9-24 所示。设置完成后,单击 确定 按钮即可。

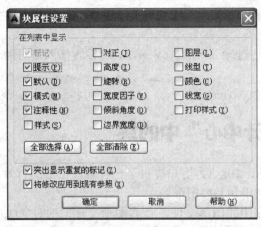

图 9-24 【设置】对话框

9.3 使用"工具选项板"中的块

在 AutoCAD 2014 中,用户可以利用【工具选项板】窗口方便地使用螺钉、螺母、轴承等系统内置的机械零件块,具体操作步骤如下。

① 单击【标准】工具栏中的【工具选项板】按钮 ,打开【工具选项板】窗口,如图 9-25(b)所示。

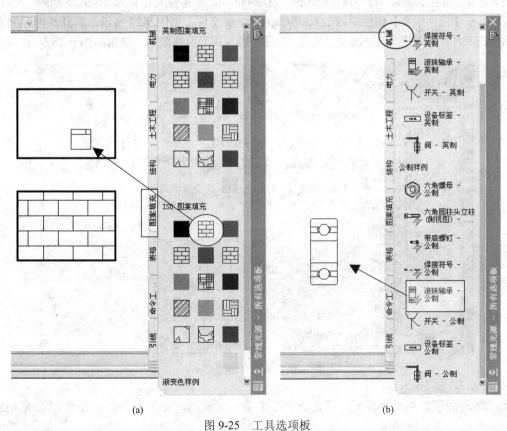

(a)   (b)

图 9-25 工具选项板

② 单击【工具选项板】窗口中的【填充】选项卡，选中其右侧的【砖块】块，如图 9-25 (a) 所示。

③ 如果需要的话，通过输入 S、X、Y 或 Z，可设置插入块时的全局比例，或者块在 X、Y 或 Z 轴方向的比例。

④ 在绘图区中单击鼠标，确定插入点位置，即可将块插入到该处，如图 9-25 所示。

9.4 使用"设计中心"中的块

在 AutoCAD 中，"设计中心"为用户提供了一种管理图形的有效手段。使用【设计中心】，用户可以很方便地重复利用和共享图形。

（1）浏览本地及网络中的图形文件，查看图形文件中的对象(如块、外部参照、图像、图层、文字样式、线型等)，将这些对象插入、附着、复制和粘贴到当前图形中。

（2）在本地和网络驱动器上查找图形。例如，可以按照特定图层名称或上次保存图形的日期来搜索图形。

（3）打开图形文件，或者将图形文件以块方式插入到当前图形中。

（4）可以在大图标、小图标、列表和详细资料等显示方式之间切换。

使用【设计中心】面板插入块的具体操作步骤如下：

① 单击【标准】工具栏中的【设计中心】工具，打开【设计中心】面板。

② 打开【文件夹】选项卡，单击【设计中心】工具栏中的【主页】工具，可查看系统自带的块库(在 AutoCAD2014 \ Sample \ DesignCenter 文件夹中)，如图 9-26 所示。

③ 在【设计中心】面板中双击 Landscaping.dwg 文件，如图 9-27 所示，展开其内容列表，然后单击其中的"块"，单击选中"树"，并将其拖入到当前视图中，结果如图 9-28 所示。

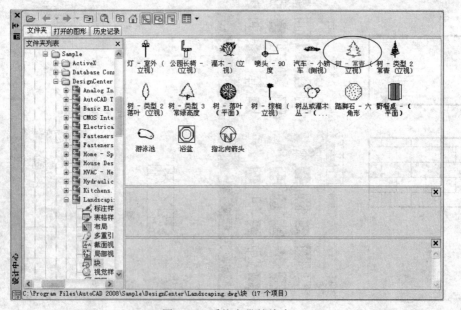

图 9-26 系统自带的块库

> **学习提示：** 用户可以利用【设计中心】窗口左窗格打开任意文件中任意 AutoCAD 图形文件，从而使用其中定义的块。

AutoCAD 2014 中文版电气制图教程

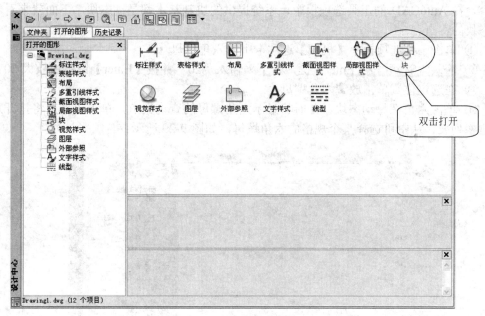

图 9-27　选择块库中的块

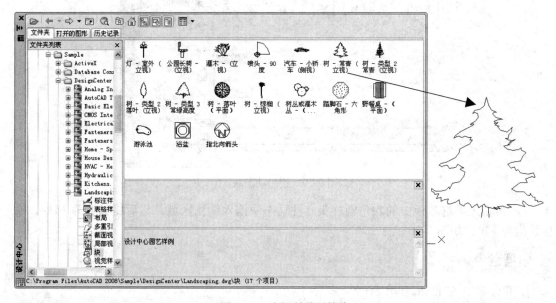

图 9-28　选择所需要的块

9.5　使用动态块

　　以前要定义各种规格的螺栓、螺钉、螺母、轴承等标准件，必须创建多个图块。在AutoCAD 中，利用动态块功能，用户能够直接利用块夹点快速编辑块图形外观。

　　所谓动态块实际上就是定义了参数及其关联动作的块。它的主要特点有两个：一是一个动态块相当于集成了一组块，用户可以直接通过选择某个参数快速改变块的外观；二是用户可直接利用块夹点编辑块内容，而无需像编辑普通块那样，只有先炸开块，然后才能编辑其

149

内容。在 AutoCAD 的工具选项板中，系统提供的块基基本都是动态块。下面就来看看几个动态块的特点。

① 单击工具选项板中【机械】选项卡中的六角螺母。

② 输入"S"并按【Enter】键，接下来输入"20"并按【Enter】键将块放大 20 倍。

③ 在选定位置单击放置六角螺母。

④ 单击六角螺母动态块，此时将显示六角螺母的查询夹点，单击该夹点将打开六角螺母规格列表，从中可选择某个规格的六角螺母，如图 9-29 所示。

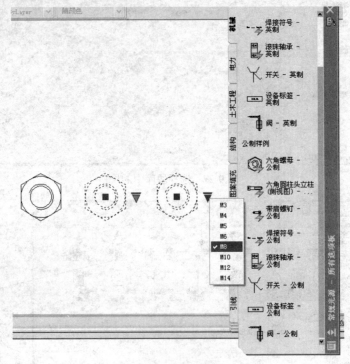

图 9-29 使用动态块

⑤ 再将工具选项板中的六角圆柱头立柱动态块拖入绘图区域，然后将其变为 M14，螺栓长度为 130。如图 9-30 所示。

思考题

1. 什么是块？它的主要作用是什么？
2. 创建一个图块的操作步骤是什么？
3. 什么是块的属性？如何创建带属性的图块？
4. 什么是外部参照？它与图块有什么区别？
5. 当作为外部参照的图形文件被修改后，所有引用该项图形文件的图形文件能否被自动更改？为什么？
6. 如果用户想把创建的图块插入到其他图形文件中去，采用什么方法？
7. 试说明 BLOCK 与 WBLOCK 这两个命令有什么不同？

练习题

1. 绘制如图 9-31 所示标题栏，并按表 9-1 的属性项目内容创建属性，然后在标题栏中填写相应的属性信息（姓名、比例、材料名自定）。

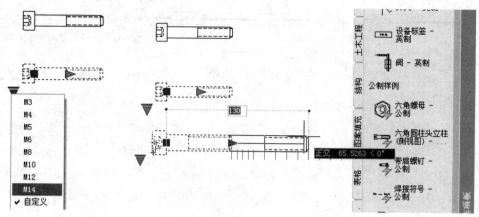

图 9-30　编辑动态块

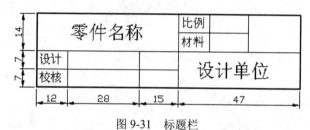

图 9-31　标题栏

表 9-1　标题属性项目包含的内容

项目	属性标记名	属性提示	属性值
属性 1	设计	设计人员姓名	填写姓名
属性 2	校核	校核人员姓名	填写姓名
属性 3	比例	绘图比例	填写比例
属性 4	材料	零件材料	填写材料名

2．绘制图 9-32（a）所示图形，比例大小自定，用插入块的方法标注表面粗糙度，如图 9-32（b）所示。

3．绘制如图 9-33 所示的简易电路图，将图中的电路以块的形式插入。

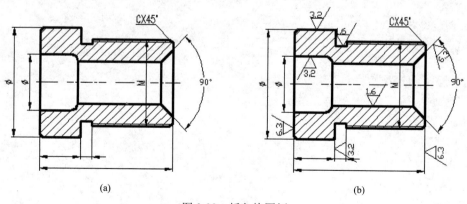

(a)　　　　　　　　　　　　　(b)

图 9-32　插入块图例

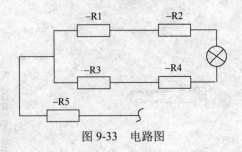

图 9-33　电路图

第 **10** 章

尺寸标注

🔧 **本章提要**

尺寸标注是绘图过程中一项十分重要的内容，因为标注图形中的数字和其他符号，可以传达有关设计元素的尺寸信息，对施工或制造工艺进行注解。尺寸标注决定着图形对象的真实大小以及各部分对象之间的相互位置关系。本章重点讲解尺寸样式的设置、线性尺寸的标注、角度标注、弧长标注、直径和半径尺寸的标注、连续及基线尺寸标注、引线标注、形位公差的标注等内容。

🔧 **通过本章学习，应达到如下基本要求。**

① 能快速熟练标注工程图样中的各种尺寸。
② 掌握尺寸编辑命令的用法，对已经绘制好的图样能进行尺寸标注修改。

10.1 尺寸标注概述

10.1.1 尺寸标注的组成

尽管尺寸标注在类型和外观上多种多样，但一个完整的尺寸标注都是由尺寸线、尺寸界限、尺寸箭头和尺寸文字 4 部分组成的，如图 10-1 所示。

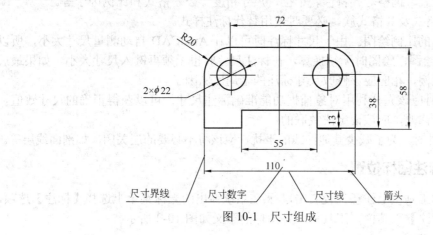

图 10-1 尺寸组成

（1）尺寸线　尺寸线表示尺寸标注的范围。通常是带有箭头且平行于被标注对象的单线段。标注文字沿尺寸线放置。对于角度标注，尺寸线可以是一段圆弧。

（2）尺寸界限线　尺寸界限线表示尺寸线的开始和结束。通常从被标注对象延长至尺寸线，一般与尺寸线垂直。有些情况下，也可以选用某些图形对象的轮廓线或中心线代替尺寸界限线。

（3）尺寸箭头　尺寸箭头在尺寸线的两端，用于标记尺寸标注的起始和终止位置。AutoCAD 提供了多种形式的尺寸箭头，包括建筑标记、小斜线箭头、点和斜杠标记。读者也可以根据绘图需要创建自己的箭头形式。

（4）尺寸数字　尺寸数字用于表示实际测量值。可以使用由 AutoCAD 自动计算出的测量值，提供自定义的文字或完全不用文字。如果使用生成的文字，则可以附加"加/减公差、前缀和后缀"。

在 AutoCAD 中，通常将尺寸的各个组成部分作为块处理，因此，在绘图过程中，一个尺寸标注就是一个对象。

10.1.2　尺寸标注规则

（1）尺寸标注的基本规则

◆ 图形对象的大小以尺寸数值所表示的大小为准，与图线绘制的精度和输出时的精度无关。

◆ 一般情况下，采用毫米为单位时不需要注写单位，否则，应该明确注写尺寸所用单位。

◆ 尺寸标注所用字符的大小和格式必须满足国家标准。在同一图形中，同一类终端应该相同，尺寸数字大小应该相同，尺寸线间隔应该相同。

◆ 尺寸数字和图线重合时，必须将图线断开。如果图线不便于断开来表达对象时，应该调整尺寸标注的位置。

（2）AutoCAD 中尺寸标注的其他规则　一般情况下，为了便于尺寸标注的统一和绘图的方便，在 AutoCAD 中标注尺寸时应该遵守以下的规则。

◆ 为尺寸标注建立专用的图层。建立专用的图层，可以控制尺寸的显示和隐藏，和其他的图线可以迅速分开，便于修改、浏览。

◆ 为尺寸文本建立专门的文字样式。对照国家标准，应该设定好字符的高度、宽度系数、倾斜角度等。

◆ 设定好尺寸标注样式。按照我国的国家标准，创建系列尺寸标注样式，内容包括直线和终端、文字样式、调整对齐特性、单位、尺寸精度、公差格式和比例因子等。

◆ 保存尺寸格式及其格式簇，必要时使用替代标注样式。

◆ 采用 1∶1 的比例绘图。由于尺寸标注时可以让 AutoCAD 自动测量尺寸大小，所以采用 1∶1 的比例绘图，绘图时无须换算，在标注尺寸时也无须再键入尺寸大小。如果最后统一修改了绘图比例，相应应该修改尺寸标注的全局比例因子。

◆ 标注尺寸时应该充分利用对象捕捉功能准确标注尺寸，可以获得正确的尺寸数值。尺寸标注为了便于修改，应该设定成关联的。

◆ 在标注尺寸时，为了减少其他图线的干扰，应该将不必要的层关闭，如剖面线层等。

10.1.3　尺寸标注图标位置

在已经打开的工具栏上任意位置右击鼠标,在系统弹出的光标菜单上选择【标注】选项，系统弹出尺寸【标注】工具栏，工具栏中各图标的意义如图 10-2 所示。

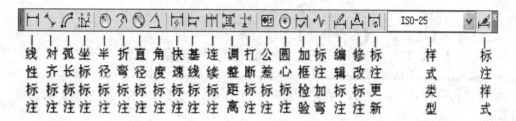

图 10-2 尺寸标注图标位置

10.1.4 尺寸标注的类型

AutoCAD 2014 中的尺寸标注可以分为以下类型：直线标注、角度标注、径向标注、坐标标注、引线标注、公差标注、中心标注以及快速标注等。

（1）直线标注 直线标注包括线性标注、对齐标注、基线标注和连续标注。

◆ 线性标注：线性标注是测量两点间的直线距离。按尺寸线的放置可分为水平标注、垂直标注和旋转标注三个基本类型。

◆ 对齐标注：对齐标注是创建尺寸线平行于尺寸界线起点的线性标注。

◆ 基线标注：基线标注是创建一系列的线性、角度或者坐标标注，每个标注都从相同原点测量出来。

◆ 连续标注：连续标注是创建一系列连续的线性、对齐、角度或者坐标标注，每个标注都是从前一个或者最后一个选定的标注的第二尺寸界线处创建，共享公共的尺寸界线。

（2）角度标注 角度标注用于测量角度。

（3）径向标注 径向标注包括半径标注、直径标注和弧长标注。

◆ 半径标注：半径标注是用于测量圆和圆弧的半径。

◆ 直径标注：直径标注是用于测量圆和圆弧的直径。

◆ 弧长标注：弧长标注是用于测量圆弧的长度，它是 AutoCAD 2014 新增功能。

（4）坐标标注 使用坐标系中相互垂直的 X 和 Y 坐标轴作为参考线，依据参考线标注给定位置的 X 或者 Y 坐标值。

（5）引线标注 引线标注用于创建注释和引线，将文字和对象在视觉上链接在一起。

（6）公差标注 公差标注用于创建形位公差标注。

（7）中心标注 中心标注用于创建圆心和中心线，指出圆或者是圆弧的中心。

（8）快速标注 快速标注是通过一次选择多个对象，创建标注排列。例如：基线、连续和坐标标注。

10.2 尺寸标注样式设置

10.2.1 创建尺寸样式

缺省情况下，在 AutoCAD 中创建尺寸标注时使用的尺寸标注样式是"ISO-25"，用户可以根据需要创建一种新的尺寸标注样式。

AutoCAD 提供的"标注样式"命令即可用来创建尺寸标注样式。启用"标注样式"命令后，系统将弹出【标注样式】对话框，从中可以创建或调用已有的尺寸标注样式。在创建新的尺寸标注样式时，用户需要设置尺寸标注样式的名称，并选择相应的属性。

启用"标注样式"命令有三种方法。

- 选择→【格式】→【标注样式】菜单命令。
- 单击【样式】工具栏中的【标注样式管理器】按钮。
- 输入命令：DIMSTYLE。

启用"标注样式"命令后，系统弹出如图 10-3 所示的【标注样式管理器】对话框，各选项功能如下。

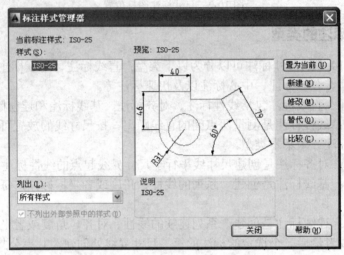

图 10-3 【标注样式管理器】对话框

- 【样式】选项：显示当前图形文件中已定义的所有尺寸标注样式。
- 【预览】选项：显示当前尺寸标注样式设置的各种特征参数的最终效果图。
- 【列出】选项：用于控制在当前图形文件中是否全部显示所有的尺寸标注样式。
- 置为当前(U) 按钮：用于设置当前标注样式。对每一种新建立的标注样式或对原样式的修改后，均要置为当前设置才有效。
- 新建(N)... 按钮：用于创建新的标注样式。
- 修改(M)... 按钮：用于修改已有标注样式中的某些尺寸变量。
- 替代(O)... 按钮：用于创建临时的标注样式。当采用临时标注样式标注某一尺寸后，再继续采用原来的标注样式标注其他尺寸时，其标注效果不受临时标注样式的影响。
- 比较(C)... 按钮：用于比较不同标注样式中不相同的尺寸变量，并用列表的形式显示出来。

创建尺寸样式的操作步骤如下。

① 利用上述任意一种方法启用"标注样式"命令，弹出【标注样式管理器】对话框，在【样式】列表下显示了当前使用图形中已存在的标注样式，如图 10-3 所示。

② 单击新建按钮，弹出【创建新标注样式】对话框，在【新样式名】选项的文本框中输入新的样式名称；在【基础样式】选项的下拉列表中选择新标注样式是基于哪一种标注样式创建的；在【用于】选项的下拉列表中选择标注的应用范围，如应用于所有标注、半径标注、对齐标注等，如图 10-4 所示。

③ 单击继续按钮，弹出【新建标注样式】对话框，此时用户即可应用对话框中的 7 个选项卡进行设置，如图 10-5 所示。

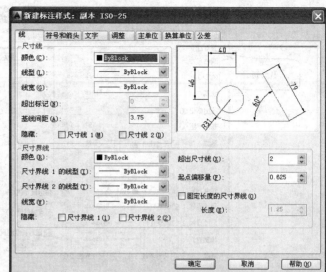

图 10-5 【新建标注样式】对话框

图 10-4 【创建新标注样式】对话框

④ 单击确定按钮，即可建立新的标注样式，其名称显示在【标注样式管理器】对话框的【样式】列表下，如图 10-6 所示。

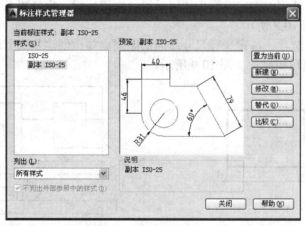

图 10-6 【标注样式管理器】对话框

⑤ 在【样式】列表内选中刚创建的标注样式，单击置为当前按钮，即可将该样式设置为当前使用的标注样式。

⑥ 单击关闭按钮，即可关闭对话框，返回绘图窗口。

10.2.2 控制尺寸线和尺寸界线

在前面创建标注样式时，在图 10-5 所示的【新建标注样式】对话框中有 7 个选项卡来设置标注的样式，在【线】选项卡中，可以对尺寸线、尺寸界线进行设置，如图 10-7 所示。

（1）调整尺寸线 在【尺寸线】选项组中可以设置影响尺寸线的一些变量。

- 【颜色】下拉列表框：用于选择尺寸线的颜色。
- 【线型】下拉列表框：用于选择尺寸线的线型，正常选择为连续直线。
- 【线宽】下拉列表框：用于指定尺寸线的宽度，线宽建议选择 0.13。

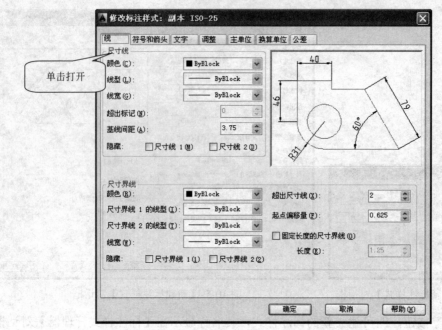

图 10-7 【尺寸线】和【尺寸界线】直线选项

- 【超出标记】选项：指定当箭头使用倾斜、建筑标记、积分和无标记时尺寸线超过尺寸界线的距离，如图 10-8 所示。
- 【基线间距】选项：决定平行尺寸线间的距离。如：创建基线型尺寸标注时，相邻尺寸线间的距离由该选项控制，如图 10-9 所示。

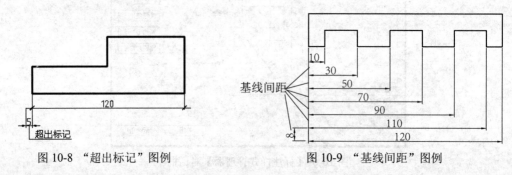

图 10-8 "超出标记"图例　　　　图 10-9 "基线间距"图例

- 【隐藏】选项：有【尺寸线 1】和【尺寸线 2】两个复选框，用于控制尺寸线两端的可见性，如图 10-10 所示。同时选中两个复选框时将不显示尺寸线。

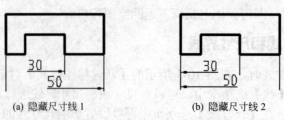

(a) 隐藏尺寸线 1　　　　(b) 隐藏尺寸线 2

图 10-10 "隐藏尺寸线"图例

（2）控制尺寸界线　在【尺寸界线】选项组中可以设置尺寸界线的外观。

- 【颜色】列表框：用于选择尺寸界线的颜色。

- 【线型尺寸界线 1 的线型】下拉列表：用于指定第一条尺寸界线的线型，正常设置为连续线。
- 【线型尺寸界线 2 的线型】下拉列表：用于指定第二条尺寸界线的线型，正常设置为连续线。
- 【线宽】列表框：用于指定尺寸界线的宽度，建议设置为 0.13。
- 【隐藏】选项：有【尺寸界线 1】和【尺寸界线 2】两个复选框，用于控制两条尺寸界线的可见性，如图 10-11 所示；当尺寸界线与图形轮廓线发生重合或与其他对象发生干涉时，可选择隐藏尺寸界线。
- 【超出尺寸线】选项：用于控制尺寸界线超出尺寸线的距离，如图 10-12 所示，通常规定尺寸界线的超出尺寸为 2～3mm，使用 1∶1 的比例绘制图形时，设置此选项为 2 或 3。

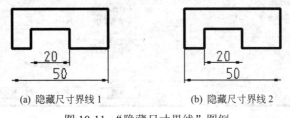

(a) 隐藏尺寸界线 1　　　　　(b) 隐藏尺寸界线 2

图 10-11　"隐藏尺寸界线"图例

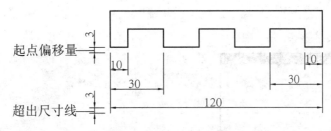

图 10-12　"超出尺寸线"和"起点偏移量"图例

- 【起点偏移量】选项：用于设置自图形中定义标注的点到尺寸界线的偏移距离，如图 10-12 所示。通常尺寸界线与标注对象间有一定的距离，能够较容易地区分尺寸标注和被标注对象。
- 【固定长度的尺寸界线】复选框：用于指定尺寸界线从尺寸线开始到标注原点的总长度。

10.2.3　控制符号和箭头

在【符号和箭头】选项卡中，可以对箭头、圆心标记、弧长符号和折弯半径标注的格式和位置进行设置，如图 10-13 所示。下面分别对箭头、圆心标记、弧长符号和半径标注、折弯的设置方法进行详细的介绍。

（1）箭头的使用　在【箭头】选项组中提供了对尺寸箭头的控制选项。
- 【第一个】下拉列表框：用于设置第一条尺寸线的箭头样式。
- 【第二个】下拉列表框：用于设置第二条尺寸线的箭头样式。当改变第一个箭头的类型时，第二个箭头将自动改变以同第一个箭头相匹配。

AutoCAD 2014 提供了 19 种标准的箭头类型，其中设置有建筑制图专用箭头类型，如图 10-14 所示，可以通过滚动条来进行选取。要指定用户定义的箭头块，可以选择【用户箭头】命令，弹出【选择自定义箭头块】对话框，选择用户定义的箭头块的名称，如图 10-15 所示，单击确定按钮即可。

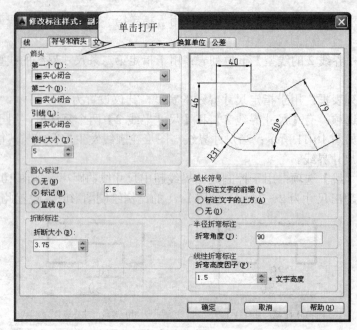

图 10-13 【符号和箭头】选项

图 10-14 19 种标准的箭头类型

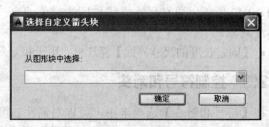

图 10-15 选择自定义箭头块

● 【引线】下拉列表框：用于设置引线标注时的箭头样式。

● 【箭头大小】选项：用于设置箭头的大小。

（2）设置圆心标记及圆中心线　在【圆心标记】选项组中提供了对圆心标记的控制选项。

● 【圆心标记】选项组:该选项组提供了【无】、【标记】和【直线】3 个单选项，可以设
置圆心标记或画中心线，效果如图 10-16 所示。

● 【折断大小】选项：显示和设定用于折断标注的间隙大小。

（3）设置弧长符号　在【弧长符号】选项组中提供了弧长标注中圆弧符号的显示控
制选项。

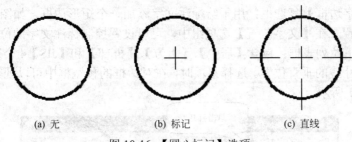

(a) 无　　　　　　　　(b) 标记　　　　　　　(c) 直线

图 10-16 【圆心标记】选项

- 【标注文字的前缀】单选项：用于将弧长符号放在标注文字的前面。
- 【标注文字的上方】单选项：用于将弧长符号放在标注文字的上方。
- 【无】单选项：用于不显示弧长符号。三种不同方式显示如图 10-17 所示。

(a) 标注文字的前缀　　　　(b) 标注文字的上方　　　　　(c) 无

图 10-17 【弧长符号】选项

（4）设置半径折弯标注　在【半径折弯标注】选项组中提供了折弯(Z 字型)半径标注的显示控制选项。

- 【折弯角度】数值框：确定用于连接半径标注的尺寸界线和尺寸线的横向直线的角度，如图 10-18 所示折弯角度为 45°。

图 10-18 "折弯角度"数值

10.2.4　控制标注文字外观和位置

在【新建标注样式】对话框的【文字】选项卡中，可以对标注文字的外观和文字的位置进行设置，如图 10-19 所示。下面对文字的外观和位置的设置进行详细的介绍。

（1）文字外观　在【文字外观】选项组中可以设置控制标注文字的格式和大小。

- 【文字样式】下拉列表框：用于选择标注文字所用的文字样式。如果需要重新创建文字样式，可以单击右侧的按钮▨▨▨，弹出【文字样式】对话框，创建新的文字样式即可。
- 【文字颜色】下拉列表框：用于设置标注文字的颜色。
- 【填充颜色】下拉列表框：用于设置标注中文字背景的颜色。
- 【文字高度】数值框：用于指定当前标注文字样式的高度。若在当前使用的文字样式中设置了文字的高度，此项输入的数值无效。
- 【分数高度比例】数值框：用于指定分数形式字符与其他字符之间的比例。只有在选择支持分数的标注格式时，才可进行设置。

- 【绘制文字边框】复选框：用于给标注文字添加一个矩形边框，如图 10-20 所示。

（2）文字位置　在【文字位置】选项组中，可以设置控制标注文字的位置。

在【垂直】下拉列表框：包含【居中】、【上方】、【外部】和【JIS】4 个选项，用于控制标注文字相对尺寸线的垂直位置。选择某项时，在对话框的预览框中可以观察到标注文字的变化，如图 10-21 所示。

图 10-19　【文字】选项

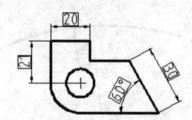

图 10-20　"绘制文字边框"图例

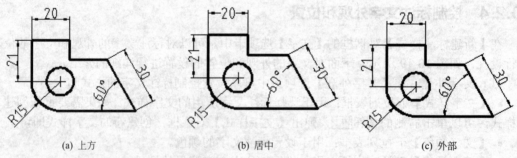

(a) 上方　　　　　　　　(b) 居中　　　　　　　　(c) 外部

图 10-21　【垂直】下拉列表框三种情况

- 【居中】选项：将标注文字放在尺寸线的两部分中间。
- 【上方】选项：将标注文字放在尺寸线上方。
- 【外部】选项：将标注文字放在尺寸线上离标注对象较远的一边。

- 【JIS】选项：按照日本工业标准"JIS"放置标注文字。

在【水平】下拉列表框：包含【居中】、【第一条尺寸界线】、【第二条尺寸界线】、【第一条尺寸界线上方】和【第二条尺寸界线上方】5 个选项，用于控制标注文字相对于尺寸线和尺寸界线的水平位置。

- 【居中】选项：把标注文字沿尺寸线放在两条尺寸界线的中间。
- 【第一条尺寸界线】选项：沿尺寸线与第一条尺寸界线左对正。
- 【第二条尺寸界线】选项：沿尺寸线与第二条尺寸界线右对正。尺寸界线与标注文字的距离是箭头大小加上文字间距之和的两倍，如图 10-22 所示。

(a) 居中　　　　　　(b) 第一条尺寸界线　　　　　(c) 第二条尺寸界线

图 10-22 【水平】下拉框的三种情况

- 【第一条尺寸界线上方】选项：沿着第一条尺寸界线放置标注文字或把标注文字放在第一条尺寸界线之上。
- 【第二条尺寸界线上方】选项：沿着第二条尺寸界线放置标注文字或把标注文字放在第二条尺寸界线之上，如图 10-23 所示。

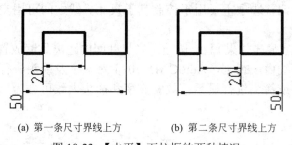

(a) 第一条尺寸界线上方　　　　　(b) 第二条尺寸界线上方

图 10-23 【水平】下拉框的两种情况

- 【从尺寸线偏移】数值框：用于设置当前文字与尺寸线之间的间距，如图 10-24 所示。AutoCAD 也将该值用作尺寸线线段所需的最小长度。

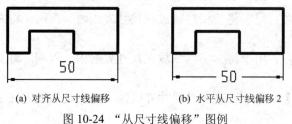

(a) 对齐从尺寸线偏移　　　　　(b) 水平从尺寸线偏移 2

图 10-24 "从尺寸线偏移"图例

注意：仅当生成的线段至少与文字间距同样长时，AutoCAD 2014 才会在尺寸界线内侧放置文字。仅当箭头、标注文字以及页边距有足够的空间容纳文字间距时，才将尺寸上方或下方的文字置于内侧。

- 【文字对齐】选项组：用于控制标注文字放在尺寸界线外边或里边时的方向，是保持水平还是与尺寸线平行。
- 【水平】单选项：将水平放置标注文本，如图 10-25 所示。
- 【与尺寸线对齐】单选项：用于设置文本文字与尺寸线对齐，如图 10-26 所示。
- 【ISO 标准】单选项：当文字在尺寸界线内时，文字与尺寸线对齐；当文字在尺寸界线外时，文字水平排列，如图 10-27 所示。

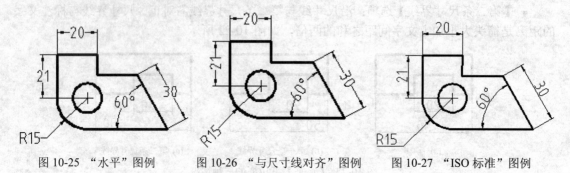

图 10-25 "水平"图例　　　图 10-26 "与尺寸线对齐"图例　　　图 10-27 "ISO 标准"图例

10.2.5　调整箭头、标注文字及尺寸线间的位置关系

在【新建标注样式】对话框的【调整】选项卡中，可以对标注文字、箭头、尺寸界线之间的位置关系进行设置，如图 10-28 所示。下面对箭头标注文字及尺寸线间位置关系的设置进行详细的说明。

（1）调整选项　调整选项主要用于控制基于尺寸界线之间可用空间的文字和箭头的位置，各项意义如下。

- 【文字或箭头（最佳效果）】单选项：当尺寸间的距离足够放置文字和箭头时，文字和箭头都放在尺寸界线内；否则，AutoCAD 2014 对文字及箭头进行综合的考虑，自动选择最佳效果移动文字或箭头进行显示；放置文字和箭头大致可分为以下几种表现形式，如图 10-29 所示。

> **特别提示：**当尺寸间的距离仅够容纳文字时，文字放在尺寸线内，箭头放在尺寸线外；当尺寸界线间的距离仅够容纳箭头时，箭头放在尺寸界线内，文字放在尺寸界线外；当尺寸界线间的距离既不够放文字又不够放箭头时，文字和箭头都放在尺寸界线外。

- 【箭头】单选项：用于将箭头尽量放在尺寸界线内。否则，将文字和箭头都放在尺寸界线外。
- 【文字】单选项：用于将文字尽量放在尺寸界线内。否则，将文字和箭头都放在尺寸界线外。
- 【文字和箭头】单选项：用于当尺寸界线间距离不足以放下文字和箭头时，文字和箭头都放在尺寸界线外。
- 【文字始终保持在尺寸界线之间】单选项：用于始终将文字放在尺寸界线之间。
- 【若箭头不能放在尺寸界线内，则消除箭头】复选框：用于如果尺寸界线内没有足够的空间，则隐藏箭头。

（2）调整文字在尺寸线上的位置　在【调整】选项下拉菜单中，【文字位置】选项用于设置标注文字从默认位置移动时，标注文字的位置，各项意义如下。

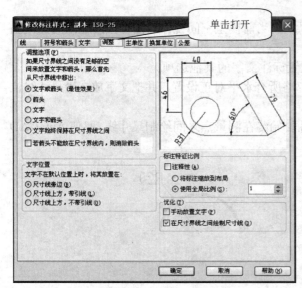

图 10-28 【调整】选项

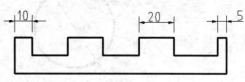

图 10-29 "放置文字和箭头"效果

- 【尺寸线旁边】单选项：用于将标注文字放在尺寸线旁边。
- 【尺寸线上方，带引线】单选项：如果文字移动到远离尺寸线处，AutoCAD 创建一条从文字到尺寸线的引线；但文字靠近尺寸线时，AutoCAD 将省略引线。
- 【尺寸线上方，不带引线】单选项：用于在移动文字时保持尺寸线的位置。远离尺寸线的文字不与引线的尺寸线相连。

以上三种情况显示效果如图 10-30 所示。

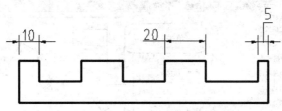

图 10-30 调整文字在尺寸线上的位置

（3）调整标注特征的比例 在【调整】选项下拉菜单中，【标注特征比例】选项组用于设置全局标注比例值或图纸空间比例。

- 【使用全局比例】单选项：可以为所有标注样式设置一个比例，指定大小、距离或间距，包括文字和箭头大小，但并不更改标注的测量值，如图 10-31 所示。

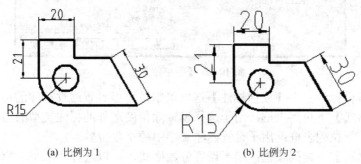

(a) 比例为 1   (b) 比例为 2

图 10-31 "使用全局比例"图例

- 【将标注缩放到布局】单选项：可以根据当前模型空间视口与图纸空间之间的比例确定比例因子。

（4）调整优化　【优化】选项组用于放置标注文字的其他选项。

- 【手动放置文字】复选框：系统将忽略所有水平对正设置，并把文字放在"尺寸线位置"提示下指定的位置。

- 【在尺寸界线之间绘制尺寸线】复选框：始终在测量点之间绘制尺寸线，即使 AutoCAD 将箭头放在测量点之外，如图 10-32 所示。

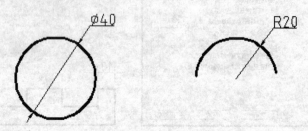

图 10-32　"在尺寸界线之间绘制尺寸线"图例

10.2.6　设置文字的主单位

在【新建标注样式】对话框的【主单位】选项卡中，可以设置主标注单位的格式和精度，并设置标注文字的前缀和后缀，如图 10-33 所示。下面对【线性标注】和【角度标注】的设置进行详细的介绍。

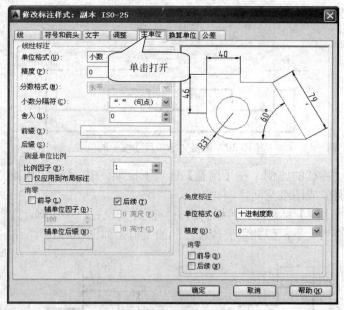

图 10-33　【主单位】选项

（1）设置线性标注　在【线性标注】选项组中，可以设置线性标注的格式和精度。

- 【单位格式】下拉列表框：用于选择设置除角度之外的标注类型的当前单位格式。

- 【精度】下拉列表框：用于设置标注文字中的小数位数。

- 【分数格式】下拉列表框：用于设置分数格式，可以选择"水平""对角""非堆叠" 3 种方式，如图 10-34 所示。

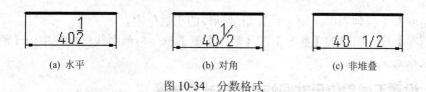

(a) 水平   (b) 对角   (c) 非堆叠

图 10-34　分数格式

- 【小数分隔符】下拉列表框：用于设置十进制格式的分隔符，如图 10-35 所示。

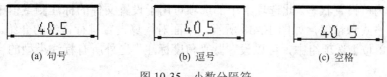

(a) 句号   (b) 逗号   (c) 空格

图 10-35　小数分隔符

- 【舍入】下拉列表框：用于除角度之外的所有标注类型设置标注测量值的舍入规则。
- 【前缀】文本框：用于为标注文字指示前缀，可以输入文字或用控制代码显示特殊符号，如图 10-36 所示。

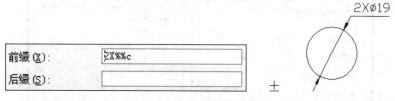

图 10-36　"前缀"设置图例

- 【后缀】文本框：用于为标注文字指示后缀，可以输入文字或用控制代码显示特殊符号，如图 10-37 所示。

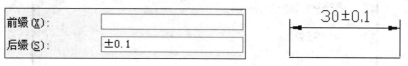

图 10-37　"后缀"设置图例

在【测量单位比例】选项组中，可以定义如下测量单位比例选项。

- 【比例因子】选项：用于设置线性标注测量值的比例因子。AutoCAD 2014 将标注测量值与此处输入的值相乘。
- 【仅应用到布局标注】复选框：仅对在布局中创建的标注应用线性比例值。这使长度比例因子可以反映模型空间视口中对象的缩放比例因子。

在【消零】选项组中，可以控制不输出前导零和后续零以及零英尺和零英寸部分。

- 【前导】复选框：不输出所有十进制标注中的前导零，例如：0.500 变成 .500。
- 【后续】复选框：不输出所有十进制标注的后续零，例如，3.50000 变成 3.5。
- 【O 英尺】复选框：用于当距离小于一英尺时，不输出"英尺-英寸型"标注中的英尺部分。
- 【O 英寸】复选框：用于当距离是整数英尺时，不输出"英尺-英寸型"标注中的英寸部分。

（2）设置角度标注　在【角度标注】选项组中，可以设置角度标注的当前角度格式。

- 【单位格式】下拉列表框：用于设置角度单位格式。

- 【精度】下拉列表框：用于设置角度标注的小数位数。

在【消零】选项组中的【前导】和【后续】复选框，与前面线性标注中的【消零】选项组中的复选框意义相同。

10.2.7 设置不同单位尺寸间的换算格式及精度

在【新建标注样式】对话框的【换算单位】选项卡中，选择【显示换算单位】复选框，当前对话框变为可设置状态。此选项卡中的选项可用于设置文件的标注测量值中换算单位的显示并设置其格式和精度，如图10-38所示。下面对换算设置进行详细的介绍。

在【换算单位】选项组中，可以设置除"角度标注"之外所有标注类型的当前换算单位格式。

- 【单位格式】下拉列表框：用于设置换算单位的格式。
- 【精度】下拉列表框：用于设置换算单位中的小数位数。

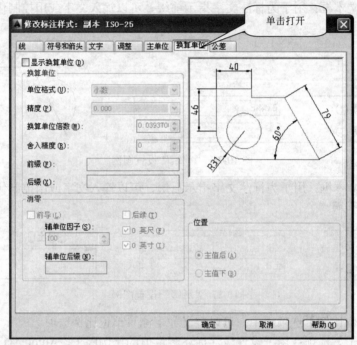

图10-38 【换算单位】选项

- 【换算单位倍数】数值框：用于指定一个倍数作为主单位和换算单位之间的换算因子，长度缩放比例将改变缺省的测量值。此选项的设置对角度标注没有影响，也不用于舍入或者加减公差值。
- 【舍入精度】数值框：用于设置除角度之外的所有标注类型的换算单位的舍入规则。
- 【前缀】文本框：为换算标注文字指示前缀。
- 【后缀】文本框：在换算标注文字中包含后缀。

在【消零】选项组中选择【前导】或【后续】复选项，设置控制不输出前导零和后续零以及零英尺和零英寸部分。

在【位置】选项组中，可以设置换算单位标注上的显示位置，选择【主值后】单选项时，换算单位将显示在主单位之后；选择【主值下】单选项时，换算单位将显示在主单位下面。

10.2.8 设置尺寸公差

在【新建标注样式】对话框的【公差】选项卡中，可以设置标注文字中公差的格式及显示，如图 10-39 所示。下面对公差的格式及偏差设置进行详细说明。

在【公差】选项组中，可以设置公差格式：

①【方式】列表框：包括【无】、【对称】、【极限偏差】、【极限尺寸】和【基本尺寸】5个选项，用于设置公差的计算方法和表现方式，如图 10-40 所示。

在【方式】列表框中，各项的意义如下：

- 【无】选项：不添加公差，如果选择了该选项，在整个公差选项组全部为灰色，表示不能进行设置。

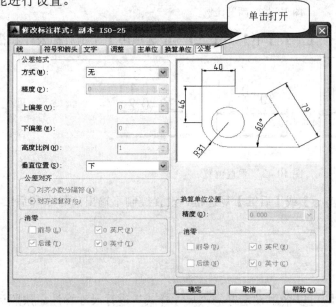

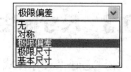

图 10-39 【公差】选项　　　　　　　　　　图 10-40 【方式】列表框

- 【对称】选项：用于添加公差的正负表达式，AutoCAD 将单个变量值应用到标注的测量值。可在【上偏差】数值框中输入公差值，表达式将以"±"号连接数值。
- 【极限偏差】选项：添加正负公差的表达式。可以将不同的正负变量值应用到标注测量值。正号"+"表示在【上偏差】数值框中输入的公差值；负号"−"表示在【下偏差】数值框中输入的公差值。
- 【极限尺寸】选项：用于创建最大值和最小值的极限标注，上面是最大值，等于标注值加上在【上偏差】数值框中输入的值；下面是最小值，等于标注值减去在【下偏差】数值框中输入的值。
- 【基本尺寸】选项：在整个标注范围周围绘制一个框。

以上 5 种情况显示效果如图 10-41 所示。

(a) 无　　　(b) 对称　　　(c) 极限偏差　　　(d) 极限尺寸　　　(e) 基本尺寸

图 10-41 公差的 5 种方式

②【精度】列表框：用于设置小数位数。

③【上偏差】数值框：用于设置最大公差或上偏差。当在【方式】选项中选择【对称】时，AutoCAD 2014 将该值用作公差。

④【下偏差】数值框：用于设置最小公差或下偏差。

⑤【高度比例】数值框：用于设置公差文字的高度，如图 10-42 所示。

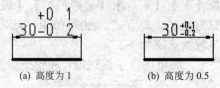

(a) 高度为1   (b) 高度为0.5

图 10-42　高度比例

⑥【垂直位置】列表框：包括【上】、【中】和【下】3 个选项用于控制对称公差和极限公差的文字对正，如图 10-43 所示。

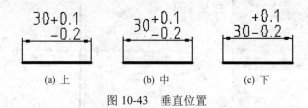

(a) 上   (b) 中   (c) 下

图 10-43　垂直位置

在【消零】选项组中选择【前导】或【后续】复选框，设置控制不输出前导零和后续零，以及零英尺和零英寸部分。

10.3　尺寸标注

在设定好"尺寸样式"后，即可以采用设定好的"尺寸样式"进行尺寸标注。按照标注尺寸的类型，可以将尺寸分成长度尺寸、半径、直径、坐标、指引线、圆心标记等，按照标注的方式，可以将尺寸分成水平、垂直、对齐、连续、基线等。下面按照不同的标注方法介绍标注命令。

10.3.1　线性尺寸标注

线性尺寸标注指可以通过指定两点之间的水平或垂直距离尺寸,也可以是旋转一定角度的直线尺寸。定义可以通过指定两点、选择直线或圆弧等能够识别两个端点的对象来确定。

启用"线性尺寸"标注命令有三种方法。

- 选择→【标注】→【线性】菜单命令。
- 单击标注工具栏上的【线性标注】按钮 ⊢→⊣。
- 输入命令：DIMLINEAR。

启用线性标注命令后，命令行提示如下：

命令: _dimlinear

指定第一条尺寸界线原点或 <选择对象>:

指定第二条尺寸界线原点:

指定尺寸线位置或[多行文字(M)/文字(T)/角度(A)/水平(H)/垂直(V)/旋转(R)]:

其中的参数:

- 【指定第一条尺寸界线的原点】选项:定义第一条尺寸界线的位置,如果直接按【Enter】键,则出现选择对象的提示。
- 【指定第二条尺寸界线原点】选项:在定义了第一条尺寸界线起点后,定义第二条尺寸界线的位置。
- 【选择对象】选项:选择对象来定义线性尺寸的大小。
- 【多行文字(M)】选项:用于打开【文字格式】对话框和【文字输入】框,如图10-44所示,标注的文字是自动测量得到的数值。

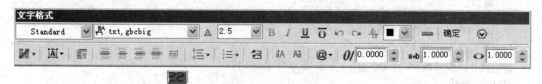

图10-44 "多行文字"标注尺寸

- 【文字(T)】选项:用于设置尺寸标注中的文本值。
- 【角度(A)】选项:用于设置尺寸标注中的文本数字的倾斜角度。
- 【水平(H)】选项:用于创建水平线性标注。
- 【垂直(V)】选项:用于创建垂直线性标注。
- 【旋转(R)】选项:用于创建旋转一定角度的尺寸。

【例】给图10-45标注边长尺寸。

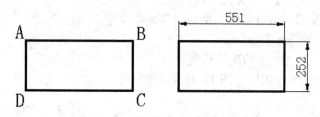

图10-45 "线性尺寸标注"图例

命令:_dimlinear   //启用线性标注命令

指定第一条尺寸界线原点或 <选择对象>:<对象捕捉 开>   //单击A点

指定第二条尺寸界线原点: //单击B点

指定尺寸线位置或[多行文字(M)/文字(T)/角度(A)/水平(H)/垂直(V)/旋转(R)]:

                              //在AB上方单击一点

标注文字 551

命令:_dimlinear   //按【Enter】键,重复标注

指定第一条尺寸界线原点或 <选择对象>:   //单击B点

指定第二条尺寸界线原点: //单击C点

指定尺寸线位置或[多行文字(M)/文字(T)/角度(A)/水平(H)/垂直(V)/旋转(R)]:

                              //在BC右侧单击一点

标注文字 252

结果如图10-45所示。

10.3.2 对齐标注

对倾斜的对象进行标注时，可以使用【对齐】命令。对齐尺寸的特点是尺寸线平行于倾斜的标注对象。

启用"对齐"命令有三种方法。

- 选择→【标注】→【对齐】菜单命令。
- 单击【标注】工具栏中的【对齐标注】按钮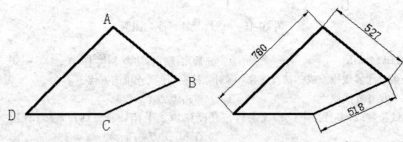。
- 输入命令：DIMALIGNED。

启用对齐标注命令后，命令行提示如下：

命令：_dimaligned
指定第一条尺寸界线原点或<选择对象>：
指定第二条尺寸界线原点：
指定尺寸线位置或[多行文字(M)/文字(T)/角度(A)]：

其中的参数：

- 【指定第一条尺寸界线起点】：定义第一条尺寸界线的起点。如果直接回车，则出现"选择标注对象"的提示，不出现"指定第二条尺寸界线起点"的提示。如果定义了第一条尺寸界线的起点，则要求定义第二条尺寸界线的起点。
- 【指定第二条尺寸界线原点】：在定义了第一条尺寸界线起点后，定义第二条尺寸界线的位置。
- 【选择标注对象】：如果不定义第一条尺寸界线起点，则选择标注的对象来确定两条尺寸界线。
- 【指定尺寸线位置】：定义尺寸线的位置。
- 【多行文字(M)】：通过多行文字编辑器输入文字。
- 【文字(T)】：输入单行文字。
- 【角度(A)】：定义文字的旋转角度。

【例】采用对齐标注方式标注图 10-46 所示的边长。

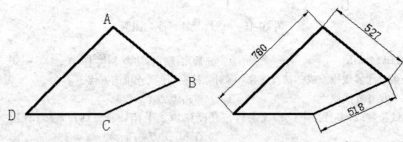

图 10-46 "对齐标注"图例

命令：_dimaligned   //启用对齐标注命令
指定第一条尺寸界线原点或 <选择对象>：   //单击 A 点
指定第二条尺寸界线原点：   //单击 B 点
指定尺寸线位置或[多行文字(M)/文字(T)/角度(A)]：   //在直线 ABC 外侧单击一点
标注文字 527
命令：_dimlinear   //按【Enter】键，重复标注
指定第一条尺寸界线原点或 <选择对象>：   //单击 B 点

AutoCAD 2014 中文版电气制图教程

指定第二条尺寸界线原点：	//单击 C 点
指定尺寸线位置或[多行文字(M)/文字(T)/角度(A)]：	//在直线 BC 外侧单击一点
标注文字 518	
命令：_dimaligned	//按【Enter】键，重复标注
指定第一条尺寸界线原点或 <选择对象>：	//按【Enter】键，选择对象
选择标注对象：	//单击直线 AD
指定尺寸线位置或[多行文字(M)/文字(T)/角度(A)]：	//在直线 AD 外侧单击一点
标注文字 780	

结果如图 10-46 所示。

10.3.3 坐标标注

坐标标注是标注图形对象某点,相对于坐标原点的 X 坐标值或 Y 坐标值。

启用坐标标注命令有三种方法。

- 选择→【标注】→【坐标】菜单命令。
- 单击【标注】工具栏上的【坐标标注】按钮。
- 输入命令：Dor(Dimordinate)。

启用坐标命令后，命令行提示如下：

指定点坐标：

拾取要标注的点（如图 10-47 所示的圆的中心）。AutoCAD 搜索对象上的一些重要的几何特征点（如交点、端点、圆心等），在拾取标注点时要用对象捕捉功能。指定的点，决定了正交线的原点（在正交模式下），引线指向要标注尺寸的特征。命令行提示：

指定引线端点或[X 基准(x)Ⅳ基准(Y)/多行文字(M)/文字(T)/角度(A)]：

指定一点或单击右键，从弹出的快捷菜单中选择所需要的选项，即完成坐标标注。

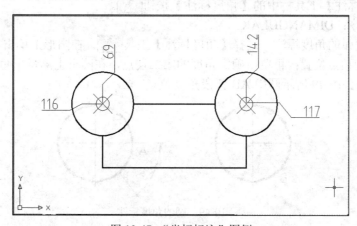

图 10-47 "坐标标注" 图例

10.3.4 弧长标注

弧长尺寸标注是 AutoCAD 2014 新增的功能，用于测量圆弧或多段线弧线段上的距离。

启用"弧长标注"命令有三种方法。

- 选择→【标注】→【弧长】菜单命令。
- 单击【标注】工具栏中的【弧长】按钮。
- 输入命令：DIMARO。

选择【弧长】工具 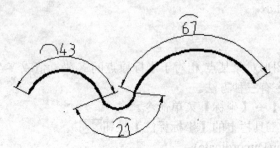，光标变为拾取框，选择圆弧对象后，系统自动生成弧长标注，只需移动鼠标确定尺寸线的位置即可，效果如图 10-48 所示。

命令：_dimarc   //启用弧长标注命令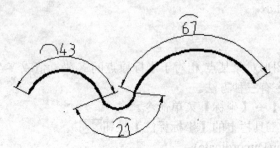

选择弧线段或多段线弧线段：   //鼠标单击圆弧

指定弧长标注位置或 [多行文字(M)/文字(T)/角度(A)/部分(P)/]：

                                          //移动鼠标，单击确定位置

标注文字=43

结果如图 10-48 所示。

图 10-48 "弧长标注"图例

10.3.5 角度标注

角度尺寸标注用于标注圆或圆弧的角度、两条非平行直线间的角度、3 点之间的角。AutoCAD 提供了"角度"命令，用于创建角度尺寸标注。

启用"角度"命令有三种方法。

- 选择→【标注】→【角度】菜单命令。
- 单击【标注】工具栏中的【角度标注】按钮 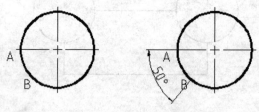。
- 输入命令：DIMANGULAR。

（1）圆或圆弧的角度标注 选择【角度标注】工具 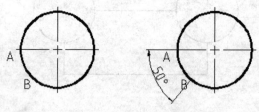，在圆形上单击，选中圆形的同时，确定角度的顶点位置；再单击确定角度的第二端点，在圆形上测量出角度的大小。

【例】标注图 10-49 所示圆中 AB 弧段角度值。

图 10-49 圆的角度标注

命令：_dimangular   //启用角度标注命令

选择圆弧、圆、直线或 <指定顶点>：   //单击圆的 B 点位置

指定角的第二个端点：   //单击圆的 A 点位置

指定标注弧线位置或 [多行文字(M)/文字(T)/角度(A)]：   //移动鼠标，单击确定位置

标注文字 =50

选择【角度标注】工具 标注圆弧的角度时，选择圆弧对象后，系统自动生成角度标注，只需移动鼠标确定尺寸线的位置即可，效果如图 10-50 所示。

（2）两条非平行直线间的角度标注 使用【角度标注】工具 ，测量非平行直线间夹

角的角度时，AutoCAD 2014 将两条直线作为角的边，直线之间的交点作为角度顶点来确定角度。如果尺寸线不与被标注的直线相交，AutoCAD 2014 将根据需要通过延长一条或两条直线来添加尺寸界线；该尺寸线的张角始终小于 180°，角度标注的位置由鼠标的位置来确定。

【例】标注图 10-51 所示的角的不同方向尺寸。

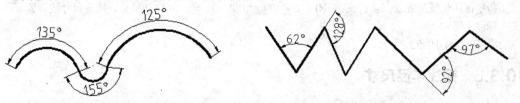

图 10-50 "圆弧角度标注"图例　　　　　　　图 10-51 直线间角度的标注

命令：_dimangular　　　　　　　　　　　　　　　//启用角度标注命令🔺
选择圆弧、圆、直线或 <指定顶点>：　　　　　　//单击锐角的一个边
选择第二条直线：　　　　　　　　　　　　　　　//单击锐角的另一个边
指定标注弧线位置或 [多行文字(M)/文字(T)/角度(A)]：　//移动鼠标到正上方,确定位置
标注文字=62

命令：_dimangular　　　　　　　　　　　　　　　//按【Enter】键,重复标注
选择圆弧、圆、直线或 <指定顶点>：　　　　　　//单击锐角的一个边
选择第二条直线：　　　　　　　　　　　　　　　//单击锐角的另一个边
指定标注弧线位置或 [多行文字(M)/文字(T)/角度(A)]：　//移动鼠标到左下方,确定位置
标注文字=128

命令：_dimangular　　　　　　　　　　　　　　　//启用角度标注命令🔺
选择圆弧、圆、直线或 <指定顶点>：　　　　　　//单击锐角的一个边
选择第二条直线：　　　　　　　　　　　　　　　//单击锐角的另一个边
指定标注弧线位置或 [多行文字(M)/文字(T)/角度(A)]：　//移动鼠标到右下方,确定位置
标注文字=92

命令：_dimangular　　　　　　　　　　　　　　　//按【Enter】键,重复标注
选择圆弧、圆、直线或 <指定顶点>：　　　　　　//单击锐角的一个边
选择第二条直线：　　　　　　　　　　　　　　　//单击锐角的另一个边
指定标注弧线位置或 [多行文字(M)/文字(T)/角度(A)]：　//移动鼠标到正下方,确定位置
标注文字=97

结果如图 10-51 所示。

（3）三点之间的角度标注　使用"角度标注"命令🔺，测量自定义顶点及两个端点组成的角度时，角度顶点可以同时为一个角度端点；如果需要尺寸界线，那么角度端点可用作尺寸界线的起点，尺寸界线从角度端点绘制到尺寸线交点；尺寸界线之间绘制的圆弧为尺寸线。

【例】标注图 10-52 所示∠AOB 的值。

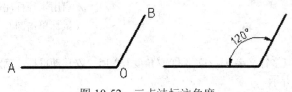

图 10-52　三点法标注角度

命令:_dimangular   // 启用角度标注命令 🛆

选择圆弧、圆、直线或<指定顶点>:   // 按【Enter】键，选择三点法

指定角的顶点:<对象捕捉 开>   // 单击 O 点，确定顶点

指定角的第一个端点: // 单击 A 点，确定第一个端点

指定角的第二个端点: // 单击 B 点，确定第二个端点

指定标注弧线位置或 [多行文字(M)/文字(T)/角度(A)]:   // 移动鼠标，确定尺寸线位置

标注文字=120

结果如图 10-52 所示。

10.3.6 标注半径尺寸

半径标注是由一条具有指向圆或圆弧的箭头的半径尺寸线组成，测量圆或圆弧半径时，自动生成的标注文字前将显示一个表示半径长度的字母"R"。

启用"半径标注"命令有三种方法。

- 选择→【标注】→【半径】菜单命令。
- 单击【标注】工具栏中的【半径标注】按钮 🚫。
- 输入命令: DIMRADIUS。

启用"半径标注"命令后，命令行提示如下:

命令:_dimradius

选择圆弧或圆:

标注文字=XX

指定尺寸线位置或 [多行文字(M)/文字(T)/角度(A)]:

其中的参数:

- 【选择圆弧或圆】: 选择标注半径的对象。
- 【指定尺寸线位置】: 定义尺寸线的位置，尺寸线通过圆心。确定尺寸线的位置的拾取点对文字的位置有影响，和尺寸样式对话框中文字、直线、箭头的设置有关。
- 【多行文字(M)】: 通过多行文字编辑器输入标注文字。
- 【文字(T)】: 输入单行文字。
- 【角度(A)】: 定义文字旋转角度。

【例】标注图 10-53 所示圆弧和圆的半径尺寸。

命令:_dimradius   // 启用半径标注命令 🚫

选择圆弧或圆: // 鼠标单击圆弧 AB

标注文字=31

指定尺寸线位置或 [多行文字(M)/文字(T)/角度(A)]:   // 移动鼠标，确定尺寸数字位置

命令:_dimradius   // 启用半径标注命令 🚫

选择圆弧或圆: // 鼠标单击圆弧 CD

标注文字=42

指定尺寸线位置或 [多行文字(M)/文字(T)/角度(A)]:   // 移动鼠标，确定尺寸数字位置

命令:_dimradius   // 启用半径标注命令 🚫

选择圆弧或圆: // 鼠标单击圆 O

标注文字=19

指定尺寸线位置或 [多行文字(M)/文字(T)/角度(A)]:   // 移动鼠标，确定尺寸数字位置

结果如图 10-53 所示。

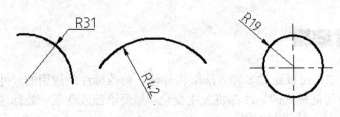

图 10-53 "半径标注"图例

10.3.7 标注直径尺寸

与圆或圆弧半径的标注方法相似。

启用"直径标注"命令有三种方法。

- 选择→【标注】→【直径】菜单命令。
- 单击【标注】工具栏中的【直径标注】按钮 ![icon]。
- 输入命令：DIMDIAMETER。

启用"直径标注"命令后，命令行提示如下：

命令：_dimdiameter

选择圆弧或圆：

标注文字=XX

指定尺寸线位置或〔多行文字(M)/文字(T)/角度(A)〕：

其中的参数：

- 【选择圆弧或圆】：选择标注直径的对象。
- 【指定尺寸线位置】：定义尺寸线的位置，尺寸线通过圆心。确定尺寸线的位置的拾取点对文字的位置有影响，和尺寸样式对话框中文字、直线、箭头的设置有关。
- 【多行文字(M)】：通过多行文字编辑器输入标注文字。
- 【文字(T)】：输入单行文字。
- 【角度(A)】：定义文字旋转角度。

【例】标注图 10-54 所示圆和圆弧的直径。

命令：_dimdiameter	//启用直径标注命令 ![icon]
选择圆弧或圆：	//鼠标单击圆
标注文字=55	
指定尺寸线位置或[多行文字(M)/文字(T)/角度(A)]：	//移动鼠标，确定尺寸数字位置
命令：_dimdiameter	//按【Enter】键，重复标注命令
选择圆弧或圆：	//鼠标单击圆弧
标注文字=35	
指定尺寸线位置或〔多行文字(M)/文字(T)/角度(A)〕：	//移动鼠标，确定尺寸数字位置

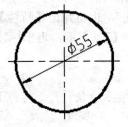

图 10-54 "直径标注"图例

10.4 尺寸编辑

在 AutoCAD 中，可以通过多种方法编辑标注。修改标注所应用的尺寸样式可以改变尺寸样式，但所有应用此样式的标注都将发生变化；想要单独改变某一处标注尺寸的外观和文字时，可以通过多种方法进行编辑。

10.4.1　编辑标注文字

在尺寸标注中，如果仅仅想对标注文字进行编辑，有以下两种方法。

（1）利用【多行文字编辑器】对话框进行编辑　选中需要修改的尺寸标注，选择→【修改】→【对象】→【文字】→【编辑】菜单命令，系统将打开【多行文字编辑器】对话框，淡蓝色文本表示当前的标注文字，可以修改或添加其他字符，如图 10-55 所示，单击确定按钮，修改的效果如图 10-56 所示。

图 10-55　使用【多行文字编辑器】对话框进行编辑

(a) 修改前　　　　　　(b) 修改文字高度　　　　　　(c) 修改文字大小

图 10-56　修改的效果图例

（2）使用【对象特性管理器】进行编辑　选择→【工具】→【选项板】→【特性】菜单命令，打开【特性】对话框，选择需要修改的标注，拖动对话框的滑块到对话框的文字特性的控制区域，单击激活【文字替代】文本框，输入需要替代的文字。或者是先选择要编辑的尺寸,然后鼠标右击，在光标菜单中选择"特性"，也将弹出【特性】对话框，如图 10-57 所示。按键盘中的【Enter】键确认，按键盘中的【Esc】键，退出标注的选择状态，标注的修改效果如图 10-58 所示。

> **技巧：**若想将标注文字的样式还原为实际测量值，可直接将【文字替代】文本框中输入的文字删除。

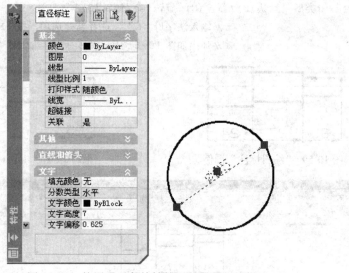

图 10-57　使用【对象特性管理器】进行编辑

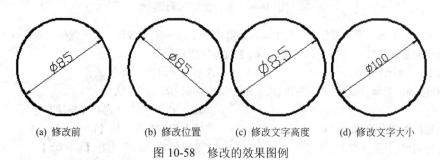

(a) 修改前　　　　(b) 修改位置　　　　(c) 修改文字高度　　　(d) 修改文字大小

图 10-58　修改的效果图例

10.4.2　编辑标注

用于改变已标注文本的内容、转角、位置，同时还可以改变尺寸界线与尺寸线的相对倾斜角。

启用"编辑标注"命令有三种方法。

- 选择→【标注】→【对齐标注】→【默认】菜单命令。
- 单击【标注】工具栏上的【编辑标注】按钮 【A】。
- 输入命令：DED（DIMEDIT）。

启用"编辑标注"命令后，命令行提示如下：

命令：_dimedit

输入标注编辑类型〔默认(H)/新建(N)/旋转(R)/倾斜(O)〕<默认>：

其中的参数：

- 【默认(H)】：修改指定的尺寸文字到缺省位置，即回到原始点。
- 【新建(N)】：通过多行文字编辑器输入新的文字。
- 【旋转(R)】：按指定的角度旋转文字。
- 【倾斜(O)】：将尺寸界线倾斜指定的角度。
- 【选择对象】：选择要修改的尺寸对象。

【例】将图 10-59 所示的尺寸标注修改成图 10-60 所示的尺寸标注形式。

操作步骤如下：

① 命令：_dimedit　　　　　　//启用编辑标注命令 【A】

输入标注编辑类型〔默认(H)/新建(N)/旋转(R)/倾斜(O)〕<默认>:N
　　　　　　　　　　　　//输入法字母"N"，选择新建选项，按【Enter】，
　　　　　　　　　　　　//弹出如图 10-61 所示"多行文字编辑器"

 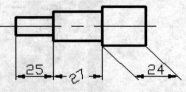

图 10-59 "编辑标注"图例　　　　　　图 10-60 "编辑标注"图例

图 10-61　多行文字编辑器

② 在多行文字编辑器的蓝色文本框中输入新值"25"，按 确定 按钮，此时光标变为拾取"小方框"
③ 选择要新建的尺寸"21"，按【Enter】键，完成新建尺寸修改。
④ 命令：_dimedit　　　　　　　　　//启用编辑标注命令 A
输入标注编辑类型〔默认(H)/新建(N)/旋转(R)/倾斜(O)〕<默认>:R
　　　　　　　　　　　　　　　　　//输入字母"R"，选择【旋转】选项
⑤ 指定标注文字的角度:30　　　　　　//输入旋转角度，按【Enter】
⑥ 选择对象:找到 1 个　　　　　　　//选择尺寸"27"，按【Enter】
⑦ 命令：_dimedit　　　　　　　　　//启用编辑标注命令 A
输入标注编辑类型〔默认(H)/新建(N)/旋转(R)/倾斜(O)〕<默认>:O
⑧ 选择对象:找到 1 个　　　　　　　//输入字母"O"，选择【倾斜】选项
⑨ 输入倾斜角度（按 ENTER 表示无）:-45　//输入倾斜角度，按【Enter】
结果如图 10-86 所示。

10.4.3　尺寸文本位置修改

尺寸文本位置有时会根据图形的具体情况不同适当调整。如覆盖了图线或尺寸文本相互重叠等。对尺寸文本位置的修改，不仅可以通过夹点直观修改，而且可以使用 DIMTEDIT 命令进行精确修改。

启用"尺寸文本位置修改"命令有三种方法。

- 选择→【标注】→【对齐标注】→【默认、角度、左、中、右】菜单命令。
- 单击标注工具栏上的【编辑标注文字】按钮 。
- 输入命令：DIMTEDIT。

启用尺寸文本位置修改命令后，命令行提示如下：

命令：_dimtedit
选择标注：
指定标注文字的新位置或〔左(L)/右(R)/中心(C)/默认(H)/角度(A)〕：
命令：DIMTEDIT。
其中的参数：

- 【选择标注】：选择标注的尺寸进行修改。
- 【指定标注文字的新位置】：在屏幕上指定文字的新位置。
- 【左(L)】：沿尺寸线左对齐文本(对线性尺寸、半径、直径尺寸适用)。
- 【右(R)】：沿尺寸线右对齐文本(对线性尺寸、半径、直径尺寸适用)。
- 【中心(C)】：将尺寸文本放置在尺寸线的中间。
- 【缺省(H)】：放置尺寸文本在缺省位置。
- 【角度(A)】：将尺寸文本旋转指定的角度。

调整文字的各种位置如图 10-62 所示。

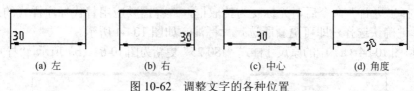

(a) 左   (b) 右   (c) 中心   (d) 角度

图 10-62　调整文字的各种位置

10.4.4　尺寸变量替换

"尺寸变量替换"可以在不影响当前尺寸类型的前提下，覆盖某一尺寸变量。要正确使用"尺寸变量替换"，应知道要修改的尺寸变量名。

启用"尺寸变量替换"命令有两种方法。

- 选择→【标注】→【替代】菜单命令。
- 输入命令：DIMOVERRIDE。

启用"尺寸变量替换"命令后，命令提示如下：

命令：DIMOVERRIDE

输入要替代的标注变量名或[清除替代(C)]：

输入标注变量的新值<XXI>：XX2

输入要替代的标注变量名：

输入要替代的标注变量名或[清除替代(C)]：c

选择对象：

其中的参数：

- 【输入要替代的标注变量名】：输入欲替代的尺寸变量名。
- 【清除替代(C)】：清除替代，恢复原来的变量值。
- 【选择对象】：选择修改的尺寸对象。

【例】采用尺寸变量覆盖的方式将图 10-63 中的尺寸 78 字高由 3 改为 5。

命令：_dimoverride	//启用"替代"命令
输入要替代的标注变量名或 [清除替代(C)]：dimtxt	//输入"覆盖变量"
输入标注变量的新值 <3.0000>：5	//输入新的变量
输入要替代的标注变量名：	//按【Enter】
选择对象：找到 1 个	//单击原图尺寸 78，按【Enter】

结果如图 10-63 所示。

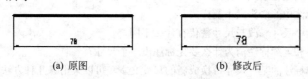

(a) 原图   (b) 修改后

图 10-63　尺寸变量替换图例

10.4.5 更新标注

在使用替代标注样式时,图形中已经存在的标注不会自动更新为替代样式,需要使用"更新"命令来更新所选标注,使它按当前替代的标注样式进行显示。

启用"更新"命令有三种方法。

- 选择→【标注】→【更新】菜单命令。
- 单击【标注】工具栏中的【标注更新】工具按钮 。
- 输入命令:DIMSTYIE。

启用选择"更新"命令后,光标变为拾取框,选择需要应用替代标注样式的尺寸标注,按【Enter】键确认选择,即可更新所选尺寸标注。如图 10-64 所示。

例如:将图 10-64 (a)中的原尺寸样式"IS0-25"更新为图 10-64 (b)所示,"样式1"形式。

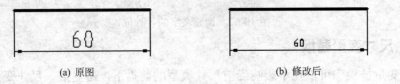

    (a) 原图   (b) 修改后

图 10-64 "更新标注"图例

命令:Dimstyle   //启用"更新"命令

当前标注样式:IS0-25

当前标注替代:

DIMTXSTY 样式1

DIMTXT 5.0000

输入标注样式选项

[保存(S)/恢复(R)/状态(ST)/变量(V)/应用(A)/?]<恢复>:_apply

选择对象:找到 1 个   //选择要更新的尺寸标注,按【Enter】键

使用"标注更新"命令后,命令行中"输入标注样式选项"提示的意义如下:

- 【保存】选项:将标注系统变量的当前设置保存到标注样式。
- 【恢复】选项:将标注系统变量设置恢复为选定标注样式的设置。
- 【状态】选项:将显示所有标注系统变量的当前值;在列出变量后,该命令结束。
- 【变量】选项:不修改当前设置,列出某个标注样式或选定标注的标注系统变量设置。
- 【应用】选项:将当前尺寸标注系统变量设置应用到选定标注对象,永久替代应用于这些对象的任何现有标注样式。

输入"?"时,命令提示区将列出当前图形中所有标注样式。

> **思考题**
>
> 1. 标注尺寸时采用的字体和文字样式是否有关?
> 2. 在 AutoCAD 中,可以使用的标注类型有哪些?
> 3. 线性尺寸标注指的是哪些尺寸标注?
> 4. 怎样修改尺寸标注中的箭头大小及样式?
> 5. 在尺寸标注过程中尺寸修改与尺寸替代有什么不同?
> 6. 在采用基线标注和连续标注前为什么要先标注出一个尺寸?
> 7. 如果将图形中已标注的某一尺寸替换成新的尺寸文本,可以采用哪几种方法?
> 8. 怎样在【尺寸样式管理器】对话框中创建符合我国制图标准的标注样式?

练习题

1. 根据实际尺寸按 1∶1 比例绘制图 10-65 所示图形，并标注尺寸。

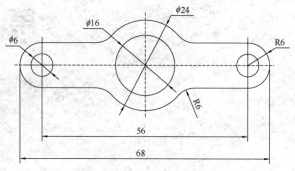

图 10-65　尺寸标注练习一

2. 设置图形界限按 1∶1 绘制如图 10-66 所示的图形，建立尺寸标注层，设置合适的尺寸标注样式完成图形。

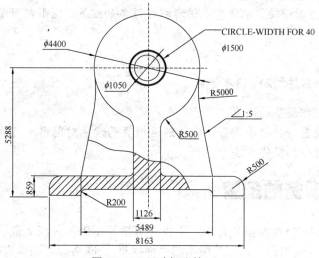

图 10-66　尺寸标注练习二

3. 根据实际尺寸，设置合适的图形界限，绘制图 10-67 所示的房屋平面示意图。设置适当的尺寸标注样式，标注尺寸。（提示：设置适当的多线样式，用多线先绘制墙体，要绘制出房屋的中线，便于标注尺寸）

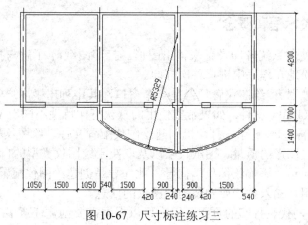

图 10-67　尺寸标注练习三

第**11**章

输出图形

本章提要

在 AutoCAD 完成绘图后，最后一步工作就是将图形打印出来。在 AutoCAD 2014 中，打印输出功能更加直观快捷。本章重点讲解打印设备的配置、图形的页面设置、图形的打印输出等内容。

通过本章学习，应达到如下基本要求。

① 熟练掌握打印设备的设置。
② 根据已经设置好的打印设备，能熟练运用页面设置对图形进行最合理的设置。
③ 掌握图形打印的操作方法。

11.1 打印设备的配置

使用和开发 AutoCAD 绘图软件包，不仅在屏幕显示出各种高质量的图形，而且要通过打印机或绘图仪正确输出，得到完整图形的"硬拷贝"，即将屏幕图像进行有形的复制。"硬拷贝"不仅指打印机或绘图仪输出的图纸，还有许多其他的形式，如幻灯片等。

要输出图形必须配备相应的打印设备。用户可根据自己的打印机或绘图仪等输出设备的型号，在 Windows 或 AutoCAD 中设置自己的输出设备。

11.1.1 打印有关术语和概念

打印图形就是使用系统打印设备来输出图形。打印图纸前，了解与打印有关的术语和概念有助于用户更轻松地在程序中进行首次打印。

◆ 【绘图仪管理器】：绘图仪管理器是一个窗口，其中列出了用户安装的所有非系统打印机的绘图仪配置（PC3）文件。如果希望使用的默认打印特性不同于 Windows 所使用的打印特性，也可以为 Windows 系统打印机创建绘图仪配置文件。绘图仪配置设置指定端口信息、光栅图形和矢量图形的质量、图纸尺寸以及取决于绘图仪类型的自定义特性。

绘图仪管理器包括"添加绘图仪"向导，此向导是创建绘图仪配置的基本工具。"添加绘图仪"向导提示用户输入关于要安装的绘图仪的信息。

◆ 【布局】：布局代表打印的页面。用户可以根据需要创建任意多个布局。每个布局都保存在自己的【布局】选项卡中，可以与不同的页面设置相关联。只在打印页面上出现的元素（例如标题栏和注释）是在布局的图纸空间中绘制的。图形中的对象是在【模型】选项卡上的模型空间创建的。要在布局中查看这些对象，请创建布局视口。

◆【页面设置】：创建布局时，需要指定绘图仪和设置（例如图纸尺寸和打印方向）。这些设置保存在页面设置中。使用页面设置管理器，可以控制布局和【模型】选项卡中的设置。可以命名并保存页面设置，以便在其他布局中使用。如果在创建布局时没有指定【页面设置】对话框中的所有设置，可以在打印之前设置页面或者在打印时替换页面设置。可以对当前打印任务临时使用新的页面设置，也可以保存新的页面设置。

◆【打印样式】：打印样式通过确定打印特性（例如线宽、颜色和填充样式）来控制对象或布局的打印方式。打印样式表中收集了多组打印样式。打印样式管理器是一个窗口，其中显示了所有可用的打印样式表。打印样式有两种类型：颜色相关和命名。一个图形只能使用一种类型的打印样式表。用户可以在两种打印样式表之间转换。也可以在设置了图形的打印样式表类型之后，修改所设置的类型。对于颜色相关打印样式表，对象的颜色确定如何对其进行打印。这些打印样式表文件的扩展名为".ctb"，不能直接为对象指定颜色相关打印样式。相反，要控制对象的打印颜色，必须修改对象的颜色。例如，图形中所有被指定为红色的对象均以相同的方式打印。命名打印样式表使用直接指定给对象和图层的打印样式。这些打印样式表文件的扩展名为".stb"。使用这些打印样式表可以使图形中的每个对象以不同颜色打印，与对象本身的颜色无关。

◆【打印戳记】：打印戳记是添加到打印的一行文字。可以在【打印戳记】对话框中指定打印中该行文字的位置。打开此选项可以将指定的打印戳记信息（包括图形名称、布局名称、日期和时间等）添加到打印设备的图形中。可以选择将打印戳记信息记录到日志文件中而不打印它，或既记录又打印。

11.1.2　设置打印机或绘图仪

（1）在 Windows 系统设置打印机　用户可以在 Windows 桌面的左下角单击【开始】→【打印机和传真】，如图 11-1 所示，系统弹出【打印机任务】对话框，如图 11-2 所示。在对话中单击【添加打印机】图标，弹出【添加打印机向导】对话框，按提示即可开始设置打印机。

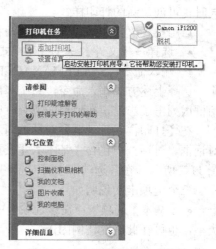

图 11-1　Windows 系统设置打印机　　　　图 11-2　【打印机任务】对话框

（2）在 AutoCAD 2014 设置绘图仪　在 AutoCAD 2014 中启用"设置绘图仪"命令有两种方法。

- 选择→【文件】→【绘图仪管理器】菜单命令。
- 输入命令：PLOTTERMANAGER。

选择上述方式输入命令，系统弹出如图 11-3 所示【绘图仪管理器】对话框。双击该图标，按对话框的提示进行绘图仪设置。

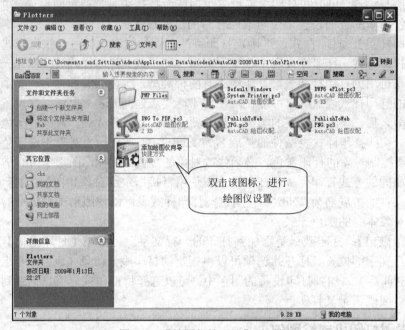

图 11-3　【绘图仪管理器】对话框

11.1.3　设置打印样式

AutoCAD 提供的打印样式可对线条颜色、线型、线宽、线条终点类型和交点类型、图形填充模式、灰度比例、打印颜色深浅等进行控制。为打印样式的编辑和管理提供了方便，同时也可创建新的打印样式。

启用设置"打印样式"命令有两种方法。

- 选择→【文件】→【打印样式管理器】菜单命令。
- 输入命令：STYLEMANAGER。

选择上述方式输入命令，系统弹出如图 11-4 所示【打印样式管理器】对话框，在此对话框内列出了当前正在使用的所有打印样式文件。

在【打印样式管理器】对话框内双击任一种打印样式文件，弹出【打印样式表编辑器】对话框。对话框中包含【基本】、【表视图】、【格式视图】三个选项卡，如图 11-5、图 11-6、图 11-7 所示。在各选项卡中可对打印样式进行重新设置。

三个选项卡的说明如下：

- 【基本】选项卡：在该选项卡中列出了打印样式表文件名、说明、版体号、位置和表类型，也可在此确定比例因子。

图 11-4 【打印样式管理器】对话框

图 11-5 【基本】选项   图 11-6 【表视图】选项

•【表视图】选项卡：在该项选项卡中，可对打印样式中的说明、颜色、线宽等进行设置。单击 编辑线宽 按钮，系统弹出如图 11-8 所示【编辑线宽】对话框。在此列表中列出了 28 种线宽，如果表中不包含所需线宽，可以单击 编辑线宽 按钮，对现有线宽进行编辑，但不能在表中添加或删除线宽。

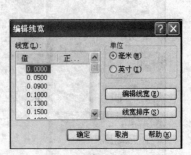

图 11-7 【格式视图】选项   图 11-8 【编辑线宽】对话框

　　• 【格式视图】选项卡：该选项卡与【表视图】选项卡内容相同，只是表现的形式不一样。在此可以对所选样式的特性进行修改。

11.2 图形输出

　　启用"打印图形"命令有三种方法。
　　• 选择→【文件】→【打印】菜单命令。
　　• 在标准工具栏中单击【打印】按钮 。
　　• 输入命令：PLOT。
　　选择以上方式输入命令，系统弹出【打印-模型】对话框，如图 11-9 所示。

图 11-9 【打印-模型】对话框

AutoCAD 2014 中文版电气制图教程

在【打印-模型】对话框中包含有【页面设置】、【打印机/绘图仪】、【图纸尺寸】、【打印区域】、【打印比例】、【打印偏移】选项。

11.2.1 页面设置

页面设置是打印设备和其他影响最终输出的外观和格式的设置的集合。可以修改这些设置并将其应用到其他布局中。

在【模型】选项卡中完成图形之后，可以通过单击布局选项卡开始创建要打印的布局。首次单击布局选项卡时，页面上将显示单一视口。虚线表示图纸中当前配置的图纸尺寸和绘图仪的打印区域。

设置布局后，可以为布局的页面设置指定各种设置，其中包含打印设备设置和其他影响输出的外观和格式的设置。页面设置中指定的各种设置和布局一起存储在图形文件中。可以随时修改页面设置中的设置。

默认情况下，每个初始化的布局都有一个与其关联的页面设置。通过在页面设置中将图纸尺寸定义为非 0×0 的任何尺寸，可以对布局进行初始化。可以将某个布局中保存的命名页面设置应用到另一个布局中。此操作将创建与第一个页面设置具有相同设置的新的页面设置。

如果希望每次创建新的图形布局时都显示页面设置管理器，可以在【选项】对话框的【显示】选项卡中选择【新建布局时显示页面设置管理器】选项。如果不需要为每个新布局都自动创建视口，可以在【选项】对话框的【显示】选项卡中清除【在新布局中创建视口】选项。

启用"页面设置"命令的方法是选择→【文件】→【页面设置管理器】菜单命令，系统将弹出如图 11-10 所示【页面设置管理器】对话框。以此对话框中，单击新建按钮，系统将弹出如图 11-11 所示【新建页面设置】对话框。以此对话框的【新页面设置名】选项中，输入要设置的名称，单击确定按钮，系统将弹出如图 11-12 所示的【页面设置-模型】对话框。

在【页面设置-模型】对话框中各选项的说明如下：

（1）打印机/绘图仪　在【打印机/绘图仪】选项中可以选择输出设备、显示输出设备名称及一些相关信息。单击特性按钮，系统弹出如图 11-13 所示【绘图仪配置编辑器】对话框。当用户需要修改图纸边缘空白区域的尺寸时，选择【修改标准图纸尺寸（可打印区域）】项，在图纸列表中指定某种图纸规格，单击修改按钮，系统弹出如图 11-14 所示【自定义图纸尺寸-可打印区域】对话框，在此输入"上、下、左、右"空白区域值，并在预览中看到空白区域的位置，单击下一步按钮，直至完成返回【页面设置-模型】对话框。

图 11-10　【页面设置管理器】对话框

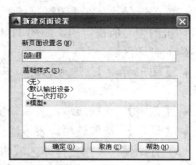

图 11-11　【新建页面设置】对话框

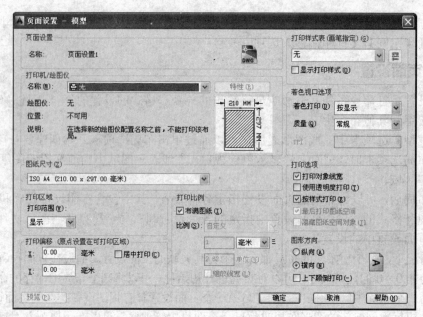

图 11-12 【页面设置-模型】对话框

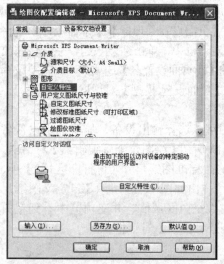

图 11-13 【绘图仪配置编辑器】对话框

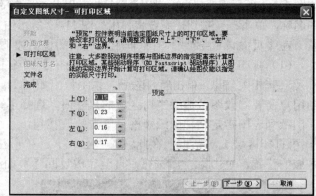

图 11-14 【自定义图纸尺寸-可打印区域】对话框

（2）打印样式表　用于选择打印样式或是新建打印文件的名称及类型。

（3）图纸尺寸　在【图纸尺寸】选项中用户可以选择图纸的大小及单位，图纸的大小是由打印机的型号所决定的，如图 11-15 所示。

（4）打印区域

- 【图形界限】：选取该项，表示输出图形界限内的图形，不打印超出图形界线的图形。
- 【范围】：选取该项，表示输出绘图区域的全部图形(包括不在当前屏幕的画面)。
- 【显示】：选取该项，表示输出当前屏幕显示的图形。

（5）打印偏移　指定打印区域相对于图纸左下角的偏移量。

- 【居中打印】：选择该项，系统会自动计算 X 和 Y 偏移值，将打印图形置于图纸正

AutoCAD 2014 中文版电气制图教程

图 11-15 【图纸尺寸】选项框

中间。

- 【X】：指定打印原点在 X 方向的偏移量。
- 【Y】：指定打印原点在 Y 方向的偏移量。

（6）打印比例　用于设置输出图形与实际绘制图形的比例。

（7）着色视口选项　指定着色和渲染视口的打印方式，并确定它们的分辨率大小和 DPI 值。

（8）打印选项　用于指定线宽、打印样式、着色打印和对象打印次序等选项。

（9）图形方向　在该项中列出了放置图形的三种位置。

- 【纵向】：表示图形相对于图纸水平放置。
- 【横向】：表示图形相对于图纸垂直放置。

- 【反向打印】：表示在确定图形，相对于图纸位置（纵向或横向）的基础上，将图形转过 180°打印。

（10）预览　单击预览按钮，将显示输出图形在图纸上的布局情况。如图 11-16 所示。

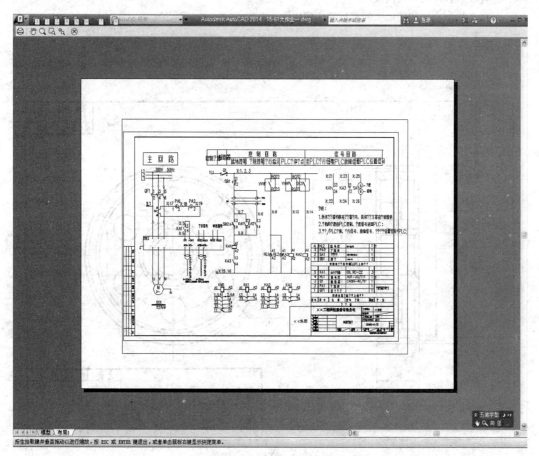

图 11-16　打印预览

11.2.2 图形输出

当图形的"页面设置"完成之后，在【打印】对话框中的其他选项【打印机/绘图仪】、【图纸尺寸】、【打印区域】、【打印比例】、【打印偏移】也已经同时设置完成，这样就可以进行图形输出。

图形输出的操作步骤如下：

（1）配置系统打印机。

（2）选择→【文件】→【页面设置管理器】菜单命令,进行页面设置。

（3）输入打印命令 ，并在弹出的【打印-模型】对话框进行检查。

（4）单击【打印-模型】对话框中的 预览 按钮进行预览。

（5）在预览过程中查看图形在图纸中的相对位置，并作进一步调整。

（6）调整后，再次预览，直至图形位置合适，单击 确定 按钮，输出图形。

思考题

1. 如何对绘制完成的图形进行页面设置？
2. 在【页面设置】对话框中的【打印区域】选项组中，怎样理解图形界线、窗口、显示选项的意义？
3. 为什么要设置障碍打印样式？如何进行设置？
4. 怎样安装打印机和绘图仪？
5. 怎样在模型空间和图纸空间进行打印输出图形？

练习题

1. 选用 A4 图纸，绘制并输出图 11-17 所示的齿轮零件图。

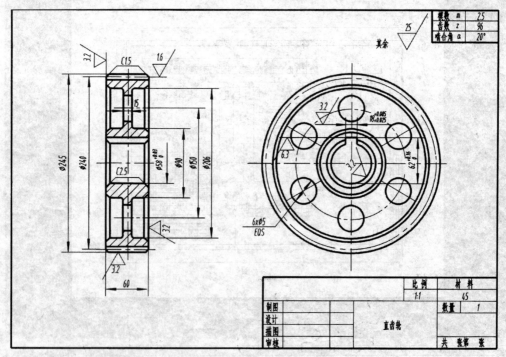

图 11-17　输出练习图例

2. 绘制图 11-18 所示图形，选择 A4 图纸输出图形。

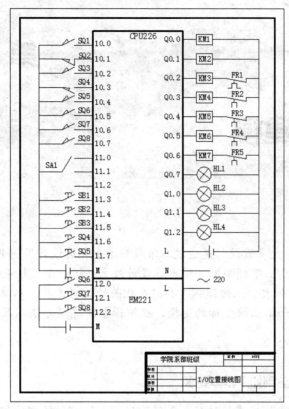

图 11-18　输出练习图例

第**12**章

三维实体建模

本章提要

虽然在实际工程中大多数设计是通过二维投影图来表达设计思想并组织施工或加工的，但有很多场合,需要建立三维模型来直观表达设计效果，进行干涉检查或构造动画模型等。AutoCAD 2014 提供了强大的三维建模工具以及相关的编辑工具。本章将围绕基础的三维绘制命令展开讲解,重点介绍三维坐标的变换、三维模型的建模方法以及三维模型的观察、三维实体的渲染等内容。

通过本章学习，应达到如下基本要求。

① 熟练掌握三维坐标的变换过程，并能运用到实体模型的创建过程中。
② 掌握实体模型的各种观察方法，做到能随时在立体和平面图形之间进行切换。
③ 熟练运用三维图形的消隐和渲染功能，创建更加逼真的实体效果。

12.1 三维坐标系

在三维空间中，图形对象上每一点的位置均是用三维坐标表示的。所谓三维坐标就是平时所说的 XYZ 空间。在 AutoCAD 中，三维坐标系分为世界坐标系和用户坐标系。

12.1.1 世界坐标系

世界坐标系的平面图标如图 12-1 所示，其 X 轴正向向右，Y 轴正向向上，Z 轴正向由屏幕指向操作者，坐标原点位于屏幕左下角。当用户从三维空间观察世界坐标系时，其图标如图 12-2 所示。

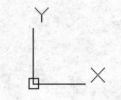

图 12-1　平面世界坐标系

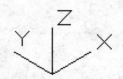

图 12-2　三维世界坐标系

在三维的世界坐标系中，其表示方法包括直角坐标、圆柱坐标以及球坐标三种形式。

（1）直角坐标　直角坐标又称为笛卡尔坐标，它是采用右手定则来确定坐标系的各方向。右手定则是将右手靠近屏幕，大拇指指向 X 轴正方向，食指指向 Y 轴正方向，然后弯曲其余 3 指，此时这 3 个手指的弯曲方向即为坐标系的 Z 轴正方向。采用右手定则还可以确定坐标轴的旋转正方向，其方法是将大拇指指向坐标轴的正方向，然后将其余 4 指弯曲，此时弯曲方向即是该坐标轴的旋转正方向。

采用直角坐标确定空间的一点位置时，需要用户指定该点的三个坐标值。绝对坐标值的输入形式是：X，Y，Z。相对坐标值的输入形式是：@X，Y，Z。

（2）圆柱坐标　采用圆柱坐标确定空间的一点位置时，需要用户指定该点在 XY 平面内的投影点与坐标系原点的距离、投影点与 X 轴的夹角以及该点的 Z 坐标值。

绝对坐标值的输入形式是：$r<\theta$，Z，其中，r 表示输入点在 XY 平面内的投影点与原点的距离，θ 表示投影点和原点的连线与 X 轴的夹角，Z 表示输入点的 Z 坐标值。

相对坐标值的输入形式是：@$r<\theta$，Z，例如："100<45,60"表示输入点在 XY 平面内的投影点到坐标系的原点有 100 个单位，该投影点和原点的连线与 X 轴的夹角为 45°，且沿 Z 轴方向有 60 个单位。

（3）球坐标　采用球坐标确定空间的一点位置时，需要用户指定该点与坐标系原点的距离、该点和坐标系原点的连线在 XY 平面上的投影与 X 轴的夹角，该点和坐标系原点的连线与 XY 平面形成的夹角。

绝对坐标值的输入形式是：$r<\theta<\Phi$，其中，r 表示输入点与坐标系原点的距离，θ 表示输入点和坐标系原点的连线在 XY 平面上的投影与 X 轴的夹角，Φ 表示输入点和坐标系原点的连线与 XY 平面形成的夹角。

相对坐标值的输入形式是：@ $r<\theta<\Phi$，例如："100<60<30"表示输入点与坐标系原点的距离为 100 个单位，输入点和坐标系原点的连线在 XY 平面上的投影与 X 轴的夹角为 60°，该连线与 XY 平面的夹角为 30°。

12.1.2　用户坐标系

在 AutoCAD 中绘制二维图形时，绝大多数命令仅在 XY 平面内或在与 XY 面平行的平面内有效。另外在三维模型中，其截面的绘制也是采用二维绘图命令，这样当用户需要在某斜面上进行绘图时，该操作就不能直接进行。由于世界坐标系的 XY 平面与模型斜面存在一定夹角，因此不能直接进行绘制。此时用户必须先将模型的斜面定义为坐标系的 XY 平面，通过用户定义的坐标系就称为用户坐标系。

建立用户坐标系，主要有两种用途：一是可以灵活定位 XY 面，用二维绘图命令绘制立体截面；另一个是便于将模型尺寸转化为坐标值。

例如：如图 12-3 所示，当前坐标系为世界坐标系，用户需要在斜面上绘制一个新的圆锥体，由于世界坐标系的 XY 平面与模型斜面存在一定夹角，因此不能直接绘制，必须通过坐标变换，使世界坐标系的 XY 平面与斜面共面，转变为用户坐标系，这样才能绘制出圆锥体，如图 12-4 所示。

启用"用户坐标系"命令有三种方法。

- 选择→【工具】→【新建 UCS】子菜单下提供的绘制命令，如图 12-5 所示【UCS】子菜单。
- 在已经打开的工具栏上右击，选择【UCS】选项，弹出如图 12-6 所示【UCS】工具栏。
- 输入命令：UCS。

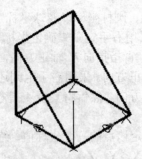

图 12-3 当前坐标系为世界坐标系

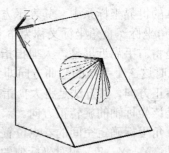

图 12-4 当前坐标系为用户坐标系

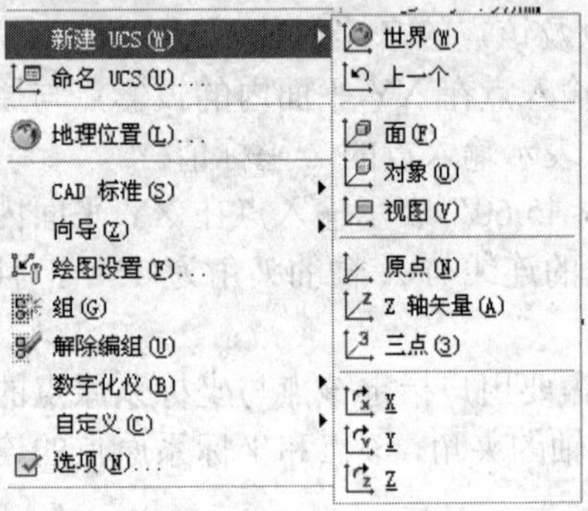

图 12-5 【UCS】子菜单 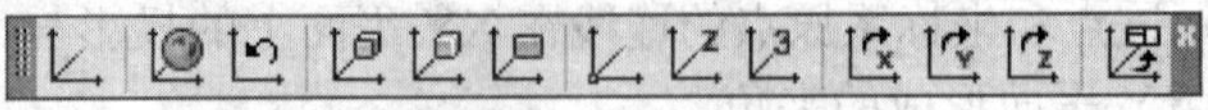　　　　　　　　图 12-6 【UCS】工具栏

启用"用户坐标系"命令后，AutoCAD 提示如下：

命令:_ucs
当前 UCS 名称:*世界*
指定 UCS 的原点或[面(F)/命名(NA)/对象(OB)/上一个(P)/视图(V)/世界(W)/X/Y/Z/Z 轴(ZA)] <世界>:_x
指定绕 X 轴的旋转角度<90>:*取消*

（1）新建用户坐标系　执行前面的 UCS 命令以后，选择命令行提示中与新建相关的选项即可创建出所需的用户坐标系。命令行提示中与新建相关的选项含义介绍如下。

- 【原点】：使用一点、两点或三点定义一个新的 UCS。指定单个点后，命令行将提示"指定 X 轴上的点或<接受>:"，此时按【Enter】键将接受，当前 UCS 的原点将会移动而不会更改 X、Y 和 Z 轴的方向；如果在此提示下再指定第二点，UCS 将绕先前指定的原点旋转，以使 UCS 的 X 轴正半轴通过该点；如果再指定第三点，UCS 将绕 X 轴旋转，以使 UCS 的 XY 平面的 Y 轴正半轴包含该点。

- 【面(F)】：将 UCS 与三维对象的选定面对齐，UCS 的 X 轴将与找到的第一个面上的最近的边对齐。选择实体的面后，将出现提示信息"输入选项【下一个(N)/X 反向(X)/Y 轴反向(Y)】<接受>:"，选择其中的【下一个】选项将 UCS 定位于邻接的面或选定边的后向面；选择【X 轴反向】选项则将 UCS 绕 X 轴旋转 180；选择【Y 轴反向】选项则将 UCS 绕 Y 轴旋转 180º，按【Enter】键将接受现在位置。

- 【对象(O)】：根据选定的三维对象定义新的坐标系。新 UCS 的拉伸方向为(即 Z 轴的正方向)选定对象的方向。此选项不能用于三维多段线、三维网格和构造线。

- 【视图(V)】：以平行于屏幕的平面为 XY 平面建立新的坐标系，UCS 原点保持不变。

- 【X/Y/Z】：绕指定的轴旋转当前 UCS。通过指定原点和一个或多个绕 X、Y 或 Z 轴的旋转，可以定义任意方向的 UCS。

• 【Z轴矢量(A)】：原点和位于新建 Z 轴正半轴上的点，或选择一个对象，将 Z 轴与离选定对象最近的端点的切线方向对齐。

【例】把图 12-7（a）所示的坐标系分别变换到图 12-7（b）所示，将坐标系原点移动到 B 点；将图 12-7（b）所示 F 点并绕 X 轴旋转 90°；将图 12-7（c）所示坐标系以 C 为原点移动到 CDE 平面上。

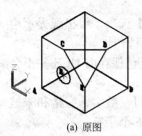 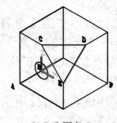 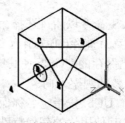 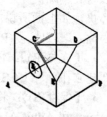

(a) 原图　　　　　(b) B 为原点 C　　　(c) F 为原点并绕 X 转 90°　(d) 以 C 为原点 XOY 面在 CDE 面上

图 12-7　坐标变换图例

操作步骤如下：

首先调出【UCS】工具栏，在已打开的工具栏上右击，选择"UCS"，系统弹出如图 12-8 所示的工具栏。

图 12-8　【UCS】工具栏

命令：_ucs　　　　　　　　　　//输入创建用户坐标系新原点命令

当前 UCS 名称：*没有名称*　　//提示当前坐标系形式

指定 UCS 的原点或 [面(F)/命名(NA)/对象(OB)/上一个(P)/视图(V)/世界(W)/X/Y/Z/Z 轴(ZA)] <世界>：_o

指定新原点 <0,0,0>：　　　　//鼠标单击新原点 B

结果如图 12-7（b）所示。

命令：_ucs　　　　　　　　　　//输入创建用户坐标系新原点命令

当前 UCS 名称：*没有名称*　　//提示当前坐标系形式

指定 UCS 的原点或 [面(F)/命名(NA)/对象(OB)/上一个(P)/视图(V)/世界(W)/X/Y/Z/Z 轴(ZA)] <世界>：_o

指定新原点 <0,0,0>：　　　　//鼠标单击新原点 F

命令：_ucs　　　　　　　　　　//输入创建用户坐标系新原点命令

当前 UCS 名称：*没有名称*　　//提示当前坐标系形式

指定 UCS 的原点或 [面(F)/命名(NA)/对象(OB)/上一个(P)/视图(V)/世界(W)/X/Y/Z/Z 轴(ZA)] <世界>：_x

指定绕 X 轴的旋转角度 <90>：　//鼠标单击新原点 F

结果如图 12-7（c）所示。

命令：_ucs　　　　　　　　　　//输入创建用户坐标系新原点命令

指定 UCS 的原点或 [面(F)/命名(NA)/对象(OB)/上一个(P)/视图(V)/世界(W)/X/Y/Z/Z 轴(ZA)] <世界>：_3

指定新原点 <0,0,0>：　　　　//鼠标单击新原点 C

在正 X 轴范围上指定点 <-211.6976,350.3684,388.5921>：

　　　　　　　　　　　　　　//鼠标单击新原点 E

197

在 UCS XY 平面的正 Y 轴范围上指定点 <-212.0618,351.1403,388.5921>:

∥鼠标单击新原点 D

结果如图 12-7（d）所示。

（2）管理用户坐标系　在同一个图形文件中可以创建并保存多个用户坐标系，以便需要时快速恢复至某一个用户坐标系，避免重复新建的麻烦，如果某个用户坐标系不再需要，也可以将其删除。

执行如上面所说的 UCS 命令以后，选择命令行提示中的【命名】选项，将出现提示信息"输入选项[恢复(R)/保存(S)/删除(D)/？]:"，其中各选项的含义介绍如下。

- 【恢复(R)】：恢复已保存的 UCS，使其成为当前 UCS。但恢复已保存的 UCS 并不会重新建立在保存 UCS 时生效的观察方向。

- 【保存(S)】：将当前 UCS 按指定名称保存。该名称可使用字母、数字、空格和未被 Windows 和 AutoCAD 用作其他用途的任何特殊字符，最多可包含 255 个字符.

- 【删除(D)】：从已保存的用户坐标系列表中删除指定的 UCS。

- 【？】：列出所有用户定义的坐标系的名称，并列出每个保存的 UCS 相对于当前 UCS 的原点以及 X、Y 和 Z 轴。如果当前 UCS 未命名，那么它将被列为 WORLD 或 UNNAMED，这取决于它是否与 WCS 相同，如果不相同则被列为 UNNAMED。

12.2　三维图形的类型

在 AutoCAD 中，三维图形有三种类型，分别为线框模型、表面模型和实体模型。

12.2.1　线框模型

线框模型是用线条来表示三维图形，如图 12-9 所示，用 9 条线段来表示一个楔形体，用一个圆和两条线表示圆锥体，用两个圆和两条线段来表示一个圆柱体。

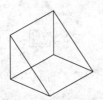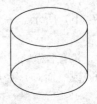

图 12-9　线框模型

线框模型结构简单，易于绘制。但同时也存在一些不足，因为线框模型没有面和体的信息，所以线框模型不能着色和渲染。

> **学习提示：** 由于构成线框的每个对象必须单独绘制和定位，因此这种建模方式最耗时，而且不够形象直观，所以极少使用三维线框模型来表达三维模型。

12.2.2　表面模型

表面模型是用物体的表面表示三维物体。表面模型包含了线、面的信息，因而可以解决与图形有关的大多数问题。表面模型适合于表示由复杂曲面构成的三维模型，如图 12-10 所示的曲面花饰和圆环体就是两个表面模型。

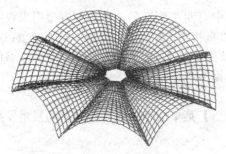

图 12-10　表面模型

但是表面模型没有包含体的信息，因此表面模型不能进行布尔运算以及计算模型的体积、质量等。通常，表面模型用于近似表示薄壳状三维模型。

> **学习提示：** AutoCAD 中的曲面模型是使用多边形网格以定义镶嵌面的，由于网格面是平面，因此网格只能近似于曲面。

12.2.3　实体模型

实体模型是三维模型中最高级的 1 种，包含了线、面、体的全部信息。利用实体模型可以计算实体模型的体积、质量、重心、惯性矩等，在 AutoCAD 2014 中可以对实体模型设置颜色、材质并进行渲染，从而创建出一幅逼真的效果图。

绘制实体模型通常是先绘制简单的基本体，然后通过布尔运算、模型修改等操作形成组合体，如交、并、差等运算命令。在 AutoCAD 2014 中创建的实体模型如图 12-11 所示。

图 12-11　实体模型

12.3　三维观察

通常三维模型建立完成后，用户希望从多个角度对其进行观察，此时就需要用户对模型的观察方向进行定义。在 AutoCAD 2014 中用户可以采用系统提供的观察方向对模型进行观察，也可以自定义观察方向。另外，在 AutoCAD 2014 中用户还可以进行多视口观察。

12.3.1　设置视点

设置视点就是确定观察位置在 XY 面上的角度以及与 XY 平面之间的夹角。通过设置视点，用户可以从任意位置进行模型的察看。

（1）启用"视点预置"命令来设置视点

① 选择→【视图】→【三维视图】→【视点预设】菜单命令,按【Enter】键,系统弹出如图 12-12 所示的【视点预设】对话框。

② 设置视点位置。在【视点预设】对话框中有两个刻度盘，左边刻度盘用来设置视线在 XY 平面内的投影与 X 轴的夹角，用户也可以直接在【X 轴】数值框中输入该值；右边刻度盘用来设置视线与 XY 面的夹角，同理也可以直接在【XY 平面】数值框中输入该值。

③ 参数设置完成后，单击确定按钮即可对模型进行观察。

（2）启用"视点"命令来设置视点

① 选择→【视图】→【三维视图】→【视点】菜单命令，模型空间自动显示罗盘和三轴架，如图 12-13 所示。

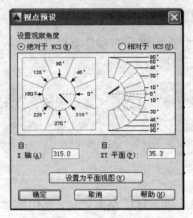

图 12-12 【视点预设】对话框

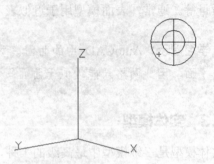

图 12-13　罗盘和三轴架

② 移动鼠标，当鼠标落于坐标球的不同位置时，三轴架将以不同状态显示，此时三轴架的显示直接反映了三维坐标轴的状态。

③ 当三轴架的状态达到所要求的效果后，单击鼠标左键即可对模型进行观察。

12.3.2　标准视点观察

AutoCAD 2014 提供了 10 个标准视点，可供用户选择来观察模型，其中包括 6 个正交投影视图、4 个等轴测视图，分别为主视图、后视图、俯视图、仰视图、左视图、右视图，以及西南等轴测视图、东南等轴测视图、东北等轴测视图、西北等轴测视图。

选择标准视点对模型进行观察，有两种方法。

- 选择→【视图】→【三维视图】子菜单下提供的选项，如图 12-14 所示。
- 在已打开的工具栏上右击，单击选择【视图】选项,系统弹出【视图】工具栏，如图 12-15 所示。

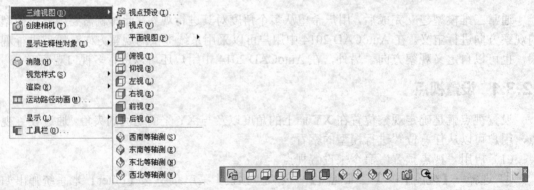

图 12-14 【三维视图】子菜单　　　　　　　图 12-15 【视图】工具栏

AutoCAD 2014 中文版电气制图教程

12.3.3 动态观察器

利用"动态观察器"对三维模型进行观察，有三种方法。

- 选择→【视图】→【动态观察器】菜单命令。
- 在已打开的工具栏上右击，单击选择【动态观察器】选项，系统弹出【动态观察器】工具栏，单击【动态观察】 按钮中的【自由动态观察】按钮 。

启用"动态观察器"命令后，系统将显示一个转盘，如图 12-16 所示。按住鼠标左键不放并拖动鼠标，三维模型将随之旋转，当到达所需视角后，按【Enter】键或是【Esc】结束命令，也可以单击鼠标右键，从弹出的光标菜单中选择【退出】选项即可。

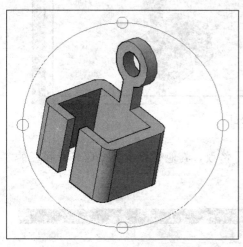

在拖动鼠标旋转模型时，鼠标指针指向转盘的不同部位，会显示为不同的形状，拖动鼠标也将会产生不同的显示效果。

当移动鼠标到大圆之外时，指针显示为 ，拖动鼠标视图将绕通过转盘中心并垂直于屏幕的轴旋转。

当移动鼠标到大圆之内时，指针显示为 ，可以在水平、铅垂、对角方向拖动鼠标旋转视图。

当移动鼠标到左边或右边小圆之上时，指针显示为 ，拖动鼠标视图将绕通过转盘中心的竖直轴旋转。

当移动鼠标到上边或下边小圆之上时，指针显示为 ，拖动鼠标视图将绕通过转盘中心的水平轴旋转。

图 12-16 三维动态观察器

12.3.4 多视口观察

视口即屏幕上显示的绘图区域。系统默认视口为单个视口，当用户运行 AutoCAD 后，屏幕显示一个大的矩形绘图区域。在绘制三维图形时，用户为了更好地观察和编辑图形，可能经常需要在某些视图之间来回切换。此时可利用 AutoCAD 提供的多视口功能进行视口配置，将绘图区域设置为多个视口。

在模型空间内，用户可以将绘图窗口拆分成多个视口，这样在创建复杂的图形时，可以在不同的视口从多个方向观察模型。

在模型空间，采用"视口"命令可建立多个绘图区域（即配置模型视口），这些绘图区域称为平铺视口。各视口可用"视图"命令设置同一模型的不同视图。如图 12-17 所示，将绘图区域设置为四个视口，并为该视口配置命名，其中带粗边框的视口为当前视口（用鼠标单击该视口即可）。

对模型进行多视视口观察有三种方法。

- 选择→【视图】→【视口】子菜单下提供的绘制命令，如图 12-18 所示
- 在已打开的工具栏上鼠标右击，单击选择【视口】选项，系统弹出【视口】工具栏，单击按钮 ，弹出如图 12-19 所示【视口】对话框。
- 输入命令：VPORTS。

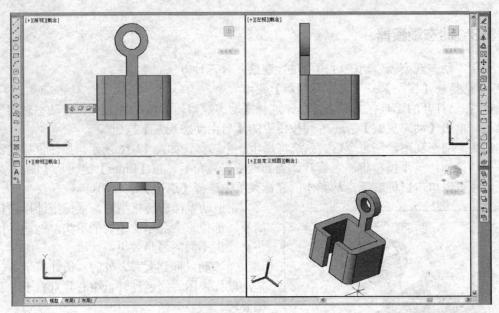

图 12-17　平铺视口

学习提示： 当用户在一个视口中对模型进行了修改，其他视口也会立即进行相应的更新。

图 12-18　【视口】子菜单　　　　　　　　　图 12-19　【视口】对话框

12.4　创建线框模型

由于线框模型的使用率极低，本节只简单讲解其创建方法。实际上，在 AutoCAD 中可以通过在三维空间的任何位置放置二维对象来创建线框模型，与绘制二维平面图相似，只是在输入坐标时需同时指定 Z 轴的值。除此之外，AutoCAD 还提供了一个专门用于绘制三维

AutoCAD 2014 中文版电气制图教程

线框的三维多段线命令。

启用"三维多段线"命令方法如下。

- 选择→【绘图】→【三维多段线】命令。
- 输入命令：3DPOLY。

【例】分别绘制图 12-20 所示三维多段线 ABCDEFGH 和三维多段线 12345。

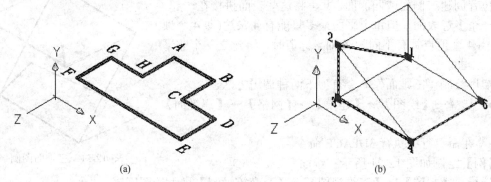

(a)　　　　　　　　　　　　　　(b)

图 12-20　三维多段线图例

命令：_3dpoly	//输入"三维多段线"命令，按【Enter】键
指定多段线的起点:<对象捕捉 开>	//单击 A 点
指定直线的端点或 [放弃(U)]:	//单击 B 点
指定直线的端点或 [放弃(U)]:	//单击 C 点
指定直线的端点或 [放弃(U)]:	//单击 D 点
指定直线的端点或 [闭合(C)/放弃(U)]:	//单击 E 点
指定直线的端点或 [闭合(C)/放弃(U)]:	//单击 F 点
指定直线的端点或 [闭合(C)/放弃(U)]:	//单击 G 点
指定直线的端点或 [闭合(C)/放弃(U)]:	//单击 H 点
指定直线的端点或 [闭合(C)/放弃(U)]:c	//输入"c"执行闭合

如图 10-20（a）所示。

命令：_3dpoly	//输入"三维多段线"命令，按【Enter】键
指定多段线的起点:<对象捕捉 开>	//单击 1 点
指定直线的端点或 [放弃(U)]:	//单击 2 点
指定直线的端点或 [放弃(U)]:	//单击 3 点
指定直线的端点或 [放弃(U)]:	//单击 4 点
指定直线的端点或 [闭合(C)/放弃(U)]:	//单击 5 点

如图 10-20（b）所示。

学习提示： 三维多段线与二维多段线的不同之处在于：二维多段线只能在二维平面上指定点，而三维多段线可以指定三维空间中的任意点作为三维多段线的顶点，但只能显示为 CONTINUOUS 线型，图 10-20（b）所示为空间立体多段线。

12.5　创建基本表面模型

由于表面模型不能进行剖切或组合等编辑，因此在三维建模中使用率也不高。

12.5.1　创建基本曲面

三维面、三维网格和平面曲面是直接通过执行相应命令就能创建出的曲面。三维表面模型由近似于曲面的网格组成。

（1）绘制三维面　绘制三维面命令可以在三维空间中的任意位置创建三侧面或四侧面，并可将这些表面拼接在一起，形成一个多边表面，但每个平面最多只能有 4 条边(即 4 个顶点)，当 4 个顶点具有不同的 Z 轴坐标值时，将建立一个非平面的三维面。

启用绘制"三维面"命令有如下两种调用方法。

● 选择→【绘图】→【建模】→【网格】→【三维面】命令。

● 在命令行中执行 3DFACE 命令。

【例】绘制如图 12-21 所示三维面。

图 12-21　三维面图例

选择→【视图】→【三维视图】→【西南等轴测】进入绘图区域。

```
命令:_3dface                                //启用"三维面"命令
指定第一点或 [不可见(I)]:0, 0, 0            //指定原点为第一点
指定第二点或 [不可见(I)]:300, 0, 0          //输入坐标，确定第二点
指定第三点或 [不可见(I)]: <退出>@0,200,0    //输入相对坐标，确定第三点
指定第四点或 [不可见(I)]: <退出>@-300,0,0   //输入相对坐标，确定第四点
指定第三点或[不可见(I)]<退出>:@0,0,-200     //指定另一三维面的第三点
指定第四点或[不可见(I)]<退出>: @300, 0, 0   //指定第四点
指定第三点或[不可见(I)]<退出>:@50,100,0     //指定另一三维面的第三点
指定第四点或[不可见(I)]<退出>: @-300, 0, 0  //指定第四点
指定第三点或[不可见(I)]<退出>:              //按【Enter】键结束命令
```

使用动态观察调整方向，结果如图 12-21 所示。

学习提示： 如果继续指定点，将创建四侧面的三维面。在创建过程中，如果要使某条边不可见，必须在输入点之前先选择【不可见】选项，然后确定点的位置。

（2）绘制三维网格　通过三维网格命令可以创建出平面网格，如果需要使用消隐，不需要实体模型提供的物理特性(质量、体积、重心、惯性矩等)，则可以使用网格来表达。有时也使用网格来创建如山脉等不规则的几何模型。

启用绘制"三维网格"命令有如下两种调用方法。

● 选择→【绘图】→【建模】→【网格】→【三维网格】命令。

● 在命令行中执行 3DMESH 命令。

在执行三维网格命令后，在创建过程中需要指定 M 方向和 N 方向的网格数量，在 M 方向和 N 方向设置的网格数虽决定了沿这两个方向产生的直线数目，要求指定的顶点数为这两个方向设置的数量值的乘积，其意义与 XY 平面的 X 轴方向和 Y 轴方向类似。

【例】绘制如图 12-22 所示的三维网格图形。

选择→【视图】→【三维视图】→【东南等轴测】进入绘图

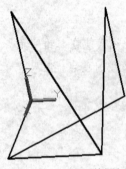

图 12-22　三维网格图例

区域。

```
命令：3DMESH                          //执行"三维网格"命令
输入 M 方向上的网格数量：2            //M方向网格数为2
输入 N 方向上的网格数量：3            //N方向网格数为3
指定顶点（0，0）的位置：0,0,0          //原点为网格的顶点
指定顶点（0，1）的位置：300,0,0        //确定（0，1）的位置
指定顶点（0，2）的位置：0,300,0        //确定（0，2）的位置
指定顶点（1，0）的位置：0,0,300        //确定（1，0）的位置
指定顶点（1，1）的位置：300,300,0      //确定（1，1）的位置
指定顶点（1，2）的位置：0,300,300      //确定（1，2）的位置
```

结果如图 12-22 所示。

（3）绘制平面曲面　启用绘制"平面曲面"命令有如下三种方法。

- 选择→【绘图】→【建模】→【平面曲面】命令。
- 单击【建模】工具栏上的 ✎ 按钮。
- 在命令行中执行 PLANESURF 命令。

平面曲面的绘制像绘制矩形一样指定两个对角点即可。

启用"平面曲面"命令后，命令行提示如下：

```
命令：_planesurf                      //执行"平面曲面"命令
指定第一个角点或 ［对象(O)］ <对象>：   //指定第一个角点
指定其他角点：                         //指定第为二个角点，结束
```

执行 PLANESURF 命令的过程中，如果选择【对象】选项，则可以通过选择构成封闭区域的一个闭合对象或多个对象来创建平面曲面或修剪曲面，可以选择的对象类型包括直线、圆、圆弧、椭圆、椭圆弧、二维多段线、平面三维多段线和平面样条曲线等，如图 12-23 所示。

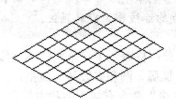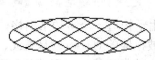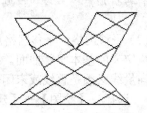

图 12-23　平面曲面图例

12.5.2　创建特殊曲面

AutoCAD 2014 还提供了旋转网格、平移网格、直纹网格和边界网格等特殊三维曲面的创建方法。创建特殊三维曲面时，通常需指定 M 和 N 方向生成的线条密度。

（1）旋转网格　旋转网格可以将对象围绕指定的轴旋转一定角度，从而生成网格曲面。启用"旋转网格"命令有如下两种调用方法。

- 选择→【绘图】→【建模】→【旋转网格】命令。
- 在命令行中执行 REVSURF 命令。

【例】绘制如图 12-24 所示样条曲线绕轴旋转 360°，形成旋转网格图形。

选择→【视图】→【三维视图】→【东南等轴测】进入绘图区域。

```
命令：_revsurf                        //执行"旋转网格"命令
当前线框密度：SURFTAB1=20  SURFTAB2=10  //系统显示当前网格
```

选择要旋转的对象:	//选择样条曲线
选择定义旋转轴的对象:	//选择轴
指定起点角度 <0>:	//按【Enter】键
指定包含角（+=逆时针，-=顺时针）<360>:	//按【Enter】键

结果如图 12-24 所示。

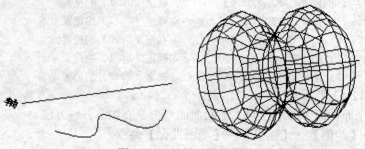

图 12-24　旋转网格图例

学习提示： 在创建球表面、圆锥表面、圆环表面等带回转面的曲面时，可以通过设置其经线与纬线数目来使得到的曲面更加逼真。方法是在命令行中输入 SURFTAB1 和 SURFTAB2 命令来指定在 M 和 N 方向生成的线条密度，密度越大，产生的线条越多，得到的曲面更平滑。

注意事项： 选择的旋转轴线与要旋转的对象必须在同一平面上，否则该命令无效。要旋转的对象可以是圆、圆弧、直线、多段线等二维对象，但只能选择一个要旋转的对象和一个旋转轴，而且只有直线和未闭合的多段线才能作为旋转轴，如果选择的旋转轴是有转折顶点的多段线，则系统会以该多段线两个端点的连线作为旋转轴线。

（2）平移网格　平移网格用于构造一个多边形网格，此网格表示了一个由轮廓曲线和方向矢量定义的基本平移曲面。被拉伸的对象可以是直线、圆弧、圆和多段线，但指定拉伸方向的向量线必须是直线或未闭合的多段线。启用"平移网格"命令有如下两种方法。

- 选择→【绘图】→【建模】→【平移网格】命令。
- 在命令行中执行 TABSURF 命令。

【例】绘制如图 12-25 所示的圆弧沿直线方向平移，形成平移网格图形。

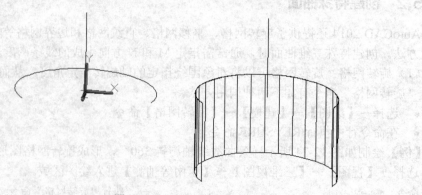

图 12-25　平移网格图例

选择→【视图】→【三维视图】→【东南等轴测】进入绘图区域。

命令: _tabsurf   //执行"平移网格"命令
当前线框密度: SURFTAB1=20   //系统显示当前网格
选择用作轮廓曲线的对象: //选择圆弧
选择用作方向矢量的对象: //选择直线
结果如图 12-25 所示。

学习提示: 在执行平移网格命令时, 拉伸方向与用作矢量的对象的拾取点有关, 如果拾取点靠近其右端, 则作为轮廓曲线的对象将向左端进行拉伸。

注意事项: 与旋转网格不同的是: 拉伸向量线与被拉伸对象不能位于同一平面上, 否则无法进行拉伸, 如被拉伸对象位于 XY 平面上, 则拉伸向量应在 XZ 或 YZ 平面上。

(3)直纹网格 直纹网格可以在指定的两条曲线或直线之间生成一个网格空间曲面。直纹网格用于限定曲面边界的对象可以是点、直线、光滑曲线、圆、弧线和多段线等, 如果边界为圆, 将从圆的起点开始创建曲面; 如果边界为多段线, 将从多段线的最后一个端点开始创建曲面; 如果边界为其他线型, 创建的曲面将与选择对象时所拾取的位置有关。

启用"直纹网格"命令有如下两种调用方法。

- 选择→【绘图】→【建模】→【直纹网格】命令。
- 在命令行中执行 RULESURF 命令。

启用"直纹网格"命令后, 命令行操作如下:

命令: _rulesurf   //执行"直纹网格"命令
当前线框密度: SURFTAB1=20   //系统显示当前网格
选择第一条定义曲线: //选择一条直线或曲线
选择第二条定义曲线: //选择另一条线或曲线
如图 12-26 所示, 圆弧和直线之间生成空间曲面。

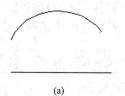 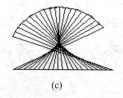

(a)   (b)   (c)

图 12-26 直纹网格图例

学习提示: 如果选择另一条直线或曲线选择的曲线是非圆或多段线的其他线型时, 创建的曲面将与选择对象时所拾取的位置有关。若将如图 12-26 所示的圆弧与直线进行直纹曲面操作, 如果在选择直线和圆弧时均拾取其左端, 则将得到三维曲面如图 12-26 (b) 图形; 如果在选择时分别选择圆弧的左端和直线的右端, 则得到的三维网格如图 12-26 (c) 图形, 两个图形大不相同。

注意事项: 绘制直纹网格时, 如果选择的第一个对象是封闭的, 则另一个对象也是封闭对象; 反之则都必须是未封闭对象。

（4）边界网格　边界网格可以在三维空间由4条直线、圆弧或多段线形成的闭合回路为边界，生成一个复杂的三维网格曲面。启用"边界网格"命令有如下两种方法。

- 选择→【绘图】→【建模】→【边界网格】命令。
- 在命令行中执行 EDGESURFJ 命令。

启用"边界网格"命令后，只需依次单击4条首尾相连的边界线，即可生成一个三维网格曲面，如图12-27所示。启用其命令后，命令行操作如下：

命令：EDGESURFJ　　　　　　　　　　　　//执行"边界网格"命令
当前线框密度：SURFTAB1=25 SURFTAB2=20　// 系统显示当前网格
选择用作曲面边界的对象1：　　　　　　　　//选择要作为边界的第一条边
……　　　　　　　　　　　　　　　　　　　//根据提示依次选择其他3条边

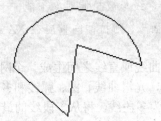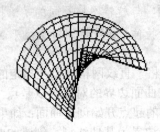

图 12-27　边界网格图例

12.6　创建基本三维实体模型

AutoCAD 中提供了一些绘制常用的简单三维实体的命令，由这些简单三维实体可以编辑成各种实体模型。三维实体具有质量特性，形体内部是实心的，可以通过布尔运算进行打孔、挖槽和合并等操作来创建复杂的三维模型，而表面模型无法进行这些操作。

多段体、长方体、楔形体、圆锥体、球体、圆柱体、圆环体、棱锥体、螺旋以及平面曲面，是最基本的三维模型，这些基本的三维模型通常是创建复杂三维模型的基础，一般在实体绘制过程中，为了提高效率，首先在已经打开的工具栏上鼠标右击，选择【建模】选项，调出绘制【建模】的工具栏，如图12-28所示，绘图时建议用户使用【建模】工具栏。

图 12-28　【实体】工具栏

12.6.1　绘制多段体

多段体可以看作是带矩形轮廓的多段线，只不过直接绘制出来就是实体，在建筑立体图中用多段体来创建墙体非常方便。

启动"绘制多段体"的命令有如下三种方法。

- 选择→【绘图】→【建模】→【多段体】命令。
- 单击【建模】工具栏或【三维制作】面板中的 按钮。
- 在命令行中执行 POLYSOLID 命令。

【例】绘制如图12-29所示多段体图形。

选择→【视图】→【三维视图】→【东南等轴

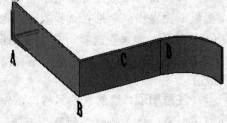

图 12-29　多段体图例

测】进入绘图区域。

命令：Polysolid   //执行"多段体"命令
高度=80.0000,宽度=5.0000,对正=居中   //系统显示当前多段体的参数信息
指定起点或［对象(O)/高度(H)/宽度(W)/对正(J)］<对象>:0,0,0
                                                    //指定起点A

指定下一个点或［圆弧(A)/放弃(U)］: 300,0   //指定下一点B
指定下一个点或［圆弧(A)/放弃(U)］: @0,200   //指定下一点C
指定下一个点或［圆弧(A)/闭合(C)/放弃(U)］:a   //转换到圆弧
指定圆弧的端点或［闭合(C)/方向(D)/直线(L)/第二个点(S)/放弃(U)］: @100,100
                                                    //指定下一点D

结果如图 12-29 所示。

学习提示：在执行命令的过程中，与绘制多段线命令过程中相同的选项的含义也相同，与多段线命令过程中不同选项的含义介绍如下。

- 对象(O)：选择该选项后，可以选择现有的直线、二维多线段、圆弧或圆，将其转换为具有矩形轮廓的多段体。
- 高度(H)：指定多段体的高度。
- 对正(J)：使用命令定义轮廓时，可以将多段体的宽度和高度设置为左对正、右对正或居中。对正方式由轮廓的第一条线段的起始方向决定。

12.6.2 绘制长方体

长方体是最基本的实体模型之一，作为最基本的三维模型，其应用非常广泛。绘制长方体的命令有如下三种方法。

- 选择→【绘图】→【建模】→【长方体】菜单命令。
- 单击【建模】工具栏中的【长方体】按钮 ◻。
- 输入命令：BOX。

启用"长方体"命令后，命令行提示如下：

命令:_box
指定长方体的角点或[中心点(C)]<0,0,0>:
指定角点或[立方体(C)/长度(L)]:

其中的参数：

- 【角点】：定义长方体的一个角点。
- 【中心点(C)】：定义长方体的中心点，并根据该中心点和一个角点来绘制长方体。
- 【立方体(C)】：绘制立方体，选择该项命令后即可根据提示输入立方体的边长。
- 【长度(L)】：选择该命令后，系统依次提示用户输入长方体的长、宽、高。

学习提示：绘制长方体比较简单，绘制长方体的默认方法是直接通过长方体两个角点及指定 Z 轴上的点进行供绘制，如图 12-30 所示。如果没有已有的定位点，这种方式不能精确绘图，因此常通过指定长、宽、高的值进行绘制。

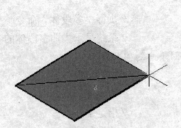
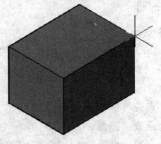

图 12-30   绘制长方体图例

12.6.3   绘制楔形体

启用"楔形体"命令有三种方法。

- 选择→【绘图】→【建模】→【楔形体】菜单命令。
- 单击【建模】工具栏中的【楔形体】按钮 。
- 输入命令：WEDGE。

启用"楔形体"命令后，命令行提示如下：

命令：_wedge
指定楔形体的第一个角点或[中心点(C)]<0,0,0>:
    指定角点或[立方体(C)/长度(L)]:
    其中的参数：

- 【第一个角点】：定义楔形体的第一个角点。
- 【中心点(C)】：指定楔形体的中心点。
- 【立方体(C)】：绘制立方体时选择此项。
- 【长度(L)】：输入楔形体的长度，根据命令行提示，再输入宽度和高度。

学习提示： 楔形体实际相当于是将长方体从两个对角线处剖切来的实体，由于在机械建模中，经常需要创建的筋板等都是楔形体形状。绘制的高度是指从第一个角点（起点）开始向上的高度。如图 12-31 所示的形式。

图 12-31   楔形体图例

12.6.4   圆锥体

启用"圆锥体"命令有三种方法。

- 选择→【绘图】→【建模】→【圆锥体】菜单命令。
- 单击【建模】工具栏或【三维制作】面板中的【圆锥体】按钮 。
- 输入命令：CONE。

启用"圆锥体"命令后，命令行提示如下：

命令：_cone

指定底面的中心点或［三点(3P)/两点(2P)/切点、切点、半径(T)/椭圆(E)］：

指定底面半径或［直径(D)］<544.0148>：

指定高度或［两点(2P)/轴端点(A)/顶面半径(T)］<1284.3066>：

其中的参数：

- 【椭圆(E)】：将圆锥体底面设置为椭圆形状。
- 【中心点】：定义圆锥体底面的中心点。
- 【半径】：定义圆锥体底面的半径。
- 【直径(D)】：定义圆锥体底面的直径。
- 【高度】：定义圆锥体的高度。
- 【顶面半径（T）】：选择该选项后，将创建圆锥台，即没有顶点，顶面是一个平面。

【例】分别绘制一个直径为80、高为80的圆锥体，绘制一个以长轴为80、短轴为40的椭圆底面，高为80的圆锥体。

操作步骤如下：

选择→【视图】→【三维视图】→【东南等轴测】进入绘图区域。

命令：_cone　　　　　　　　　　　　　　　　//启用圆锥体命令

指定底面的中心点或［三点(3P)/两点(2P)/切点、切点、半径(T)/椭圆(E)］：

　　　　　　　　　　　　　　　　　　　　　//在绘图区域单击一点

指定底面半径或［直径(D)］<528.3222>：40　　//输入半径

指定高度或［两点(2P)/轴端点(A)/顶面半径(T)］<1334.4456>：80

　　　　　　　　　　　　　　　　　　　　　//输入高度值

结果显示如图12-32（a）所示。

命令：_cone　　　　　　　　　　　　　　　　//启用圆锥体命令

指定底面的中心点或［三点(3P)/两点(2P)/切点、切点、半径(T)/椭圆(E)］:e

　　　　　　　　　　　　　　　　　　　　　//转换为椭圆选项

指定第一个轴的端点或［中心(C)］：　　　　　//绘图区域单击一点

指定第一个轴的其他端点:<正交 开> 80　　　//正交打开，输入长轴值

指定第二个轴的端点:40　　　　　　　　　　 //正交打开，输入短轴值

指定高度或［两点(2P)/轴端点(A)/顶面半径(T)］<80.0000>：

　　　　　　　　　　　　　　　　　　　　　//正交打开，输入高度值

结果显示如图12-32（b）所示。

(a) 圆锥体　　　　　　　　　　　(b) 底面为椭圆

图12-32　圆锥体图例

12.6.5 球体

启用"球体"命令有三种方法。

- 选择→【绘图】→【建模】→【球体】菜单命令。
- 单击【建模】工具栏或【三维制作】面板中的【球体】按钮 。
- 输入命令：SPHERE。

【例】绘制一个直径为 120 的球体。

操作步骤如下：

选择→【视图】→【三维视图】→【东南等轴测】进入绘图区域。

命令：_sphere   //启用球体命令

指定中心点或 [三点(3P)/两点(2P)/切点、切点、半径(T)]： //绘图区域指定一点

指定半径或 [直径(D)] <60>：   //输入半径

球体创建完成后，效果如图 12-33 所示。

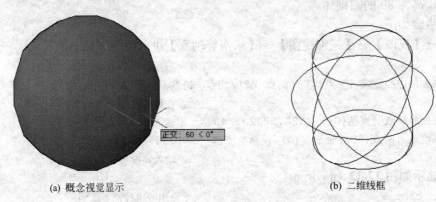

(a) 概念视觉显示   (b) 二维线框

图 12-33   球体图例

12.6.6 圆柱体

启用"圆柱体"命令有三种方法。

- 选择→【绘图】→【建模】→【圆柱体】菜单命令。
- 单击【建模】工具栏或【三维制作】面板中的【圆柱体】按钮 。
- 输入命令：CYLINDER。

启用"圆柱体"命令后，命令行提示如下：

命令：_cylinder

指定底面的中心点或 [三点(3P)/两点(2P)/切点、切点、半径(T)/椭圆(E)]：

指定底面半径或 [直径(D)] <77>：

指定高度或 [两点(2P)/轴端点(A)] <82>：

其中的参数：

- 【中心点】：定义圆柱体底面的中心点。
- 【椭圆(E)】：创建具有椭圆底面的圆柱中心点。
- 【半径】：定义圆柱体底面圆的半径。
- 【直径(D)】：定义圆柱体底面圆的直径。
- 【高度】：定义圆柱体的高度。
- 【另一个圆心(C)】：选择该选项将以指定圆柱体另一底面圆心的方式绘制圆柱体，而

不是以指定高度的方式绘制圆柱体。

【例】绘制直径为 200、高度为 100 的圆柱。

操作步骤如下：

选择→【视图】→【三维视图】→【东南等轴测】进入绘图区域。

命令：_cylinder   //启用圆柱体命令🔲

指定底面的中心点或 [三点(3P)/两点(2P)/切点、切点、半径(T)/椭圆(E)]:

                                          //绘图区域单击一点

指定底面半径或 [直径(D)] <77>:100   //输入半径值

指定高度或 [两点(2P)/轴端点(A)] <82>:100   //输入高度值

结果显示如图 12-34（b）所示。

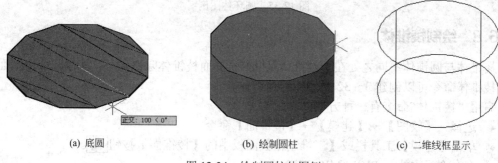

| (a) 底圆 | (b) 绘制圆柱 | (c) 二维线框显示 |

图 12-34 绘制圆柱体图例

结果显示如图 12-34（b）所示。

12.6.7 圆环体

启用"圆环体"命令有三种方法。

- 选择→【绘图】→【建模】→【圆环体】菜单命令。
- 单击【建模】工具栏或【三维制作】面板中的【圆环体】按钮⚫。
- 输入命令：TORUS。

启用"圆环体"命令后，命令行提示如下：

命令：_torus

指定中心点或 [三点(3P)/两点(2P)/切点、切点、半径(T)]:

指定半径或 [直径(D)] <100>:

指定圆管半径或 [两点(2P)/直径(D)]:

其中的参数：

- 【中心点】：定义圆环体的圆心。
- 【半径或[直径(D)]】：定义圆环体半径或直径。
- 【圆管半径或[直径(D)]】：定义圆管半径或直径。

【例】绘制一个半径为 100、圆管半径为 20 的圆环体。

操作步骤如下：

选择→【视图】→【三维视图】→【东南等轴测】进入绘图区域。

命令：_torus   //启用圆环体命令⚫

指定中心点或 [三点(3P)/两点(2P)/切点、切点、半径(T)]: //绘图区域单击一点

指定半径或 [直径(D)] <100>: 100   //输入圆环体半径

指定圆管半径或 [两点(2P)/直径(D)]: 20　　　　　　　　　 //输入圆管半径
结果显示如图 12-35 所示。

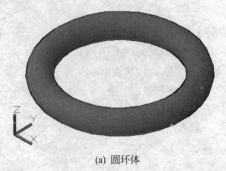

(a) 圆环体

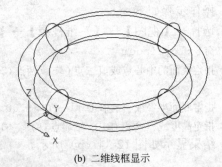

(b) 二维线框显示

图 12-35　圆环体图例

12.6.8　绘制棱锥体

棱锥体与圆锥体不同之处在于圆锥体是回转面，而棱锥体除底面外，其他部分由平面组成。棱锥体命令可以创建 3～32 个侧面的棱锥体。

启用"棱锥体"命令有三种方法。

- 选择→【绘图】→【建模】→【棱锥面】命令。
- 单击【建模】工具栏或【三维制作】面板中的【棱锥面】按钮 ▲。
- 在命令行中执行 PYRAMID(PYR)命令。

启用"棱锥面"命令后，命令行提示如下：

命令: _pyramid　　　　　　　　　　　　　　 //启用圆环体命令 ▲
4 个侧面　外切　　　　　　　　　　　　　　 //系统提示当前棱锥体的参数设置
指定底面的中心点或 [边(E)/侧面(S)]:　　　　 //指定一点作为棱锥体底面的中心点
指定底面半径或 [内接(I)] <100>:　　　　　　 //指定棱锥体底面外切或内接圆的半径
指定高度或 [两点(2P)/轴端点(A)/顶面半径(T)] <-105>:
　　　　　　　　　　　　　　　　　　　　　 //指定棱锥体的高度

其中的参数：

- 【边(E)】：选择该选项后，可以通过拾取两点的方式来指定棱锥体底面边的长度。
- 【侧面(S)】：用于指定棱锥体的侧面数，默认为 4，可以输入 3～32 之间的整数。
- 【内接(I)】：以指定中心点方式绘制时，默认为通过指定底面多边形外接圆的方式确定大小，如果选择该选项，则可以指定棱锥体底面内接于棱锥面的底面半径，且选择该选项后，以后绘制时默认为内接，要更改需选择出现的【外切】选项。
- 【顶面半径(T)】：选择该选项后，将创建棱锥台，即没有顶点，顶面是一个平面，顶面多边形大小的确定方法与底面相同。

【例】绘制如图 12-36 所示，棱锥底面内接圆半径为 200，高为 150 的六棱锥。

操作步骤如下：

选择→【视图】→【三维视图】→【东南等轴测】进入绘图区域。

命令: _pyramid　　　　　　　　　　　　　　 //启用棱锥面命令 ▲
4 个侧面　外切
指定底面的中心点或 [边(E)/侧面(S)]: s　　　　 //转换侧面命令
输入侧面数 <4>: 6　　　　　　　　　　　　　 //输入侧面数
指定底面的中心点或 [边(E)/侧面(S)]:　　　　　 //在绘图区域单击一点

指定底面半径或［内接(I)］<187>：200　　　　　　　　　//输入底面半径
指定高度或［两点(2P)/轴端点(A)/顶面半径(T)］150：//输入棱锥的高度
结果如图 12-36 所示。

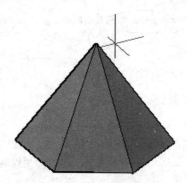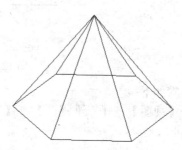

图 12-36　棱锥图例

12.6.9　绘制螺旋

启用"螺旋"命令有三种方法。

- 选择→【绘图】→【螺旋】菜单命令。
- 单击【建模】工具栏或【三维制作】面板中的 按钮。
- 在命令行中执行 HELIX 命令。

启用"螺旋"命令后，命令行提示如下：

命令：_Helix
圈数 =3　　　　扭曲=CCW
指定底面的中心点：
指定底面半径或［直径(D)］：
指定顶面半径或［直径(D)］>：
指定螺旋高度或［轴端点(A)/圈数(T)/圈高(H)/扭曲(W)］：
其中的参数：

- 【底面半径】：螺旋底面半径，位置在最下方。
- 【顶面半径】：螺旋顶面半径，位置在最上方。
- 【轴端点(A)】：指定螺旋中心轴的端点位置。轴端点可以位于三维空间的任意位置，指定轴端点也就确定了螺旋的长度和方向。
- 【圈数(T)】：指定螺旋的圈(旋转)数。最初的默认圈数为 3，最多不能超过 500。
- 【圈高(H)】：指定螺旋内一个完整圈的高度。
- 【扭曲(W)】：指定以顺时针方向还是逆时针方向绘制螺旋，默认为逆时针。

　　学习提示：在 AutoCAD 中，螺旋实际上是一个特殊对象，也可以说它是二维对象，这里归于三维实体模型，是由于其被放置在【建模】工具栏中，而且它同时位于不同的平面中，但直接用螺旋命令绘制出来的对象还不属于实体。

　　【例】分别绘制底圆半径为 100，顶圆半径为 100；底圆半径为 100，顶圆半径为 50，高度为 200 的螺旋。

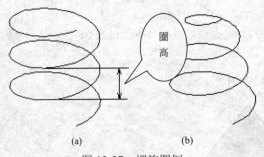

圈高

(a)   (b)

图 12-37   螺旋图例

操作步骤如下：

选择→【视图】→【三维视图】→【东南等轴测】进入绘图区域。

命令：_Helix   //启用螺旋命令

圈数 = 3   扭曲=CCW

指定底面的中心点：   //在绘图区域单击一点

指定底面半径或［直径(D)］<294>:100   //输入底面半径

指定顶面半径或［直径(D)］<500>:100   //输入顶面半径

指定螺旋高度或［轴端点(A)/圈数(T)/圈高(H)/扭曲(W)］<588>:200   //输入高度

结果如图 12-37（a）所示。

命令：HELIX   //启用螺旋命令

圈数 = 3   扭曲=CCW

指定底面的中心点：   //在绘图区域单击一点

指定底面半径或［直径(D)］<500>:100   //输入底面半径

指定顶面半径或［直径(D)］<500>: 250   //输入顶面半径

指定螺旋高度或［轴端点(A)/圈数(T)/圈高(H)/扭曲(W)］<1133>:200   //输入高度

结果如图 12-37（b）所示。

12.7   二维图形转换成三维立体模型

三维建模不仅可以通过图素建立，也可以通过对二维图形的拉伸或旋转来产生。尤其在已有二维平面图形、已知曲面立体轮廓线的情况下，或立体包含圆角以及用其他普通剖面很难制作的细部图形时，通过拉伸和旋转操作产生三维建模非常方便。

12.7.1   创建面域

面域是用闭合的形状创建的二维区域，该闭合的形状可以由多段线、直线、圆弧、圆、椭圆弧、椭圆或样条曲线等对象构成。面域的外观与平面图形外观相同，但面域是一个单独对象，具有面积、周长、形心等几何特征。面域之间可以进行并、差、交等布尔运算，因此常常采用面域来创建边界较为复杂的图形。利用面域的拉伸或旋转实现平面到三维立体模型的转换。

在 AutoCAD 2014 中用户不能直接绘制面域，而是需要利用现有的封闭对象，或者由多个对象组成的封闭区域和系统提供的"面域"命令来创建面域。

启用"面域"命令有三种方法。

- 选择→【绘图】→【面域】菜单命令。
- 单击【绘图】工具栏中的【面域】按钮。

- 输入命令：REG(REGION) 。

利用上述任意一种方法启用"面域"命令，选择一个或多个封闭对象，或者组成封闭区域的多个对象，然后按【Enter】键，即可创建面域，效果如图 12-38 所示。

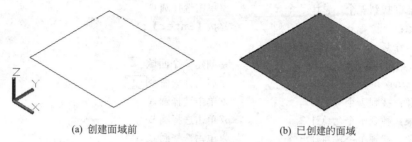

(a) 创建面域前　　　　　　　　　　(b) 已创建的面域

图 12-38　创建面域图例

命令：_region　　　　　　　　// 启用面域外命令🔲
选择对象：指定对角点：找到 4 个　　// 利用框选方式选择图形边界
选择对象：　　　　　　　　　　// 按【Enter】键
已提取 1 个环。
已创建 1 个面域。
结果显示如图 12-38（b）所示。

> **教学提示：** 缺省情况下，AutoCAD 在创建面域时将删除原对象，如果用户希望保留原对象，则需要将 DELOBJ 系统变量设置为 0。

12.7.2　编辑面域

通过编辑面域可创建边界复杂的图形。在 AutoCAD 用户可对面域进行布尔运算，即"并集"、"差集"、"交集"三种布尔运算，其效果如图 12-39 所示。

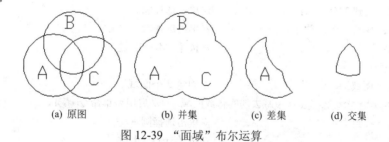

(a) 原图　　　　　(b) 并集　　　　(c) 差集　　　(d) 交集

图 12-39　"面域"布尔运算

（1）并集　并运算操作是将所有选中的面域合并为一个面域，利用"并集"命令即可进行并运算操作。启用"并集"命令有三种方法。

- 选择→【修改】→【实体编辑】→【并集】菜单命令。
- 单击【实体编辑】工具栏中的【并集】按钮🔲。
- 输入命令：UNION。

利用上述任意一种方法启用"并集"命令，然后依次选择相应的面域，按【Enter】键即可对所有选中的面域进行并运算操作，完成后创建一个新的面域。

【例】对图 12-39（a）进行并集运算。

命令: _region	//启用面域命令 ⬛
选择对象: 找到 1 个	//单击选择圆 A
选择对象: 找到 1 个, 总计 2 个	//单击选择圆 B
选择对象: 找到 1 个, 总计 3 个	//单击选择圆 C
选择对象:	//按【Enter】键
已提取 3 个环。	
已创建 3 个面域。	//创建 3 个面域
命令: _union	//启用并集命令 ⬛
选择对象: 找到 1 个	//单击选择圆 A
选择对象: 找到 1 个, 总计 2 个	//单击选择圆 B
选择对象: 找到 1 个, 总计 3 个	//单击选择圆 C
选择对象:	//按【Enter】键

结果如图 12-39（b）所示。

> **教学提示:** 若用户选取的面域并未相交，AutoCAD 也将其合并为一个新的面域

（2）差集 差集是从一个面域中减去一个或多个面域，从而创建一个新的面域。启用"差集"命令有三种方法。

- 选择→【修改】→【实体编辑】→【差集】菜单命令。
- 单击【实体编辑】工具栏中的【差集】按钮 ⬛。
- 输入命令: SUBTRACT。

利用上述任意一种方法启用"差集"命令，首先选择第一个面域，按【Enter】键，接着依次选择其他要减去的面域，按【Enter】键即可进行差运算操作，完成后创建一个新面域。

【例】对图 12-39（a）进行差集运算。

命令: _region	//启用面域命令 ⬛
选择对象: 找到 1 个	//单击选择圆 A
选择对象: 找到 1 个, 总计 2 个	//单击选择圆 B
选择对象: 找到 1 个, 总计 3 个	//单击选择圆 C
选择对象:	//按【Enter】键
已提取 3 个环。	
已创建 3 个面域。	//创建 3 个面域
命令: _subtract 选择要从中减去的实体或面域	//启用差集命令 ⬛
选择对象: 找到 1 个	//单击选择圆 A
选择对象:	//按【Enter】键
选择要减去的实体或面域．．	
选择对象: 找到 2 个	//单击选择圆 B, 单击选择圆 C
选择对象:	//按【Enter】键

结果如图 12-39（c）所示。

> **教学提示:** 若用户选取的面域并未相交，AutoCAD 将删除被减去的面域。

（3）交集 交集是在选中的面域中创建出相交的公共部分面域。利用"交集"命令即可进行交集运算操作。启用"交集"命令有三种方法。

- 选择→【修改】→【实体编辑】→【交集】菜单命令。
- 单击【实体编辑】工具栏中的【交集】按钮⃝。
- 输入命令：INTERSECT。

利用上述任意一种方法启用"交集"命令，然后依次选择相应的面域，系统对所有选中的面域进行交运算操作，完成后得到公共部分的面域。

【例】对图 12-39（a）进行交集运算。

命令：_region	//启用面域命令 ⃝
选择对象：找到 1 个	//单击选择圆 A
选择对象：找到 1 个，总计 2 个	//单击选择圆 B
选择对象：找到 1 个，总计 3 个	//单击选择圆 C
选择对象：	//按【Enter】键
已提取 3 个环。	
已创建 3 个面域。	//创建 3 个面域
命令：_intersect	//启用交集命令 ⃝
选择对象：指定对角点：找到 3 个	//利用框选方式选择 3 个圆
选择对象：	//按【Enter】键

结果如图 12-39（d）所示。

12.7.3 通过拉伸二维图形绘制三维实体

通过拉伸将二维图形绘制成三维实体时，该二维图形必须是一个封闭的二维对象或由封闭曲线构成的面域，并且拉伸的路径必须是一条多段线。若拉伸的路径是由多条曲线连接而成的曲线，则必须选择【编辑多段线】工具 ⬚ 将其转化为一条多段线，该工具按钮位于【修改Ⅱ】工具栏中。

可作为拉伸对象的二维图形有：圆、椭圆、用正多边形命令绘制的正多边形、用矩形命令绘制的矩形、封闭的样条曲线、封闭的多义线等。而利用直线、圆弧等命令绘制的一般闭合图形则不能直接进行拉伸，此时用户需要将其定义为面域。

启用"拉伸"命令来创建三维实体有三种方法。

- 选择→【绘图】→【建模】→【拉伸】菜单命令。
- 单击【建模】工具栏或【三维制作】面板中的【拉伸】按钮 ⬚。
- 输入命令：EXTRUDE。

启用"拉伸"命令后，命令行提示如下：

命令：_extrude
当前线框密度：ISOLINES=4
选择对象：
指定拉伸高度或[路径(P)]：
选择拉伸路径或[倾斜角]：

其中的参数：

- 【选择对象】：选择被拉伸的对象。
- 【指定拉伸高度】：指定拉伸的高度，为默认项。如果输入正值，则沿对象所在坐标系的 Z 轴正向拉伸对象。如果输入负值，则沿 Z 轴的负方向拉伸对象。
- 【路径(P)】：选择基于指定曲线对象的拉伸路经。AutoCAD 沿着选定路径拉伸选定对象的轮廓创建实体。

- 【选择拉伸路径】：沿选择的路径拉伸对象。拉伸的路径可以是直线、圆、圆弧、椭圆、椭圆弧、多段线或样条曲线。路径既不能与轮廓共面，形状也不应在轮廓平面上，否则，AutoCAD 将移动路径到轮廓的中心，将二维轮廓按指定路径拉伸成的三维实体模型。
- 【倾斜角】：正角度表示从基准对象逐渐变细地拉伸，而负角度则表示从基准对象逐渐变粗地拉伸，0 则指粗细不变。角度允许的范围是-90°～+90°。图 12-40 表示不同倾斜角度的拉伸实体。

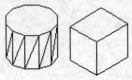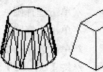

(a) 倾斜角度为零　　　　　　(b) 倾斜角度为正　　　　　　(c) 倾斜角度为负

图 12-40　拉伸角度对实体的影响

【例】拉伸图 12-41（a）所示的平面图形，使之变成图 12-41（b）三维模型,高度为 30。

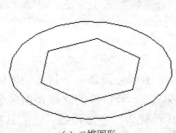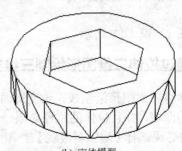

(a) 二维图形　　　　　　　　　　(b) 实体模型

图 12-41　拉伸图例一

操作步骤如下：

命令:_region　　　　　　　　　　　　　　　　// 启用面域命令
选择对象:指定对角点:找到 2 个　　　　　　　// 利用框选方式选择圆和六边形
选择对象:　　　　　　　　　　　　　　　　　// 按【Enter】键
已提取 2 个环。
已创建 2 个面域。　　　　　　　　　　　　　// 创建 2 个面域
命令:_subtract 选择要从中减去的实体或面域…　// 启用差集命令
选择对象:找到 1 个　　　　　　　　　　　　　// 选择圆
选择对象:　　　　　　　　　　　　　　　　　// 按【Enter】键
选择要减去的实体或面域…
选择对象:找到 1 个　　　　　　　　　　　　　// 选取六边形
选择对象:　　　　　　　　　　　　　　　　　// 按【Enter】键
命令:_extrude　　　　　　　　　　　　　　　// 启用拉伸命令
当前线框密度:ISOLINES=20　　　　　　　　　// 显示当前线框密度
选择对象:找到 1 个　　　　　　　　　　　　　// 选取差集后的面域
选择对象:　　　　　　　　　　　　　　　　　// 按【Enter】键
指定拉伸高度或[路径(P)]:30　　　　　　　　　// 输入高度值
指定拉伸的倾斜角度<0>:　　　　　　　　　　// 按【Enter】键

结果如图 12-41（b）所示。

【例】沿图 12-42 的路径拉伸圆环成管路。

| (a) 拉伸圆环和拉伸路径 | (b) 拉伸实体 | (c) 渲染处理后的效果 |

图 12-42　拉伸图例二

操作步骤提示如下：

（1）在平面图形中先采用多段线命令画出图 12-42（a）所示的路径。

（2）把平面图形转换到西南等轴测图中去，利用 UCS 用户坐标系的变换，把坐标移动到路经的端点处，使 XOY 面与路径垂直。

（3）在 XOY 坐标平面内，绘制两圆环，并创建面域，进行面域的差集。

（4）启用拉伸命令，并选择路径，完成实体的绘制。

命令:_extrude	//启用拉伸命令
当前线框密度:ISOLINES=20	//显示当前线框密度
选择对象:找到 1 个	//选取差集后的圆环面域
选择对象:	//按【Enter】键
指定拉伸高度或[路径(P)]:P	//输入"P"选择路径选项
选择拉伸路径或[倾斜角]:	//按【Enter】键

结果如图 12-42（b）所示，渲染处理后的效果如图 12-42（c）所示。

> **注意事项:** 不能拉伸具有相交或自交段的多段线。多段线应包含至少 3 顶点，但不能多于 500 个顶点。如果选定的多段线具有宽度，将忽略其宽度并且从多段线路径的中心线处拉伸；如果选定对象具有厚度，将忽略该厚度。如果是多个对象组成的封闭区域，则拉伸时将生成一组曲面。

12.8　三维实体的编辑

对三维实体可以进行旋转、镜像、阵列、倒角、对齐、倒圆角、并、差、交、剖切、干涉、压印、分割、抽壳、清除等编辑操作，同时可以对实体的边和面进行编辑。在已打开的工具上鼠标右击，在弹出的光标菜单中选取【实体编辑】选项，弹出如图 12-43 所示的工具栏，在进行实体编辑时使用此工具栏非常方便。

图 12-43　【实体编辑】工具栏

12.8.1　用布尔运算创建复杂实体模型

通过布尔运算可以进行多个简单三维实体求并、求差及求交等操作，从而创建出形状复杂的三维实体，许多挖孔、开槽都是通过布尔运算来完成的，这是创建三维实体使用频率非常高的一种手段。

（1）并集　通过并集绘制组合体，首先需要创建基本实体，然后通过基本实体的并集产生新的组合体。

启用"并集"命令有三种方法。

- 选择→【修改】→【实体编辑】→【并集】菜单命令。
- 单击【实体编辑】工具栏中的【并集】按钮 ⬤。
- 输入命令：UNION。

启用"并集"命令后，命令行提示如下：

命令:_union

选择对象

其中的参数：

- 【选择对象】：选择需要进行并集的实体。

【例】将图 12-44（a）所示的两个实体组合成一个实体。

命令:_union　　　　　　　　　//启用并集命令 ⬤

选择对象:指定对角点:找到 2 个　　//窗口选取球体和圆柱体

选择对象:　　　　　　　　　//按【Enter】键

结果如图 12-44（b）所示。

（2）差集　和并集相类似，也可以通过差集创建组合面域或实体。通常用来绘制带有槽、孔等结构的组合体。

启用"差集"命令有三种方法。

- 选择→【修改】→【实体编辑】→【差集】菜单命令。

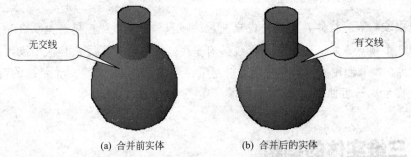

（a）合并前实体　　　　　（b）合并后的实体

图 12-44　并集运算效果

- 单击【实体编辑】工具栏中的【差集】按钮 ⬤。
- 输入命令：SUBTRACT。

启用"差集"命令后，命令行提示如下：

命令:_subtract 选择要从中减去的实体或面域...

选择对象:找到 1 个

选择对象:

选择要减去的实体或面域...

选择对象:

其中的参数：

- 【选择对象】：分别选择被减的对象和要减去的对象。

【例】将图 12-45（a）所示的球体当中去掉圆柱体。

(a) 合并前实体　　　　　　　　　(b) 合并后的实体

图 12-45　差集运算效果

命令:_subtract 选择要从中减去的实体或面域... 　　//启用差集命令
选择对象:找到 1 个 　　　　　　　　　　　　　//选择球体,按【Enter】键
选择要减去的实体或面域..
选择对象:找到 1 个 　　　　　　　　　　　　　//选择圆柱体,按【Enter】键
结果如图 12-45(b)所示。

(3)交集　和并集和差集一样,可以通过交集来产生多个面域或实体相交的部分。
启用"交集"命令有三种方法。

- 选择→【修改】→【实体编辑】→【交集】菜单命令。
- 单击【实体编辑】工具栏中的【交集】按钮 ◎ 。
- 输入命令:INTERSECT。

启用"交集"命令后,命令行提示如下:

命令:_intersect
选择对象:
其中的参数:

- 【选择对象】:选择相交的对象。

【例】绘制图 12-46 所示的球体和圆柱体的相交的部分。

(a) 合并前实体　　　　　　　　　(b) 合并后的实体

图 12-46　交集运算效果

命令:_intersect 　　　　　　　　　　　　　//启用交集命令 ◎
选择对象:指定对角点:找到 2 个 　　　　　　　//窗口选取球体和圆柱体
选择对象: 　　　　　　　　　　　　　　　　//按【Enter】键
结果如图 12-46(b)所示。

12.8.2　剖切实体

剖切实体是可以用平面剖切一组实体,从而将该组实体分成两部分或去掉其中的一

部分。

启用"剖切"命令有三种方法。

- 选择→【修改】→【三维操作】→【剖切】菜单命令。
- 单击【三维制作】面板上【剖切】按钮 ![剖切按钮]。
- 输入命令：SLICE。

启用"剖切"命令后，命令行提示如下：

命令：_slice

选择要剖切的对象：找到 1 个

选择要剖切的对象：

指定 切面 的起点或 [平面对象(O)/曲面(S)/Z 轴(Z)/视图(V)/XY(XY)/YZ(YZ)/ZX(ZX)/三点（3）] <三点>：3

指定平面上的第一个点： <对象捕捉 开>

指定平面上的第二个点：

指定平面上的第三个点：

在所需的侧面上指定点或 [保留两个侧面(B)] <保留两个侧面>：

其中的参数：

- 【平面对象(O)】：用圆、椭圆、圆弧或椭圆弧、二维样条曲线或二维多段线线段等对象所在的平面作为剪切平面。
- 【曲面（S)】：选择该选项后可以对表面模型进行剖切，但旋转网格、平移网格、直纹网格和边界网格不能进行剖切。
- 【Z 轴(Z)】：剖切平面过 Z 轴上指定的两个点。
- 【视图(V)】：将剖切面与当前视口的视图平面对齐，指定点可定义剖切平面的位置。
- 【XY、YZ、ZX】：以平行于 XY、YZ 或 ZX 面的一个平面作为剖切平面，需指定一个点来确定剖切平面的位置。
- 【三点（3)】：用三个点的方式确定剖切平面。
- 【保留两侧面(B)】：默认情况下，指定某侧后，另一侧剖切得到的实体将被删除，而选择该选项则会同时保留剖切后得到的两个实体，而不会删除某个部分。

【例】将图 12-47（a）所示的实体剖切成两部分。

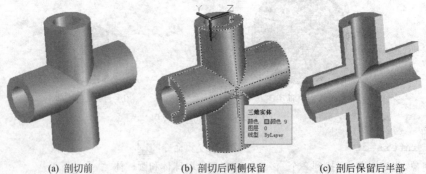

(a) 剖切前　　　　　(b) 剖切后两侧保留　　　　　(c) 剖后保留后半部

图 12-47　剖切实体图例

命令：_slice　　　　　　　　　　　　　　//启用剖切命令 ![剖切按钮]

选择对象：找到 1 个　　　　　　　　　　//选择实体

选择对象：　　　　　　　　　　　　　　//按【Enter】键

指定切面上的第一个点，依照[对象(O)/Z 轴(Z)/视图(V)/XY 平面(XY)/YZ 平面(YZ)/ZX 平面

(ZX)/三点（3）]<三点>:ZX   //选择"ZX"平面为剖切面

  指定 ZX 平面上的点<0,0,0>:   //按【Enter】键

  在要保留的一侧指定点或[保留两侧(B)]:B   //输入字母"B"选择两侧保留

  结果如图 12-47（b）所示。

命令:_slice   //启用剖切命令 🔧

选择对象:找到 1 个   //选择实体

选择对象: //按【Enter】键

  指定切面上的第一个点，依照[对象(O)/Z 轴(Z)/视图(V)/XY 平面(XY)/YZ 平面(YZ)/ZX 平面

(ZX)/三点（3）]<三点>:ZX   //选择"ZX"平面为剖切面

  指定 ZX 平面上的点<0,0,0>:   //按【Enter】键

  在要保留的一侧指定点或[保留两侧(B)]:   //在实体的后半部单击一点

  结果如图 12-47（c）所示。

> **经验之谈：** 执行剖切命令的过程中，系统默认指定平面上两点的方式进行，通过两点的剖切平面将垂直于当前 UCS 坐标系，如果想要剖切斜面，一定要用三点法剖切，这是与 CAD2006 不同的地方。

12.8.3　干涉检查

  干涉检查是用来检查两个或者多个三维实体的公共部分的复合实体。

  启用"干涉检查"命令有三种方法。

- 选择→【修改】→【三维操作】→【干涉检查】菜单命令。
- 单击【三维制作】面板上【干涉】按钮 📊。
- 输入命令：INTERFERE。

  启用"干涉"命令后，命令行提示如下：

命令: _interfere

选择第一组对象或 [嵌套选择(N)/设置(S)]:

选择第二组对象或 [嵌套选择(N)/检查第一组(K)] <检查>:

其中的参数：

- 【选择第一组对象】：选择欲创建的三维实体之一。
- 【选择第二组对象】：选择欲创建的三维实体之二

【例】检查图 12-48 所示，圆柱和圆体的公用部分。

(a) 原实体

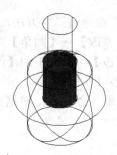

(b) 干涉检查显示

图 12-48　干涉实体图例

命令:_interfere 选择实体的第一集合: //启用干涉命令 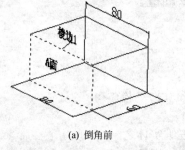
选择第一组对象或 [嵌套选择(N)/设置(S)]:   //选取圆柱,按【Enter】键
选择第二组对象或 [嵌套选择(N)/检查第一组(K)] //选取球,按【Enter】键

12.8.4 三维倒直角

启用"倒直角"命令有三种方法。

- 选择→【修改】→【倒直角】菜单命令。
- 单击【修改】工具栏中的【倒直角】按钮。
- 输入命令:CHAMFER。

启用"倒直角"命令后,根据命令行提示完成如图 12-49(a)所示长方体棱边 1 上的倒角。

命令:_chamfer   //选择倒直角命令
("不修剪"模式)当前倒角距离 1=0.0000,距离 2=2.0000
选择第一条直线或 [放弃(U)/多段线(P)/距离(D)/角度(A)/修剪(T)/方式(E)/多个(M)]:
              //选择棱边 1,以便确定倒角的基面

基面选择...
输入曲面选择选项[下一个(N)/当前(OK)]<当前>:
             //此时 A 面以虚线表示,则按【Enter】键;若相邻面以虚
             //线显示,则选择"下一个(N)",然后按【Enter】键
指定基面的倒角距离:15   //输入基面的倒角距离
指定其他曲面的倒角距离:20   //输入相邻面的倒角距离
选择边或[环(L)]:   //选择棱边 1,并按【Enter】键
结果如图 12-49(b)所示。

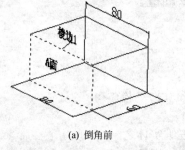

(a) 倒角前   (b) 倒角后

图 12-49 三维倒角图例

12.8.5 三维倒圆角

启用"圆角"命令有三种方法。

- 选择→【修改】→【圆角】菜单命令。
- 单击【修改】工具栏中的【倒圆角】按钮。
- 输入命令:FILLET。

启用"倒圆角"命令后,根据命令行提示完成如图 12-50(a)所示长方体棱边上的倒圆角。

命令:_fillet   //选择倒圆角命令
当前设置:模式=不修剪,半径=0.0000
选择第一个对象或[放弃(U)/多段线(P)/半径(R)/修剪(T)/多个(M)]:

	//选择棱边1
输入圆角半径:8	//输入圆角半径
选择边或[链(C)/半径(R)]:	//选择棱边2
选择边或[链(C)/半径(R)]:	//选择棱边3
选择边或[链(C)/半径(R)]:	//按【Enter】键

已选定 3 个边用于圆角。

结果如图 12-50（b）所示。

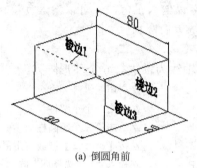　　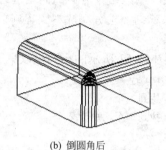

(a) 倒圆角前　　　　　　　　　　　(b) 倒圆角后

图 12-50　三维倒圆角图例

12.8.6　三维阵列

利用"三维阵列"命令可阵列三维实体。在操作过程中，用户需要输入阵列的列数、行数以及层数。其中，列数、行数、层数分别是指实体在 X、Y、Z 方向的数目。另外，根据实体的阵列特点，可分为矩形阵列与环形阵列。

启用"三维阵列"命令有两种方法。

- 选择→【修改】→【三维操作】→【三维阵列】菜单命令。
- 输入命令：3DARRAY。

启用"三维阵列"命令后，命令行提示如下：

命令:_3darray
选择对象:
输入阵列类型[矩形(R)/环形(P)]<矩形>:

其中的参数：

- 【选择对象】：选择阵列的对象。
- 【矩形(R)】：选择矩形阵列后，命令行继续提示：

输入行数(…):	//输入阵列的行数
输入列数(…):	//输入阵列的列数
输入层数(…):	//输入阵列的层数
指定行间距(…):	//输入行间距
指定列间距(…):	//输入列间距
指定层间距(…):	//输入层间距

- 【环形(P)】：绕旋转轴复制对象。选择环形阵列后，命令行继续提示：

命令:_3darray	//启用三维阵列命令
选择对象:	//选择要阵列的对象
输入阵列类型 [矩形(R)/环形(P)]<矩形>:p	//选择环形阵列
输入阵列中的项目数目:	//输入阵列数目

指定要填充的角度(+=逆时针,-=顺时针)<360>:

旋转阵列对象？[是(Y)/否(N)]<Y>:　　　　　　　//选择旋转对象

指定阵列的中心点:　　　　　　　　　　　　　　//点取轴上的一点

指定旋转轴上的第二点:　　　　　　　　　　　　//点取轴上第二点

按提示执行操作后，AutoCAD 将对所选对象按指定要求进行阵列。

> **教学提示**：在矩形阵列中，行、列、层分别沿当前 UCS 的 X、Y、Z 轴方向阵列。当命令行提示输入沿某方向的间距值时，可以输入正值，也可以输入负值。输入正值，将沿相应坐标轴的正方向阵列；否则，沿负方向阵列。

【例】将图 12-51 所示的小圆榄以桌子中轴线为轴进行 6 个环形阵列。

命令:_3darray　　　　　　　　　　　　　　//启用三维阵列命令

选择对象:找到1个　　　　　　　　　　　　//单击一个小圆柱

选择对象:找到1个，总计2个　　　　　　　//单击第二个小圆柱

选择对象:　　　　　　　　　　　　　　　　//按【Enter】键或右击鼠标

输入阵列类型 [矩形(R)/环形(P)] <矩形>:P　//输入"P"选择环形阵列

输入阵列中的项目数目:6　　　　　　　　　　//输入阵列数目

指定要填充的角度 (+=逆时针,-=顺时针) <360>:　//按【Enter】键

旋转阵列对象？[是(Y)/否(N)]<Y>:　　　　//确认旋转阵列对象，按【Enter】键

指定阵列的中心点:　　　　　　　　　　　　//单击捕捉上圆心，作为旋转轴的起点

指定旋转轴上的第二点:　　　　　　　　　　//单击捕捉下圆心，作为旋转轴的第二点

结果如图 12-51（b）所示。

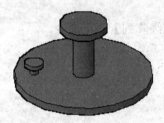　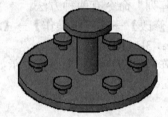

(a) 阵列前　　　　　　　　　　　(b) 阵列后

图 12-51　环形阵列图例

【例】将图 12-52 所示的 10×10×10 小方框进行 5×5 矩形阵列，其中，行、列、层间距均为 12。

命令:_3darray　　　　　　　　　　　　　　//启用三维阵列命令

选择对象:指定对角点:找到1个　　　　　　　//选择小立方体作为阵列对象

选择对象:　　　　　　　　　　　　　　　　//按【Enter】键

输入阵列类型[矩形(R)/环形(P)]<矩形>:R　//输入"R"选择矩形选项

输入行数(---)<1>:5　　　　　　　　　　　//输入行数

输入列数(|||)<1>:5　　　　　　　　　　　//输入列数

输入层数(...)<1>:5　　　　　　　　　　　//输入层数

指定行间距(---):12　　　　　　　　　　　//输入行间距

指定列间距(|||):12　　　　　　　　　　　//输入列间距

指定层间距(...):12　　　　　　　　　　　//输入层间距

结果如图 12-52（b）所示。

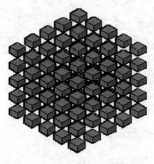

(a) 阵列前   (b) 阵列后

图 12-52　矩形阵列图例

12.8.7　三维镜像

三维镜像命令通常用于绘制具有对称结构的三维实体。

启用三维镜像命令有两种方法。

- 选择→【修改】→【三维操作】→【三维镜像】菜单命令。
- 输入命令：MIRROR3D。

启用"三维镜像"命令后，命令行提示如下：

命令：_mirror3d

选择对象：

指定镜像平面(三点)的第一个点或

[对象(O)/最近的(L)/Z 轴(Z)/视图(V)/XY 平面(XY)/YZ 平面(YZ)/ZX

平面(ZX)/三点（3）]<三点>：

在镜像平面上指定第二点：

在镜像平面上指定第三点：

是否删除源对象？[是(Y)/否(N)]<否>：

其中的参数：

- 【对象】选项：将所选对象(圆、圆弧或多段线等)所在的平面作为镜像平面。
- 【最近的】选项：使用上一次镜像操作中使用的镜像平面作为本次操作的镜像平面。
- 【Z 轴】选项：依次选择两点，系统会自动将两点的连线作为镜像平面的法线，同时镜像平面通过所选的第一点。
- 【视图】选项：选择一点，系统会自动将通过该点且与当前视图平面平行的平面作为镜像平面。
- 【XY 平面】选项：选择一点，系统会自动将通过该点且与当前坐标系的 XY 面平行的平面作为镜像平面。
- 【YZ 平面】选项：选择一点，系统会自动将通过该点且与当前坐标系的 YZ 面平行的平面作为镜像平面。
- 【ZX 平面】选项：选择一点，系统会自动将通过该点且与当前坐标系的 ZX 面平行的平面作为镜像平面。
- 【三点】选项：通过指定三点来确定镜像平面。

【例】将图 12-53（a）所示的两个小圆球进行三维镜像。

命令：_mirror3d   //选择三维镜像命令

选择对象:指定对角点:找到 2 个　　　　　　　　//选择圆锥
选择对象:　　　　　　　　　　　　　　　　　//按【Enter】键
指定镜像平面(三点)的第一个点或
[对象(O)/最近的(L)/Z 轴(Z)/视图(V)/XY 平面(XY)/YZ 平面(YZ)/ZX
平面(ZX)/三点(3)] <三点>:　　　　　　//单击 A 点,确定镜像平面的第一点
<对象捕捉 开> 在镜像平面上指定第二点:　　//单击 B 点,确定镜像平面的第二点
在镜像平面上指定第三点:　　　　　　　　　//单击 C 点,确定镜像平面的第三点
是否删除源对象? [是(Y)/否(N)]<否>:　　//按【Enter】键
结果如图 12-53(b)所示。

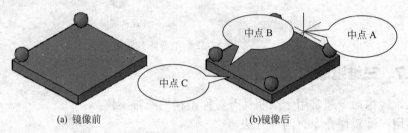

(a) 镜像前　　　　　　　　　　　　　　(b)镜像后

图 12-53　三维镜像图例

12.8.8　三维旋转

通过"三维旋转"命令可以灵活定义旋转轴,并对三维实体进行任意旋转。

启用"三维旋转"命令有两种方法。

- 选择→【修改】→【三维操作】→【三维旋转】菜单命令。
- 输入命令:ROTATE3D。

启用"三维旋转"命令后,命令行提示如下:

命令: _3drotate　　　　　　　　　　　　　//选择三维旋转命令
UCS 当前的正角方向: ANGDIR=逆时针 ANGBASE=0　　//系统显示当前视图方向、角度
选择对象:　　　　　　　　　　　　　　　　//选择要旋转的对象
选择对象:　　　　　　　　　　　　　　　　//按【Enter】键确定旋转的对象
指定基点:　　　　　　　　　　　　　　　　//指定旋转对象的基点
拾取旋转轴:　　　　　　　　　　　　　　　//指定旋转轴
指定角的起点或键入角度:　　　　　　　　　//输入旋转角度并按【Enter】键
正在重生成模型　　　　　　　　　　　　　//系统重生成模型

　　学习提示: AutoCAD 2006 版本的旋转命令在 AutoCAD 2014 中同样可以使用。
AutoCAD 2014 版中三维旋转增加了新功能,应用更快捷和方便,执行三维旋转命令并
选择要旋转的对象后,显示旋转夹点工具如图 12-54 所示,利用旋转夹点工具可以将旋
转约束到某根轴上。

　　将旋转约束到某根轴上的方法为:指定基点后,将光标悬停在旋转夹点工具上的轴
句柄上,直到光标变为黄色,并且矢量线显示为与该轴对齐时单击该轴线,然后移动鼠
标光标时,选择的对象将围绕基点沿指定的轴旋转,这时可以单击或输入值来指定旋转
的角度,如图 12-55 所示。

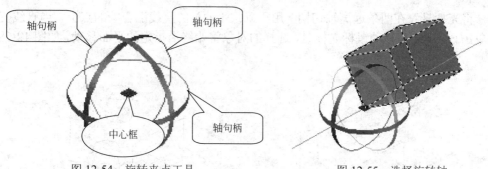

| 图 12-54 旋转夹点工具 | 图 12-55 选择旋转轴 |

12.8.9 三维移动

三维移动可以在三维空间中将对象沿指定方向移动指定的距离，与二维移动的方法相似，不同的只是移动时可以在三维空间中任意移动。

启用"三维移动"命令有两种方法。

- 选择→【修改】→【三维操作】→【三维移动】菜单命令。
- 单击【实体编辑】工具栏或【三维制作】面板中的 ⬚ 按钮。
- 输入命令：3DMOVE。

启用"三维移动"命令后，命令行提示如下：

命令：3DMOVE   //选择三维移动命令
选择对象：   //选择要移动的对象
选择对象：   //按【Enter】键确定平移的对象
指定基点或〔位移(D)〕   //指定基点
指定第二个点或 <使用第一个点作为位移>： //指定目标点

> **学习提示**：执行命令的过程中，"位移"选项的含义与二维移动时的选项含义相同，与二维移动不同的是：执行三维移动命令后，将出现如图 12-56 所示的移动夹点工具。在 AutoCAD 2006 及之前的版本中没有三维移动命令，要实现任意方向上的移动必须通过辅助点来确定，或用二维移动命令移动两次，而使用三维移动命令则可成倍地提高工作效率。

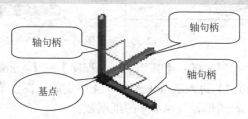

图 12-56 三维移动夹点工具

利用移动夹点工具，可以将移动约束到某根轴或某个平面上，其方法分别如下。

① 将移动约束到轴：指定选择要移动的对象并指定基点后，将光标悬停在夹点工具的某条轴句柄上，当出现的矢量线显示为与该轴对齐时单击该轴句柄，然后拖动鼠标时，选择的对象将始终沿指定的轴移动，如图 12-57 所示。

② 将移动约束到面：指定选择要移动的对象并将移动夹点工具移动到要约束到的面上

指定基点，将光标悬停在两条远离轴句柄（用于确定平面）的直线汇合处的点上，当直线变为黄色时单击该点，之后移动鼠标光标时，选择的对象将始终沿指定的平面移动，如图 12-58 所示。

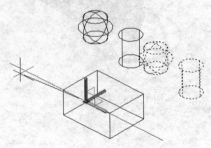

图 12-57　将移动约束在轴上

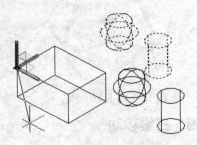

图 12-58　将约束移动到面上

12.9　三维实体绘制实例

【题目】绘制如图 12-59 所示的椅子图形,图形尺寸不限，编辑方法不限。

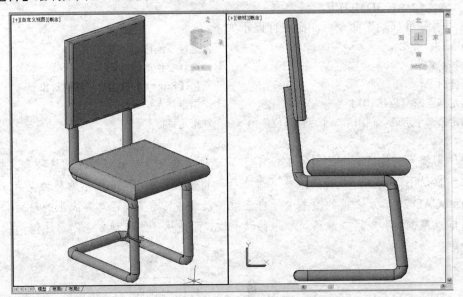

图 12-59　椅子图形

（1）创建新的图形文件　选择→【开始】→【程序】→【Autodesk】→【AutoCAD 2014 中文版】→【AutoCAD 2014】进入 AutoCAD 2014 中文版绘图主界面。

（2）设置图形界限　本图形设置 A4 号图纸横放。

命令：_limits　　　　　　　　　　　//选择→【格式】→【图形界限】启用图形界限命令
重新设置模型空间界限：
指定左下角点或 [开(ON)/关(OFF)] <0.0000,0.0000>：//按【Enter】键
指定右上角点 <420.0000,297.0000>：297,210　　　　//输入新的"图形界限"
命令：'_zoom　　　　　　　　　　　//启用全部缩放命令
指定窗口的角点，输入比例因子 (nX 或 nXP)，或者
[全部(A)/中心(C)/动态(D)/范围(E)/上一个(P)/比例(S)/窗口(W)/对象(O)] <实时>：

_all 正在重生成模型。　　　　　　　　　　　　　　　　　　　//显示新的图形界限

（3）设置图层　由于本图例线型少，因此不用设置图层，在 0 层绘制就可以了。

（4）图形绘制

① 利用"多段线"命令绘制家具的侧面，结果如图 12-60 所示。

命令：_pline　　　　　　　　　　　　//单击【绘图】工具栏中的【多段线】按钮

指定起点：0,0　　　　　　　　　　　　//以"坐标原点"为起点，然后按【Enter】键

当前线宽为 0.0000

指定下一个点或 [圆弧(A)/半宽(H)/长度(L)/放弃(U)/宽度(W)]：50,0

　　　　　　　　　　　　　　　//先做长度为 50 的直线，然后按【Enter】键

指定下一点或 [圆弧(A)/闭合(C)/半宽(H)/长度(L)/放弃(U)/宽度(W)]：a

　　　　　　　　　　　　　　　//做圆弧，然后按【Enter】键

指定圆弧的端点或

[角度(A)/圆心(CE)/闭合(CL)/方向(D)/半宽(H)/直线(L)/半径(R)/第二个点(S)/放弃(U)/

宽度(W)]：a　　　　　　　　　　　　//选择输入角度，然后按【Enter】键

指定包含角：90　　　　　　　　　　　//输入角度，然后按【Enter】键

指定圆弧的端点或 [圆心(CE)/半径(R)]：55,5

　　　　　　　　　　　　　　　//输入圆弧的端点坐标，然后按【Enter】键

指定圆弧的端点或

[角度(A)/圆心(CE)/闭合(CL)/方向(D)/半宽(H)/直线(L)/半径(R)/第二个点(S)/放弃(U)/

宽度(W)]：l　　　　　　　　　　　　//选择输入直线，然后按【Enter】键

指定下一点或 [圆弧(A)/闭合(C)/半宽(H)/长度(L)/放弃(U)/宽度(W)]：50,50

　　　　　　　　　　　　　　　//输入直线的端点坐标，然后按【Enter】键

指定下一点或 [圆弧(A)/闭合(C)/半宽(H)/长度(L)/放弃(U)/宽度(W)]：a

　　　　　　　　　　　　　　　//做圆弧，然后按【Enter】键

指定圆弧的端点或

[角度(A)/圆心(CE)/闭合(CL)/方向(D)/半宽(H)/直线(L)/半径(R)/第二个点(S)/放弃(U)/

宽度(W)]：a　　　　　　　　　　　　//选择输入角度，然后按【Enter】键

指定包含角：90　　　　　　　　　　　//输入角度，然后按【Enter】键

指定圆弧的端点或 [圆心(CE)/半径(R)]：45,55

　　　　　　　　　　　　　　　//输入圆弧的端点坐标，然后按【Enter】键

指定圆弧的端点或

[角度(A)/圆心(CE)/闭合(CL)/方向(D)/半宽(H)/直线(L)/半径(R)/第二个点(S)/放弃(U)/

宽度(W)]：l　　　　　　　　　　　　//选择输入直线，然后按【Enter】键

指定下一点或 [圆弧(A)/闭合(C)/半宽(H)/长度(L)/放弃(U)/宽度(W)]：0,55

　　　　　　　　　　　　　　　//输入直线的端点坐标，然后按【Enter】键

指定下一点或 [圆弧(A)/闭合(C)/半宽(H)/长度(L)/放弃(U)/宽度(W)]：a

　　　　　　　　　　　　　　　//做圆弧，然后按【Enter】键

指定圆弧的端点或

[角度(A)/圆心(CE)/闭合(CL)/方向(D)/半宽(H)/直线(L)/半径(R)/第二个点(S)/放弃(U)/

宽度(W)]：a　　　　　　　　　　　　//选择输入角度，然后按【Enter】键

指定包含角：-90　　　　　　　　　　 //输入角度，然后按【Enter】键

指定圆弧的端点或 [圆心(CE)/半径(R)]: -5,60

                    //输入圆弧的端点坐标，然后按【Enter】键

指定圆弧的端点或

[角度(A)/圆心(CE)/闭合(CL)/方向(D)/半宽(H)/直线(L)/半径(R)/第二个点(S)/放弃(U)/宽度(W)]: l   //选择输入直线，然后按【Enter】键

   指定下一点或 [圆弧(A)/闭合(C)/半宽(H)/长度(L)/放弃(U)/宽度(W)]: -10,110

                    //输入直线的端点坐标，然后按【Enter】键

   指定下一点或 [圆弧(A)/闭合(C)/半宽(H)/长度(L)/放弃(U)/宽度(W)]:

                    //按【Enter】键

② 选择→【视图】→【三维视图】→【西南等轴测】菜单命令，将当前视图设置为西南等轴测视图，结果如图 12-61 所示。

图 12-60　绘制多段线

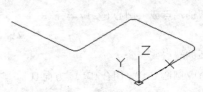
图 12-61　西南等轴测视图

③ "复制"步骤①中所绘的"多段线"，结果如图 12-62 所示。

命令: _copy   //单击【修改】工具栏中的【复制】按钮

选择对象: 找到 1 个   //拾取步骤①中所绘的"多段线"

选择对象: //按【Enter】键

当前设置:　复制模式 = 多个

指定基点或 [位移(D)/模式(O)] <位移>:   //拾取"坐标原点"为基点

指定第二个点或 <使用第一个点作为位移>: 0,0,50

                    //输入第二个点的坐标，然后按【Enter】键

指定第二个点或 [退出(E)/放弃(U)] <退出>:   //按【Enter】键

④ 绕 X 轴旋转坐标系。

命令: _ucs   //单击【UCS】工具栏中的【X】按钮

当前 UCS 名称: *没有名称*

指定 UCS 的原点或 [面(F)/命名(NA)/对象(OB)/上一个(P)/视图(V)/世界(W)/X/Y/Z/Z 轴(ZA)] <世界>: _x

指定绕 X 轴的旋转角度 <90>:   //按【Enter】键

⑤ 做一条"多段线"将步骤③中所绘的两条"多段线"链接起来，结果如图 12-63 所示。

命令: _pline   //单击【绘图】工具栏中的【多段线】按钮

指定起点: 0,0   //以"坐标原点"为起点，然后按【Enter】键

当前线宽为 0.0000

指定下一个点或 [圆弧(A)/半宽(H)/长度(L)/放弃(U)/宽度(W)]: a

　　　　　　　　　　　　　　　　　　　　　　//做圆弧，然后按【Enter】键

上一个方向与 UCS 不平行，使用 0。

指定圆弧的端点或

[角度(A)/圆心(CE)/方向(D)/半宽(H)/直线(L)/半径(R)/第二个点(S)/放弃(U)/宽度(W)]: a
　　　　　　　　　　　　　　　　　　　　　　//选择输入角度，然后按【Enter】键

指定包含角: -90　　　　　　　　　　　　　//输入角度，然后按【Enter】键

指定圆弧的端点或 [圆心(CE)/半径(R)]: -5,5

　　　　　　　　　　　　　　　　　　　　　　//输入圆弧的端点坐标，然后按【Enter】键

指定圆弧的端点或

[角度(A)/圆心(CE)/闭合(CL)/方向(D)/半宽(H)/直线(L)/半径(R)/第二个点(S)/放弃(U)/

宽度(W)]: l　　　　　　　　　　　　　　　//选择输入直线，然后按【Enter】键

指定下一点或 [圆弧(A)/闭合(C)/半宽(H)/长度(L)/放弃(U)/宽度(W)]: -5,45

　　　　　　　　　　　　　　　　　　　　　　//输入直线的端点坐标，然后按【Enter】键

指定下一点或 [圆弧(A)/闭合(C)/半宽(H)/长度(L)/放弃(U)/宽度(W)]: a

　　　　　　　　　　　　　　　　　　　　　　//做圆弧，然后按【Enter】键

指定圆弧的端点或

[角度(A)/圆心(CE)/闭合(CL)/方向(D)/半宽(H)/直线(L)/半径(R)/第二个点(S)/放弃(U)/

宽度(W)]: a　　　　　　　　　　　　　　　//选择输入角度，然后按【Enter】键

指定包含角: -90　　　　　　　　　　　　　//输入角度，然后按【Enter】键

指定圆弧的端点或 [圆心(CE)/半径(R)]: 0,50

　　　　　　　　　　　　　　　　　　　　　　//输入圆弧的端点坐标，然后按【Enter】键

指定圆弧的端点或

[角度(A)/圆心(CE)/闭合(CL)/方向(D)/半宽(H)/直线(L)/半径(R)/第二个点(S)/放弃(U)/

宽度(W)]:　　　　　　　　　　　　　　　　//按【Enter】键

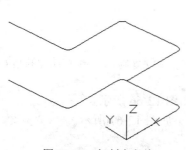

图 12-62　复制多段线

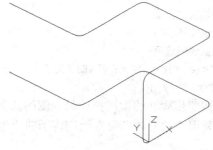

图 12-63　绘制多段线

⑥ 按照步骤④的做法使"坐标轴"绕"Y轴"旋转90°。

⑦ 单击【绘图】工具栏中的【圆】按钮⊙，捕捉"坐标原点"为圆心，输入圆的半径"3"，绘制圆，结果如图 12-64 所示。

⑧ 使用"路径拉伸"命令拉伸步骤⑦中绘制的小圆，结果如图 12-65 所示。

命令: _extrude　　　　　　　　　　//单击【建模】工具栏中的【拉伸】按钮🔲

当前线框密度: ISOLINES=4

选择要拉伸的对象: 找到 1 个　　　//拾取步骤⑦中所绘制的"小圆"

选择要拉伸的对象:　　　　　　　　//按【Enter】键

指定拉伸的高度或 [方向(D)/路径(P)/倾斜角(T)]: p

//选择按"路径"拉伸，然后按【Enter】键

选择拉伸路径或 [倾斜角(T)]:　　　　　//拾取步骤⑤中所绘制的"多段线"

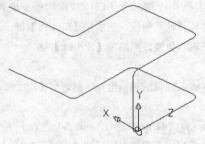

图 12-64　绘制圆

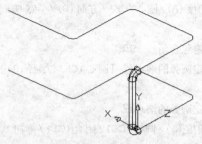

图 12-65　拉伸圆

⑨ 使用"拉伸面"命令拉伸步骤⑧中"体拉伸"绘制的实体端面的小圆。

命令: _solidedit　　　　　　　　//单击【实体编辑】工具栏中的【拉伸面】按钮
实体编辑自动检查: SOLIDCHECK=1
输入实体编辑选项 [面(F)/边(E)/体(B)/放弃(U)/退出(X)] <退出>: _face
输入面编辑选项
[拉伸(E)/移动(M)/旋转(R)/偏移(O)/倾斜(T)/删除(D)/复制(C)/颜色(L)/材质(A)/放弃
(U)/退出(X)] <退出>:
_extrude
选择面或 [放弃(U)/删除(R)]: 找到 2 个面。

//拾取步骤⑧中"体拉伸"绘制的实体端面的小圆

选择面或 [放弃(U)/删除(R)/全部(ALL)]://按【Enter】键
指定拉伸高度或 [路径(P)]: p　　　　//选择按"路径"拉伸，然后按【Enter】键
选择拉伸路径:　　　　　　　　　//拾取步骤③中所绘制的在小圆一侧的"多段线"
不能拉伸非平面，操作将被忽略。
已开始实体校验。
已完成实体校验。
输入面编辑选项
[拉伸(E)/移动(M)/旋转(R)/偏移(O)/倾斜(T)/删除(D)/复制(C)/颜色(L)/材质(A)/放弃
(U)/退出(X)] <退出>:

⑩ 按照步骤⑨的做法拉伸另一侧的曲面，结果如图 12-66 所示。

⑪ 利用"长方体"命令绘制椅子的"坐板"，结果如图 12-67 所示。

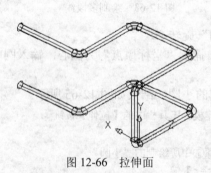

图 12-66　拉伸面

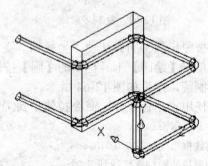

图 12-67　绘制长方体

236

命令: _box   //单击【建模】工具栏中的【拉伸】按钮🔲
指定第一个角点或 [中心(C)]: 58,-10,0 //输入第一个角点的坐标, 然后按【Enter】键
指定其他角点或 [立方体(C)/长度(L)]: 68,60,60
                                    //输入第一个角点的对角点坐标, 然后按【Enter】键
⑫ 使用"圆角"命令对步骤⑪中所绘制的"长方体"的一条长边进行"倒圆", 结果如
图 12-68 所示。
命令: _fillet   //单击【修改】工具栏中的【圆角】按钮🔲
当前设置: 模式 = 修剪, 半径 = 0.0000
选择第一个对象或 [放弃(U)/多段线(P)/半径(R)/修剪(T)/多个(M)]: r
                                    //选择输入半径, 然后按【Enter】键
指定圆角半径 <0.0000>: 5   //输入半径, 然后按【Enter】键
选择第一个对象或 [放弃(U)/多段线(P)/半径(R)/修剪(T)/多个(M)]:
                                    //拾取长方体的一条长边
输入圆角半径 <5.0000>:   //按【Enter】键
选择边或 [链(C)/半径(R)]:   //拾取长方体的一条长边, 然后按【Enter】键
已拾取到边。
选择边或 [链(C)/半径(R)]:
已选定 1 个边用于圆角。
⑬ 按照步骤⑫的方法对步骤⑪中所绘制的"长方体"的其他长边进行"倒圆", 结果如
图 12-69 所示。

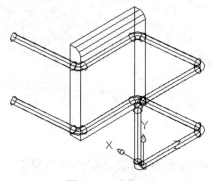

图 12-68 倒圆

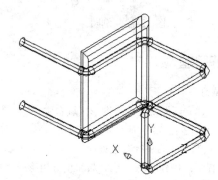

图 12-69 倒圆

⑭ 按照步骤⑪的做法利用"长方体"命令绘制椅子的"靠背", 长方体的两个对角点的
坐标分别为(90, -10, -7)和(150, 60, 0), 结果如图 12-70 所示。
⑮ 旋转步骤⑭中所绘制的"长方体", 结果如图 12-71 所示。
命令: _3drotate   //选择→【修改】→【三维操作】→【三维旋转】菜单命令
UCS 当前的正角方向: ANGDIR=逆时针 ANGBASE=0
选择对象: 找到 1 个   //拾取步骤⑭所绘制的"长方体"
选择对象: //按【Enter】键
指定基点: //拾取"靠背"后侧下方长边的中点 a
拾取旋转轴: //拾取 "绿色"圆圈
指定角的起点或键入角度: -5   //输入旋转角度, 然后按【Enter】键
正在重生成模型。
命令: '_3dforbit 按【Esc】或【Enter】键退出, 或者单击鼠标右键显示快捷菜单。
正在重生成模型。

⑯ 按照步骤⑫的方法对步骤⑭中所绘制的"长方体"的所有长边进行"倒圆",半径为2，结果如图 12-72 所示。

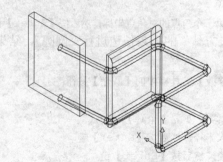

图 12-70　绘制"靠背"

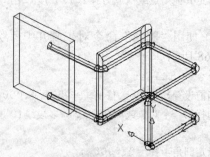

图 12-71　旋转"靠背"

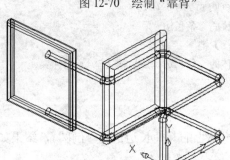

图 12-72　倒圆

⑰ 选择→【视图】→【视口】→【两个视口】菜单命令，选择默认的【垂直】选项按【Enter】键。

⑱ 单击某一个"视口"进入其中，利用【标准】工具栏中的"实时平移" 🖑 和"实时缩放" 🔍 命令调整图形的大小和位置。

⑲ 在右侧"视口"中选择→【视图】→【三维视图】→【俯视】菜单命令。

练习题

练习一

1. 建立新图形文件，图形区域自定。

2. 按图 12-73 所示尺寸绘制三维图形。

3. 绘制完成后进行着色处理。

（提示：操作步骤→绘制圆和正五边形→修剪后转为面域→在西南等轴测绘图环境下分别进行实体拉伸，五边形拉伸角度为30°）

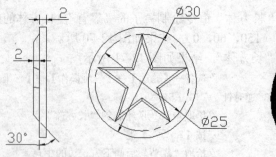

图 12-73　三维练习图例一

练习二

1. 建立新的图形文件，图形区域自定。

2. 按图 12-74 所示尺寸绘制三维图形。

AutoCAD 2014 中文版电气制图教程

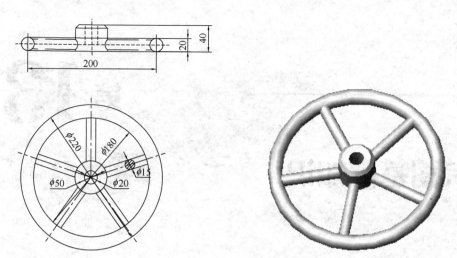

图 12-74　三维练习图例二

3. 绘制完成后进行着色处理。

（提示：操作步骤→将绘图窗口转换到西南等轴测→绘制圆环→中间的柱体→移动坐标绘制中间小圆柱→坐标变换绘制其中的一个圆杆→三维环形阵列绘制其他四根杆→差集去掉中间的小圆柱形成孔→倒直角）

练习三

1. 建立新的图形文件，图形区域自定。

2. 按图 12-75 所示尺寸绘制三维图形。

3. 绘制完成后进行视觉处理。

（提示：操作步骤→将绘图窗口转换到西南等轴测→绘制底板→圆柱体→前面肋板）

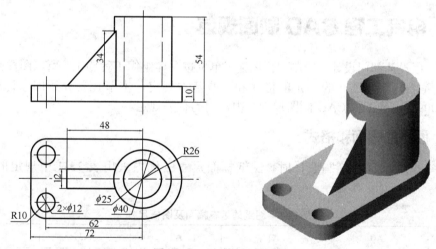

图 12-75　三维练习图例三

第 **13** 章

电气图基础知识

本章提要

本章是电气制图的基础知识，重点讲述电气工程 CAD 制图规范、电气图形符号及画法使用命令、电气技术中的文字符号和项目代号等内容。

通过本章学习，应达到如下基本要求。

① 掌握电气工程 CAD 制图规范。
② 掌握电气图形符号及画法使用命令，能在实际绘图中应用自如。
③ 掌握电气技术中的文字符号和项目代号。

13.1 电气工程 CAD 制图规范

电气工程设计部门设计、绘制图样，施工单位按图样组织工程施工，所以图样必须有设计和施工等部门共同遵守的一定的格式和一些基本规定，本节扼要介绍国家标准 GB/T 18135—2009《电气工程 CAD 制图规则》中常用的有关规定。

13.1.1 图纸的幅面和格式

（1）图纸的幅面　绘制图样时，图纸幅面尺寸应优先采用表 13-1 中规定的的基本幅面。

表 13-1　图纸的基本幅面及图框尺寸　　　　　　　　　　　　　　　　　　mm

幅面代号	A0	A1	A2	A3	A4
B×L	841×1189	594×841	420×594	297×420	210×297
a	25				
c	10			5	
e	20			10	

其中：a、c、e 为留边宽度。　图纸幅面代号由"A"和相应的幅面号组成，即 A0～A4。基本幅面共有五种，其尺寸关系如图 13-1 所示。

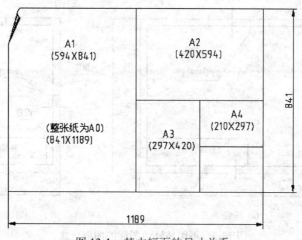

图 13-1　基本幅面的尺寸关系

幅面代号的几何含义，实际上就是对 0 号幅面的对开次数。如 A1 中的 "1"，表示将全张纸（A0 幅面）长边对折裁切 1 次所得的幅面；A4 中的 "4"，表示将全张纸长边对折裁切 4 次所得的幅面，如图 13-1 所示。

必要时，允许沿基本幅面的短边成整数倍加长幅面，但加长量必须符合国家标准（GB/T 14689—2009）中的规定。

图框线必须用粗实线绘制。图框格式分为留有装订边和不留装订边两种，如图 13-2 和图 13-3 所示。两种格式图框的周边尺寸 a、c、e 见表 13-1。但应注意，同一产品的图样只能采用一种格式。

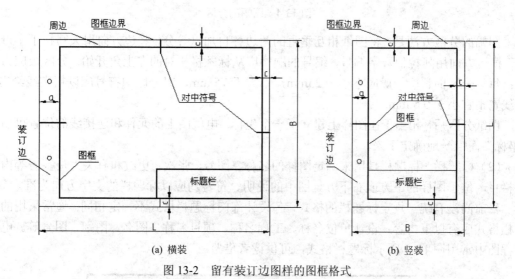

(a) 横装　　　　　　　　　　　　　(b) 竖装

图 13-2　留有装订边图样的图框格式

国家标准规定，工程图样中的尺寸以毫米为单位时，不需标注单位符号（或名称）。如采用其他单位，则必须注明相应的单位符号。本书的文字叙述和图例中的尺寸单位为毫米，均未标出。

图幅的分区，为了确定图中内容的位置及其他用途，往往需要将一些幅面较大的内容复杂的电气图进行分区，如图 13-4 所示。

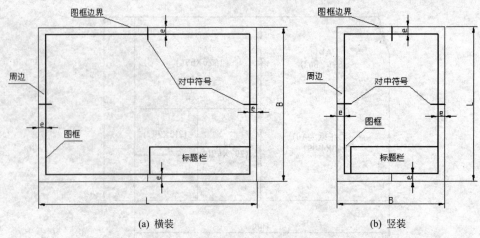

(a) 横装　　　　　　　　　　　　　(b) 竖装

图 13-3　不留装订边图样的图框格式

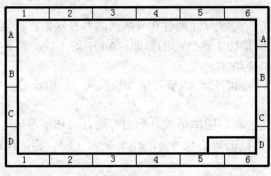

图 13-4　图幅的分区

图幅的分区方法是：将图纸相互垂直的两边各自加以等分，竖边方向用大写拉丁字母编号，横边方向用阿拉伯数字编号，编号的顺序应从标题栏相对的左上角开始，分区数应为偶数；每一分区的长度一般应不小于 25mm，不大于 75 mm，对分区中符号应以粗实线给出，其线宽不宜小于 0.5 mm。

图纸分区后，相当于在图样上建立了一个坐标。电气图上的元件和连接线的位置可由此"坐标"而唯一地确定下来。

（2）标题栏　标题栏是用来确定图样的名称、图号、张次、更改和有关人员签署等内容的栏目，位于图样的下方或右下方。图中的说明、符号均应以标题栏的文字方向为准。

目前尚没有统一规定标题栏的格式，各设计部门标题栏格式不一定相同。通常采用的标题栏格式应有以下内容：设计单位名称、工程名称、项目名称、图名、图别、图号等。电气工程图中常用图 13-5 所示标题栏格式，可供读者借鉴。

设计单位名称		工程名称	设计号	
			图　号	
总工程师	主要设计人		项目名称	
设计总工程师	技　核			
专业工程师	制图			
组长	描　图		图　号	
日期	比例			

图 13-5　标题栏格式

学生在作业时，采用图 13-6 所示的标题栏格式。

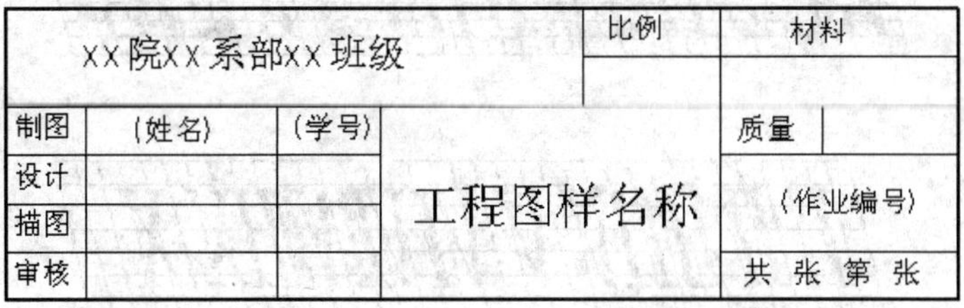

×× 院 ×× 系部 ×× 班级			比例		材料	
制图	〈姓名〉	〈学号〉	工程图样名称		质量	
设计					〈作业编号〉	
描图						
审核					共 张 第 张	

图 13-6　作业用标题栏

13.1.2　比例

比例是指图中图形与其实物相应要素的线性尺寸之比。

绘制图样时，应优先选择表 13-2 中的优先使用比例。必要时也允许从表 13-2 中允许使用用比例中选取。

表 13-2　绘图的比例

种类		比例
原值比例		$1:1$
放大比例	优先使用	$5:1$　　$2:1$　　$5\times10^n:1$　　$2\times10^n:1$　　$1\times10^n:1$
	允许使用	$4:1$　　$2.5:1$　　$4\times10^n:1$　　$2.5\times10^n:1$
缩小比例	优先使用	$1:2$　　$1:5$　　$1:10$　　$1:2\times10^n$　　$1:5\times10^n$　　$1:1\times10^n$
	允许使用	$1:1.5$　　$1:2.5$　　$1:3$　　$1:4$　　$1:6$ $1:1.5\times10^n$　　$1:2.5\times10^n$　　$1:3\times10^n$　　$1:4\times10^n$　　$1:6\times10^n$

注：n 为正整数。

13.1.3　字体

在图样上除了要用图形来表达机件的结构形状外，还必须用数字及文字来说明它的大小和技术要求等其他内容。

（1）基本规定　在图样和技术文件中书写的汉字、数字和字母，都必须做到：字体工整、笔画清楚、间隔均匀、排列整齐。字体的号数代表字体高度（用 h 表示）。字体高度的公称尺寸系列为：1.8、2.5、3.5、5、7、10、14、20。如需更大的字，其字高应按 $\sqrt{2}$ 的比例递增。汉字应写成长仿宋体字，并应采用国家正式公布的简化字。汉字的高度 h 应不小于 3.5，其字宽一般为 $h/\sqrt{2}$。字母和数字分 A 型和 B 型。A 型字体的笔画宽度 d=h/14，B 型字体的笔画宽度 d=h/10。在同一张图样上，只允许选用一种型式的字体。字母和数字可写成斜体和直体。斜体字字头向右倾斜，与水平基准线成 75°。

（2）字体示例

汉字示例：

横平竖直注意起落结构均匀填满

字母示例：

罗马数字：

数字示例：

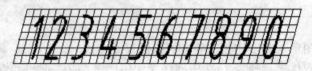

13.1.4　图线及其画法

图线是指起点和终点间以任意方式连接的一种几何图形，它是组成图形的基本要素，形状可以是直线或曲线、连续线或不连续线。国家标准中规定了在工程图样中使用的六种图线，其型式、名称、宽度以及应用示例见表 13-3。

表 13-3　常用图线的型式、宽度和主要用途

图线名称	图线型式	图线宽度	主要用途
粗实线	——————————————	b	电气线路、一次线路
细实线	——————————————	约 b/3	二次线路、一般线路
虚线	— — — — — — — — —	约 b/3	屏蔽线、机械连线
细点画线	—·—·—·—·—·—·—·—	约 b/3	控制线、信号线、围框线
粗点画线	—·—·—·—·—·—·—	b	有特殊要求线
双点画线	—··—··—··—··—··	约 b/3	原轮廓线

图线分为粗、细两种。以粗线宽度作为基础，粗线的宽度 b 应按图的大小和复杂程度，在 0.5～2 之间选择，细线的宽度应为粗线宽度的 1/3。图线宽度的推荐系列为：0.18、0.25、0.35、0.5、0.7、1、1.4、2，若各种图线重合，应按粗实线、点画线、虚线的先后顺序选用线型。

13.2　电气图形符号

在绘制电气图形时，一般用于图样或其他文件来表示一个设备或概念的图形、标记或字符的符号称为电气图形符号。电气图形符号只要示意图形绘制，不需要精确比例。

13.2.1　电气图用图形符号

（1）图形符号的构成　电气图用图形符号通常由一般符号、符号要素、限定符号、方框符号和组合符号等组成。

① 一般符号　它是用来表示一类产品和此类产品特征的一种通常很简单的符号。

② 符号要素 它是一种具有确定意义的简单图形，不能单独使用。符号要素必须同其他图形组合后才能构成一个设备或概念的完整符号。

③ 限定符号 它是用以提供附加信息的一种加在其他符号上的符号。通常它不能单独使用。有时一般符号也可用作限定符号，如电容器的一般符号加到扬声器符号上即构成电容式扬声器符号。

④ 框形符号 它是用来表示元件、设备等的组合及其功能的一种简单图形符号。既不给出元件、设备的细节，也不考虑所有连接。通常使用在单线表示法中，也可用在全部输入和输出接线的图中。

⑤ 组合符号 它是指通过以上已规定的符号进行适当组合所派生出来的、表示某些特定装置或概念的符号。

（2）图形符号的分类 新的《电气图用图形符号 总则》国家标准代号为 GB/4728.1—1985，采用国际电工委员会（IEC）标准，在国际上具有通用性，有利于对外技术交流。GB/4728 电气图用图形符号共分 13 部分。

① 总则 有本标准内容提要、名词术语、符号的绘制、编号使用及其他规定。

② 符号要素、限定符号和其他常用符号 内容包括轮廓和外壳、电流和电压的种类、可变性、力或运动的方向、流动方向、材料的类型、效应或相关性、辐射、信号波形、机械控制、操作件和操作方法、非电量控制、接地、接机壳和等电位、理想电路元件等。

③ 导体和连接件 内容包括电线、屏蔽或绞合导线、同轴电缆、端子导线连接、插头和插座、电缆终端头等。

④ 基本无源元件 内容包括电阻器、电容器、电感器、铁氧体磁芯、压电晶体、驻极体等。

⑤ 半导体管和电子管 如二极管、三极管、电子管等。

⑥ 电能的发生与转换 内容包括绕组、发电机、变压器等。

⑦ 开关、控制和保护器件 内容包括触点、开关、开关装置、控制装置、启动器、继电器、接触器和保护器件等。

⑧ 测量仪表、灯和信号器件 内容包括指示仪表、记录仪表、热电偶、遥控装置、传感器、灯、电铃、蜂鸣器、喇叭等。

⑨ 电信 交换和外围设备 内容包括交换系统、选择器、电话机、电报和数据处理设备、传真机等。

⑩ 电信 传输 内容包括通信电路、天线、波导管器件、信号发生器、激光器、调制器、解调器、光纤传输。

⑪ 建筑安装平面布置图 内容包括发电站、变电所、网络、音响和电视的分配系统、建筑用设备、露天设备。

⑫ 二进制逻辑元件 内容包括计数器、存储器等。

⑬ 模拟元件 内容包括放大器、函数器、电子开关等。

常用电气图图形符号见表 13-4。

表 13-4　电气图形常用图形符号及画法使用命令

序号	图形符号	说明	画法使用命令
1	▬ ▬ ▬	直流电 电压可标注在符号右边，系统类型 可标注在左边	直线 ⟋

序号	图形符号	说明	画法使用命令
2		交流电 频率或频率范围可标注在符号的左边	样条曲线
3		交直流	直线、样条曲线
4		正极性	直线
5		负极性	直线
6		运动方向或力	引线
7		能量、信号传输方向	直线
8		接地符号	直线
9		接机壳	直线
10		等电位	正三角形、直线
11		故障	引线、直线
12		导线的连接	直线、圆、 图案填充
13		导线跨越而不连接	直线
14		电阻器的一般符号	矩形、直线
15		电容器的一般符号	直线、圆弧
16		电感器、线圈、绕组、扼流圈	直线、圆弧
17		原电池或蓄电池	直线
18		动合（常开）触点	直线

序号	图形符号	说明	画法使用命令
19		动断（常闭）触点	直线
20		延时闭合的动合（常开）触点 带时限的继电器和接触器触点	
21		延时断开的动合（常开）触点	直线 、圆弧
22		延时闭合的动断（常闭）触点	
23		延时断开的动断（常闭）触点	
24		手动开关的一般符号	
25		按钮开关	
26		位置开关，动合触点 限制开关，动合触点	直线
27		位置开关，动断触点 限制开关，动断触点	
28		多极开关的一般符号，单线表示	
29		多极开关的一般符号，多线表示	
30		隔离开关的动合（常开）触点	直线

序号	图形符号	说明	画法使用命令
31		负荷开关的动合（常开）触点	直线、圆弧
32		断路器（自动开关）的动合（常开）触点	直线
33		接触器动合（常开）触点	直线、圆弧
34		接触器动断（常闭）触点	
35		继电器、接触器等的线圈一般符号	矩形、直线
36		缓吸线圈（带时限的电磁继电器线圈）	
37		缓放线圈（带时限的电磁继电器线圈）	直线、矩形、图案填充
38		热继电器的驱动器件	直线、矩形
39		热继电器的触点	直线
40		熔断器的一般符号	直线、矩形
41		熔断器式开关	直线、矩形、旋转
42		熔断器式隔离开关	

序号	图形符号	说明	画法使用命令
43		跌落式熔断器	直线 、矩形 旋转 、圆
44		避雷器	矩形 图案填充
45		避雷针	圆 、图案填充
46		电机的一般符号 C—同步变流机 G—发电机 GS—同步发电机 M—电动机 MG—能作为发电机或电动机使用的电机 MS—同步电动机 SM—伺服电机 TG—测速发电机 TM—力矩电动机 IS—感应同步器	直线 、圆
47		交流电动机	圆 、多行文字 A
48		双绕组变压器,电压互感器	
49		三绕组变压器	直线 、圆 、复制 、修剪
50		电流互感器	
51		电抗器,扼流圈	直线 、圆 、修剪
52		自耦变压器	直线 、圆 、圆弧
53		电压表	圆 、多行文字 A
54		电流表	

序号	图形符号	说明	画法使用命令
55	COSφ	功率因数表	圆 ⊘、多行文字 **A**
56	Wh	电度表	矩形 ▱、多行文字 **A**
57		钟	圆 ⊘、直线 ✎、修剪 ⊸⊸
58		电铃	
59		电喇叭	矩形 ▱、直线 ✎
60		蜂鸣器	圆 ⊘、直线 ✎、修剪 ⊸⊸
61		调光器	圆 ⊘、直线 ✎
62	t	限时装置	矩形 ▱ 多行文字 **A**
63		导线、导线组、电线、电缆、电路、传输通路等线路母线一般符号	直线 ✎
64		中性线	圆 ⊘、直线 ✎、图案填充 ▨
65		保护线	直线 ✎
66	⊗	灯的一般符号	直线 ✎、圆 ⊘
67	○ A–B C	电杆的一般符号	圆 ⊘、多行文字 **A**
68	11|12|13|14|15	端子板	矩形 ▱、多行文字 **A**
69		屏、台、箱、柜的一般符号	矩形 ▱
70		动力或动力—照明配电箱	矩形 ▱、图案填充 ▨
71		单相插座	圆 ⊘、直线 ✎、修剪 ⊸⊸
72		密闭（防水）	
73		防爆	圆 ⊘、直线 ✎、修剪 ⊸⊸、图案填充 ▨

序号	图形符号	说明	画法使用命令
74		单相插座的一般符号 可用文字和符号加以区别: TP—电话 TX—电传 TV—电视 *—扬声器 M—传声器 FM—调频	直线 ✎、修剪 ✂
75		开关的一般符号	圆 ◕、直线 ✎
76		钥匙开关	矩形 ▭、圆 ◕、直线 ✎
77		定时开关	
78		阀的一般符号	直线 ✎
79		电磁制动器	矩形 ▭、直线 ✎
80		按钮的一般符号	圆 ◕
81		按钮盒	矩形 ▭、圆 ◕
82		电话机的一般符号	矩形 ▭、圆 ◕、修剪 ✂
83		传声器的一般符号	圆 ◕、直线 ✎
84		扬声器的一般符号	矩形 ▭、直线 ✎
85		天线的一般符号	直线 ✎
86		放大器的符号 中断器的一般符号,三角形指传输方向	正三角形 ⬠、直线 ✎
87		分线盒一般符号	圆 ◕、修剪 ✂、直线 ✎
88		室内分线盒	

序号	图形符号	说明	画法使用命令
89		室外分线盒	圆、修剪、直线
90		变电所	圆
91		杆式变电所	
92		室外箱式变电所	直线、矩形、图案填充
93	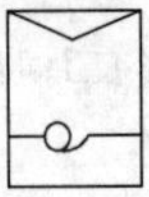	自耦变压器式启动器	矩形、圆、直线
94	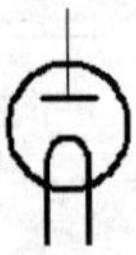	真空二极管	圆、直线
95		真空三极管	
96	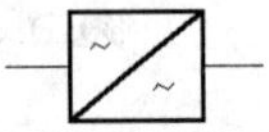	整流器框形符号	矩形、直线

13.2.2 电气设备用图形符号

（1）电气设备用图形符号的用途　电气设备用图形符号是完全区别于电气图用图形符号的另一类符号。设备用图形符号主要用于各种类型的电气设备或电气设备部件，使操作人员了解其用途和操作方法。这些符号也可用于安装或移动电气设备的场合，以指出诸如禁止、警告、规定或限制等应注意的事项。

在电气图中，尤其是在某些电气平面图、电气系统说明书用图等图中，也可以适当地使用这些符号，以补充这些图形所包含的内容。

设备用图符号与电气简图用图符号的形式大部分是不同的。但有一些也是相同的，不过含义大不相同。例如，设备用熔断器图形符号虽然与电气简图符号的形式是一样的，但电气简图用熔断器符号表示的是一类熔断器。而设备用图形符号如果标在设备外壳上，则表示熔断器盒及其位置；如果标在某些电气图上，也仅仅表示这是熔断器的安装位置。

（2）常用设备用图形符号　电气设备用图形符号分为 6 个部分：通用符号，广播、电视及音响设备符号，通信、测量、定位符号，医用设备符号，电话教育设备符号，家用电器及其他符号，如表 13-5 所示。

表 13-5　常用设备用图形符号

序号	名称	符号	应用范围
1	直流电		适用于直流电的设备的铭牌上,以及用来表示直流电的端子
2	交流电		适用于交流电的设备的铭牌上,以及用来表示交流电的端子
3	正极		表示使用或产生直流电设备的正端
4	负极		表示使用或产生直流电设备的负端
5	电池检测		表示电池测试按钮和表明电池情况的灯或仪表
6	电池定位		表示电池盒本身及电池的极性和位置
7	整流器		表示整流设备及其有关接线端和控制装置
8	变压器		表示电气设备可通过变压器与电力线连接的开关、控制器、连接器或端子,也可用于变压器包封或外壳上
9	熔断器		表示熔断器盒及其位置
10	测试电压		表示该设备能承受 500V 的测试电压
11	危险电压		表示危险电压引起的危险
12	接地		表示接地端子
13	保护接地		表示在发生故障时防止电击的与外保护导线相连接的端子,或与保护接地相连接的端子
14	接机壳、接机架		表示连接机壳、机架的端子
15	输入		表示输入端
16	输出		表示输出端
17	过载保护装置		表示一个设备装有过载保护装置
18	通		表示已接通电源,必须标在开关的位置
19	断		表示已与电源断开,必须标在开关的位置
20	可变性(可调性)		表示量的被控方式,被控量随图形的宽度而增加

序号	名称	符号	应用范围
21	调到最小		表示量值调到最小值的控制
22	调到最大		表示量值调到最大值的控制
23	灯、照明设备		表示控制照明光源的开关
24	亮度、辉度		表示亮度调节器、电视接收机等设备的亮度、辉度控制
25	对比度		表示电视接收机等的对比度控制
26	色饱和度		表示彩色电视机等设备上的色彩饱和度控制

13.3 电气技术中的文字符号和项目代号

一个电气系统或一种电气设备通常都由各种基本件、部件、组件等组成,为了在电气图上或其他技术文件中表示这些基本件、部件、组件,除了采用各种图形符号外,还须标注一些文字符号和项目代号,以区别这些设备及线路的不同的功能、状态和特征等。

13.3.1 文字符号

文字符号通常由基本文字符号、辅助文字符号和数字组成,用于提供电气设备、装置和元器件的种类字母代码和功能字母代码。

(1)基本文字符号 基本文字符号可分为单字母符号和双字母符号两种。

① 单字母符号 单字母符号是英文字母将各种电气设备、装置和元器件划分为 23 大类,每一大类用一个专用字母符号表示,如"R"表示电阻类,"Q"表示电力电路的开关器件等,如表 13-6 所示。其中,"I"、"O"易同阿拉伯数字"1"和"0"混淆,不允许使用,字母"J"也未采用。

表 13-6 电气设备常用的单字母符号

符号	项目种类	举例
A	组件、部件	分离元件放大器、磁放大器、激光器、微波激光器、印制电路板等组件、部件
B	变换器 (从非电量到电量或相反)	热电传感器、热电偶
C	电容器	
D	二进制单元 延迟器件 存储器件	数字集成电路和器件、延迟线、双稳态元件、单稳态元件、磁芯储存器、寄存器、磁带记录机、盘式记录机
E	杂项	光器件、热器件、本表其他地方未提及元件
F	保护电器	熔断器、过电压放电器件、避雷器

符号	项目种类	举例
G	发电机 电源	旋转发电机、旋转变频机、电池、振荡器、石英晶体振荡器
H	信号器件	光指示器、声指示器
J	—	—
K	继电器、接触器	
L	电感器、电抗器	感应线圈、线路陷波器、电抗器
M	电动机	
N	模拟集成电路	运算放大器、模拟/数字混合器件
P	测量设备、试验设备	指示、记录、计算、测量设备、信号发生器、时钟
Q	电力电路开关	断路器、隔离开关
R	电阻器	可变电阻器、电位器、变阻器、分流器、热敏电阻
S	控制电路的开关选择器	控制开关、按钮、限制开关、选择开关、选择器、拨号接触器、连接级
T	变压器	电压互感器、电流互感器
U	调制器、变换器	鉴频器、解调器、变频器、编码器、逆变器、电报译码器
V	电真空器件 半导体器件	电子管、气体放电管、晶体管、晶闸管、二极管
W	传输导线 波导、天线	导线、电缆、母线、波导、波导定向耦合器、偶极天线、抛物面天线
X	端子、插头、插座	插头和插座、测试塞空、端子板、焊接端子、连接片、电缆封端和接头
Y	电气操作的机械装置	制动器、离合器、气阀
Z	终端设备、混合变压器、 滤波器、均衡器、限幅器	电缆平衡网络、压缩扩展器、晶体滤波器、网络

② 双字母符号 双字母符号由表 13-7 中的一个表示种类的单字母符号与另一个字母组成，其组合形式为：单字母符号在前、另一个字母在后。双字母符号可以较详细和更具体地表达电气设备、装置和元器件的名称。双字母符号中的另一个字母通常选用该类设备、装置和元器件的英文名词的首位字母，或常用缩略语，或约定俗成的习惯用字母。例如，"G"为同步发电机的英文名，则同步发电机的双字母符号为"GS"。

电气图中常用的双字母符号如表 13-7 所示。

表 13-7 电气图中常用的双字母符号

序号	设备、装置和元器件种类	名称	单字母符号	双字母符号
1	组件和部件	天线放大器	A	AA
		控制屏		AC
		晶体管放大器		AD
		应急配电箱		AE
		电子管放大器		AV
		磁放大器		AM
		印制电路板		AP
		仪表柜		AS
		稳压器		AS

序号	设备、装置和元器件种类	名称	单字母符号	双字母符号
2	电量到电量变换器或电量到非电量变换器	变换器	B	
		扬声器		
		压力变换器		BP
		位置变换器		BQ
		速度变换器		BV
		旋转变换器（测速发电机）		BR
		温度变换器		BT
3	电容器	电容器	C	
		电力电容器		CP
4	其他元器件	本表其他地方未规定器件	E	
		发热器件		EH
		发光器件		EL
		空气调节器		EV
5	保护器件	避雷器	F	FL
		放电器		FD
		具有瞬时动作的限流保护器件		FA
		具有延时动作的限流保护器件		FR
		具有瞬时和延时动作的限流保护器件		FS
		熔断器		FU
		限压保护器件		FV
6	信号发生器 发电机电源	发电机	G	
		同步发电机		GS
		异步发电机		GA
		蓄电池		GB
		直流发电机		GD
		交流发电机		GA
		永磁发电机		GM
		水轮发电机		GH
		汽轮发电机		GT
		风力发电机		GW
		信号发生器		GS
7	信号器件	声响指示器	H	HA
		光指示器		HL
		指示灯		HL
		蜂鸣器		HZ
		电铃		HE

序号	设备、装置和元器件种类	名称	单字母符号	双字母符号
8	继电器和接触器	继电器	K	
		电压继电器		KV
		电流继电器		KA
		时间继电器		KT
		频率继电器		KF
		压力继电器		KP
		控制继电器		KC
		信号继电器		KS
		接地继电器		KE
		接触器		KM
9	电感器和电抗器	扼流线圈	L	LC
		励磁线圈		LE
		消弧线圈		LP
		陷波器		LT
10	电动机	电动机	M	
		直流电动机		MD
		力矩电动机		MT
		交流电动机		MA
		同步电动机		MS
		绕线转子异步电动机		MM
		伺服电动机		MV
11	测量设备和试验设备	电流表	P	PA
		电压表		PV
		（脉冲）计数器		PC
		频率表		PF
		电能表		PJ
		温度计		PH
		电钟		PT
		功率表		PW
12	电力电路的开关器件	断路器	Q	QF
		隔离开关		QS
		负荷开关		QL
		自动开关		QA
		转换开关		QC
		刀开关		QK
		转换（组合）开关		QT

序号	设备、装置和元器件种类	名称	单字母符号	双字母符号
13	电阻器	电阻器、变阻器	R	
		附加电阻器		RA
		制动电阻器		RB
		频敏变阻器		RF
		压敏电阻器		RV
		热敏电阻器		RT
		启动电阻器（分流器）		RS
		光敏电阻器		RL
		电位器		RP
14	控制电路的开关选择器	控制开关	S	SA
		选择开关		SA
		按钮开关		SB
		终点开关		SE
		限位开关		SLSS
		微动开关		
		接近开关		SP
		行程开关		ST
		压力传感器		SP
		温度传感器		ST
		位置传感器		SQ
		电压表转换开关		SV
15	变压器	变压器	T	
		自耦变压器		TA
		电流互感器		TA
		控制电路电源用变压器		TC
		电炉变压器		TF
		电压互感器		TV
		电力变压器		TM
		整流变压器		TR
16	调制变换器	整流器	U	
		解调器		UD
		频率变换器		UF
		逆变器		UV
		调制器		UM
		混频器		UM

序号	设备、装置和元器件种类	名称	单字母符号	双字母符号
17	电子管、晶体管	控制电路用电源的整流器	V	VC
		二极管		VD
		电子管		VE
		发光二极管		VL
		光敏二极管		VP
		晶体管		VR
		晶体三极管		VT
		稳压二极管		VV
18	传输通道、波导和天线	导线、电缆	W	
		电枢绕组		WA
		定子绕组		WC
		转子绕组		WE
		励磁绕组		WR
		控制绕组		WS
19	端子、插头、插座	输出口	X	XA
		连接片		XB
		分支器		XC
		插头		XP
		插座		XS
		端子板		XT
20	电气操作的机械器件	电磁铁	Y	YA
		电磁制动器		YB
		电磁离合器		YC
		防火阀		YF
		电磁吸盘		YH
		电动阀		YM
		电磁阀		YV
		牵引电磁铁		YT
21	终端设备、滤波器、均衡器、限幅器	衰减器	Z	ZA
		定向耦合器		ZD
		滤波器		ZF
		终端负载		ZL
		均衡器		ZQ
		分配器		ZS

（2）辅助文字符号　辅助文字符号是用来表示电气设备、装置和元器件以及线路的功能、状态和特征的。如"ACC"表示加速，"BRK"表示制动等。辅助文字符号也可以放在表示种类的单字母符号后边组成双字母符号，例如"SP"表示压力传感器。辅助文字符号由两个以上字母组成时，为简化文字符号，只允许采用第一位字母进行组合，如"MS"表示同步电动机。辅助文字符号还可以单独使用，如"OFF"表示断开，"DC"表示直流等。辅助

文字符号一般不能超过三位字母。

电气图中常用的辅助文字符号如表 13-8 所示。

表 13-8　电气图中常用的辅助文字符号

序号	名称	符号	序号	名称	符号
1	电流	A	29	低，左，限制	L
2	交流	AC	30	闭锁	LA
3	自动	AUT	31	主，中，手动	M
4	加速	ACC	32	手动	MAN
5	附加	ADD	33	中性线	N
6	可调	ADJ	34	断开	OFF
7	辅助	AUX	35	闭合	ON
8	异步	ASY	36	输出	OUT
9	制动	BRK	37	保护	P
10	黑	BK	38	保护接地	PE
11	蓝	BL	39	保护接地与中性线共用	PEN
12	向后	BW	40	不保护接地	PU
13	控制	C	41	反，由，记录	R
14	顺时针	CW	42	红	RD
15	逆时针	CCW	43	复位	RST
16	降	D	44	备用	RES
17	直流	DC	45	运转	RUN
18	减	DEC	46	信号	S
19	接地	E	47	启动	ST
20	紧急	EM	48	置位，定位	SET
21	快速	F	49	饱和	SAT
22	反馈	FB	50	步进	STE
23	向前，正	FW	51	停止	STP
24	绿	GN	52	同步	SYN
25	高	H	53	温度，时间	T
26	输入	IN	54	真空，速度，电压	V
27	增	ING	55	白	WH
28	感应	IND	56	黄	YE

（3）文字符号的组合　文字符号的组合形式一般为：基本符号+辅助符号+数字序号。例如，第一台电动机，其文字符号为 M1；第一个接触器，其文字符号为 KM1。

（4）特殊用途文字符号　在电气图中，一些特殊用途的接线端子、导线等通常采用一些专用的文字符号。例如，三相交流系统电源分别用"L1、L2、L3"表示，三相交流系统的设备分别用"U、V、W"表示。

13.3.2 项目代号

（1）项目代号的组成 项目代号是有以识别图、图表、表格和设备上的项目种类，并提供项目的层次关系、实际位置等信息的一种特定的代码。每个表示元件或其组成部分的符号都必须标注其项目代号。在不同的图、图表、表格、说明书中的项目和设备中的该项目均可通过项目代号相互联系。

完整的项目代号包括 4 个相关信息的代号段。每个代号段都用特定的前缀符号加以区别。

完整项目代号的组成如表 13-9 所示。

表 13-9　完整项目代号的组成

代号段	名称	定义	前缀符号	示例
第 1 段	高层代号	系统或设备中任何较高层次（对给予代号的项目而言）项目的代号	=	=S2
第 2 段	位置代号	项目在组件、设备、系统或建筑物中的实际位置的代号	+	+C15
第 3 段	种类代号	主要用以识别项目种类的代号	—	—G6
第 4 段	端子代号	用以外电路进行电气连接的电器导电件的代号	:	: 11

（2）高层代号的构成 一个完整的系统或成套设备中任何较高层次项目的代号，称为高层代号。例如，S1 系统中的开关 Q2，可表示为=S1-Q2，其中"S1"为高层代号。

X 系统中的第 2 个子系统中第 3 个电动机，可表示为-2-M3，简化为=X1-M2。

（3）种类代号的构成 用以识别项目种类的代码，称为种类代号。通常，在绘制电路图或逻辑图等电气图时就要确定项目的种类代号。确定项目的种类代号的方法有 3 种。

第 1 种方法，也是最常用的方法，是由字母代码和图中每个项目规定的数字组成。按这种方法选用的种类代码还可补充一个后缀，即代表特征动作或作用的字母代码，称为功能代号。可在图上或其他文件中说明该字母代码及其表示的含义。例如，-K2M 表示具有功能为 M 的序号为 2 的继电器。一般情况下，不必增加功能代号。如需增加，为了避免混淆，位于复合项目种类代号中间的前缀符号不可省略。

第 2 种方法，是仅用数字序号表示。给每个项目规定一个数字序号，将这些数字序号和它代表的项目排列成表放在图中或附在另外的说明中。例如，-2、-6 等。

第 3 种方法，是仅用数字组。按不同种类的项目分组编号。将这些编号和它代表的项目排列成表置于图中或附在图后。例如，在具有多种继电器的图中，时间继电器用 11、12、13、…表示。

（4）位置代号的构成 项目在组件、设备、系统或建筑物中的实际位置的代号，称为位置代号。通常位置代号由自行规定的拉丁字母或数字组成。在使用位置代号时，应给出表示该项目位置的示意图。

（5）端子代号的构成 端子代号是完整的项目代号的一部分，当项目具有接线端子标记时，端子代号必须与项目上端子的标记相一致。端子代号通常采用数字或大写字母，特殊情况下也可用小写字母表示。例如-Q3：B，表示隔离开关 Q3 的 B 端子。

（6）项目代号的组合 项目代号由代号段组成。一个项目可以由一个代号段组成，也可以由几个代号段组成。通常项目代号可由高层代号和种类代号进行组合，设备中的任一项目均可用高层代号和种类代号组成一个项目代号，例如=2-G3；也可由位置代号和种类代号进行组合，例如+5-G2；还可先将高层代号和种类代号组合，用以识别项目，再加上位置代号，提供项目的实际安装位置，例如=P1-Q2+C5S6M10，表示 P1 系统中的开关 Q2，位置在 C5室 S6 列控制柜 M10 中。

思考题

1. 电气制图 CAD 的规范有哪些？
2. 电气制图粗实线的宽度为多少，细实细线的宽度为多少？
3. 电气制图的字体、比例是怎样规定的？
4. 电气制图部件项目符号怎样使用？

第**14**章

电气常用部件的画法

本章讲述常用电气工程图的画法，重点通过图形案例讲述电气工程图的具体画法、文字标注等。

🖊 通过本章学习，应达到如下基本要求。

① 掌握概略图画法和技巧。
② 掌握电气功能图的画法和技巧。
③ 掌握电路图及接线图的画法和技巧。

14.1 电气部件图的画法

14.1.1 概略图的画法

（1）概略图的特点 概略图所描述的内容是系统的基本组成和主要特征，而不是全部组成和全部特征，概略图对内容的描述是概略的，但其概略程度则依描述对象不同而不同。

（2）概略图绘制应遵循的基本原则

① 概略图可在不同层次上绘制，较高的层次描述总系统，而较低的层次描述系统中的分系统。

② 概略图中的图形符号应按所有回路均不带电，设备在断开状态下绘制。

③ 概略图应采用图形符号或者带注释的框绘制。框内的注释可以采用符号、文字或同时采用符号与文字。

④ 概略图中的连线或导线的连接点可用小圆点表示，也可不用小圆点表示。但同一工程中宜采用其中一种表示形式。

⑤ 图形符号的比例应按模数确定。符号的基本形状以及应用时相关的比例应保持一致。

⑥ 概略图中表示系统或分系统基本组成的符号和带注释的框均应标注项目代号。项目代号应标注在符号附近，当电路水平布置时，项目代号宜注在符号的上方；当电路垂直布置时，项目代号宜注在符号的左方。在任何情况下，项目代号都应水平排列。

⑦ 概略图上可根据需要加注各种形式的注释和说明。如在连线上可标注信号名称、电

L1 L2 L3

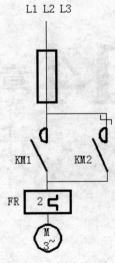

图 14-1　概略图示例

平，频率、波形、去向等，也允许将上述内容集中表示在图的其他空白处。概略图中设备的技术数据宜标注在图形符号的项目代号下方。

⑧ 概略图宜采用功能布局法布图，必要时也可按位置布局法布图。布局应清晰，并利于识别过程和信息的流向。

⑨ 概略图中的连线的线型，可采用不同粗细的线型分别表示。

⑩ 概略图中的远景部分宜用虚线表示，对原有部分与本期工程部分应有明显的区分。

【例】绘制如图 14-1 所示图形。

画法步骤：

（1）创建新的图形文件。选择→【开始】→【程序】→【Autodesk】→【AutoCAD 2014 中文版】→【AutoCAD 2014】进入 AutoCAD 2014 中文版绘图主界面。

（2）选择长方形命令□，在屏幕适当位置绘制长方形，选择直线命令，运用中点对象追踪绘制直线，在下端部绘制圆并进行修剪，步骤如图 14-2 所示。

| 命令：_rectang | // 启用长方形命令□ |
| 指定第一个角点或 [倒角(C)/标高(E)/圆角(F)/厚度(T)/宽度(W)]： |
| | // 单击一点 |
| 指定另一个角点或 [面积(A)/尺寸(D)/旋转(R)]： |
	// 单击另一角点
命令：_line 指定第一点：	// 启用 ∕ 命令，单击上方一点
指定下一点或 [放弃(U)]：	// 单击下方一点
命令：_circle 指定圆的圆心或 [三点(3P)/两点(2P)/相切、相切、半径(T)]：
	// 启用圆命令 ⊘
	// 下方适当位置选择一点为圆心
指定圆的半径或 [直径(D)]：	// 大小根据图形比例自定
命令：_trim	// 启用修剪 ─∕─ 命令
当前设置:投影=UCS，边=无
选择剪切边…	// 选择直线
选择对象或 <全部选择>：找到 1 个
选择要修剪的对象，或按住 Shift 键选择要延伸的对象，或
[栏选(F)/窗交(C)/投影(P)/边(E)/删除(R)/放弃(U)]：
	// 单击圆的右边

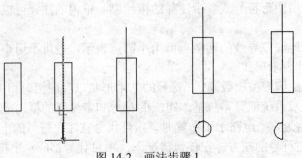

图 14-2　画法步骤 1

（3）选择复制 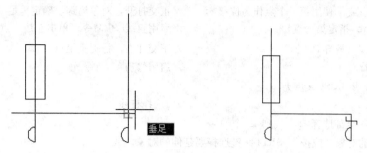 命令，复制熔断器触点，绘制直线并进行修剪，如图 14-3 所示。

图 14-3　画法步骤 2

（4）选择矩形、圆、直线命令绘制下下半部分。

命令：_rectang   //启用长方形命令▭
指定第一个角点或 [倒角(C)/标高(E)/圆角(F)/厚度(T)/宽度(W)]:   //单击一点
指定另一个角点或 [面积(A)/尺寸(D)/旋转(R)]:   //单击另一角点
命令：_line 指定第一点: //启用直线✎命令，单击长方形上边中点
指定下一点或 [放弃(U)]:   //正交往上单击一点
指定下一点或 [放弃(U)]:   //取消正交命令，左上方画斜线
命令：_line 指定第一点: //启用直线✎命令，绘制长方形内直线
指定下一点或 [放弃(U)]:   //正交打开，对象追踪，依次绘制
命令：_line 指定第一点: //启用直线✎命令，单击长方形下边中点
指定下一点或 [放弃(U)]:   //正交往下单击一点
命令：_circle 指定圆的圆心或 [三点(3P)/两点(2P)/相切、相切、半径(T)]:
                                                //启用圆命令◉
                                                //下方适当位置选择一点为圆心
指定圆的半径或 [直径(D)]:   //大小根据图形比例自定
以上步骤如图 14-4 所示。

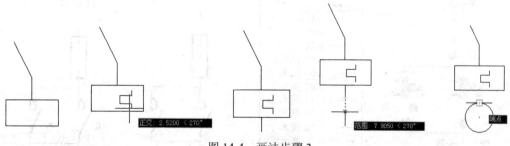

图 14-4　画法步骤 3

（5）将上下两部分利用移动、对象追踪在适当位置对正，绘制另一个开关。

命令：_move   //启用移动✛命令
选择对象：指定对角点：找到 10   // 选择下方对象
指定基点或 [位移(D)] <位移>: 指定第二个点或 <使用第一个点作为位移>:
                                                //适当位置单击
命令：_copy   //启用复制 命令
选择对象：指定对角点：找到 2 个   //选择开关
当前设置：　复制模式 = 多个

指定基点或 [位移(D)/模式(O)] <位移>:   //选择下端点
指定第二个点或 <使用第一个点作为位移>:   //正交打开,对象追踪,确定垂足
命令: _line 指定第一点: //启用直线 ∕ 命令,单击左边一点
指定下一点或 [放弃(U)]:   //正交往右,捕捉垂足点
命令: _trim   //启用修剪 -∕-- 命令
当前设置:投影=UCS,边=无
选择剪切边...   // 选择直线
选择对象或 <全部选择>: 找到 2 个
选择要修剪的对象,或按住 Shift 键选择要延伸的对象,或
[栏选(F)/窗交(C)/投影(P)/边(E)/删除(R)/放弃(U)]:   //结果如图 14-5 所示

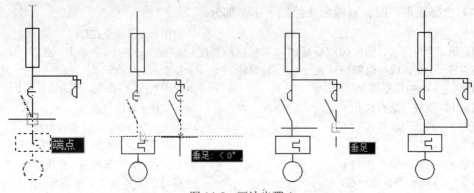

图 14-5 画法步骤 4

(6)选择图中需要加粗的图线,图线宽度确定为 0.3,并宽度显示。

(7)选用多行文字进行文字注写,字体为宋体字,文字高度为 5。

最后图形如图 14-6 所示。

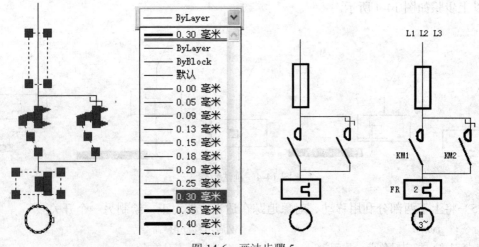

图 14-6 画法步骤 5

14.1.2 功能图的画法

(1)功能图的基本特点   用理论的或理想的电路而不涉及实现方法来详细表示系统、分系统、成套装置、部件、设备、软件等功能的简图,称为功能图。功能图的内容至少

应包括必要的功能图形符号及其信号和主要控制通路连接线，还可以包括其他信息，如波形、公式和算法，但一般并不包括实体信息（如位置、实体项目和端子代号）和组装信息。

主要使用二进制逻辑元件符号的功能图，称为逻辑功能图。用于分析和计算电路特性或状态表示等效电路的功能图，也可称为等效电路图。等效电路图是为描述和分析系统详细的物理特性而专门绘制的一种特殊的功能图。

（2）逻辑功能图绘制的基本原则　按照规定，对实现一定目的的每种组件，或几个组件组成的组合件可绘制一份逻辑功能图（可以包括几张）。因此，每份逻辑功能图表示每种组件或几个组件组成的组合件所形成的功能件的逻辑功能，而不涉及实现方法。图的布局应有助于对逻辑功能图的理解。应使信息的基本流向为从左到右或从上到下。在信息流向不明显的地方，可在信息的线上加一箭头（开口箭头）标记。

功能上相关的图形符号应组合在一起，并应尽量靠近。当一个信号输出给多个单元时，可绘成单根直线，通过适当标记以 T 形连接到各个单元。每个逻辑单元一般以最能描述该单元在系统中实际执行的逻辑功能的符号来表示。在逻辑图上，各单元之间的连线以及单元的输入、输出线，通常应标出信号名，以有助于对图的理解和对逻辑系统的维护使用。

【例】绘制如图 14-7 所示图形。

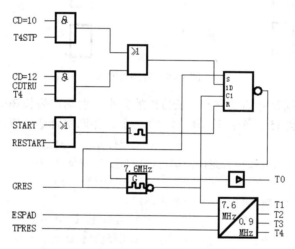

图 14-7　定时脉冲发生的逻辑功能图例

画法步骤：

（1）创建新的图形文件。选择→【开始】→【程序】→【Autodesk】→【AutoCAD 2014中文版】→【AutoCAD 2014】进入 AutoCAD 2014 中文版绘图主界面。

（2）首先绘制图的整体框架，选择长方形命令🔲，在屏幕适当位置绘制长方形。步骤如图 14-8 所示。

选择线的宽度为 0.3　　　　　　　　　　　//▮▬▬▬ 0.30 毫米

命令：_rectang　　　　　　　　　　　　　//启用长方形命令🔲

指定第一个角点或 [倒角(C)/标高(E)/圆角(F)/厚度(T)/宽度(W)]：

　　　　　　　　　　　　　　　　　　　//绘图区域单击一点

指定另一个角点或 [面积(A)/尺寸(D)/旋转(R)]：　//@20,30 按【Enter】

结果如图 14-8 所示。

图 14-8　长方形 1 画法

（3）复制相同大小的长方形。

命令：_copy　　　　　　　　　　　　　　//启用复制 命令

选择对象：指定对角点：找到 1 个　　　　//选择开关

当前设置：　复制模式 = 多个

指定基点或 [位移(D)/模式(O)] <位移>：　//选择右下端点

指定第二个点或 <使用第一个点作为位移>：　//正交打开，对象追踪，确定位置

结果如图 14-9 所示。

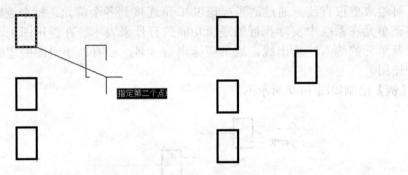

图 14-9　复制长方形

（4）绘制其他不同尺寸的长方形，长方形的大小分别确定为长 30，宽 40 一个；长 20，宽 20 两个；长 15，宽 15 一个；长 40，宽 40 一个。并调整合适位置。

命令：_rectang　　　　　　　　　　//启用长方形命令

指定第一个角点或 [倒角(C)/标高(E)/圆角(F)/厚度(T)/宽度(W)]：

　　　　　　　　　　　　　　　　　//绘图区域单击一点

指定另一个角点或 [面积(A)/尺寸(D)/旋转(R)]：

　　　　　　　　　　　　　　　　　//@30,40 按【Enter】

命令：_move　　　　　　　　　　　//启用移动 命令

选择对象：指定对角点：找到 1　　　　//选择长方形

指定基点或 [位移(D)] <位移>：　指定第二个点或 <使用第一个点作为位移>：

　　　　　　　　　　　　　　　　　//适当位置单击结果如图 14-10 所示。

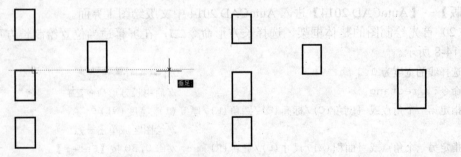

图 14-10　绘制长 30，宽 40 长方形

命令: _rectang   //启用长方形命令▱

指定第一个角点或 [倒角(C)/标高(E)/圆角(F)/厚度(T)/宽度(W)]: <对象捕捉 开> <正交 开>
                                   //绘图区域单击一点

指定另一个角点或 [面积(A)/尺寸(D)/旋转(R)]: @20,20
                                   //输入另一点

命令: _copy   //启用复制⟳命令, 复制一个

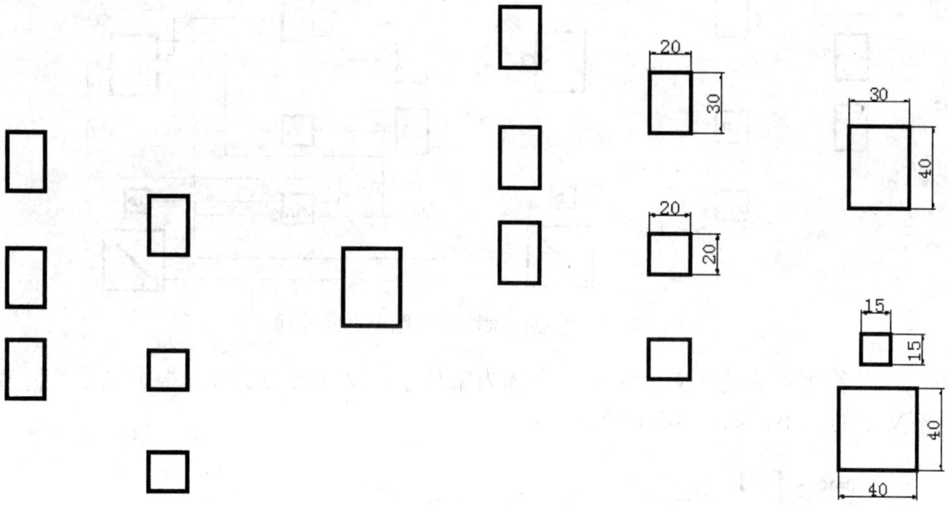

图 14-11   绘制其他长方形

命令: _rectang   //启用长方形命令▱

指定第一个角点或 [倒角(C)/标高(E)/圆角(F)/厚度(T)/宽度(W)]: <对象捕捉 开> <正交
开>   //绘图区域单击一点

指定另一个角点或 [面积(A)/尺寸(D)/旋转(R)]: @15,15   //输入另一点

命令: _move   //启用移动✛命令

选择对象: 指定对角点: 找到 1   //选择长方形

指定基点或 [位移(D)] <位移>: 指定第二个点或 <使用第一个点作为位移>:
                                   //适当位置单击, 调整位置

命令: _rectang   //启用长方形命令▱

指定第一个角点或 [倒角(C)/标高(E)/圆角(F)/厚度(T)/宽度(W)]: <对象捕捉 开> <正交
开>   //绘图区域单击一点

指定另一个角点或 [面积(A)/尺寸(D)/旋转(R)]: @40,40
                                   //输入另一点

命令: _move   //启用移动✛命令

选择对象: 指定对角点: 找到 1   //选择长方形

指定基点或 [位移(D)] <位移>: 指定第二个点或 <使用第一个点作为位移>:
                                   //适当位置单击, 调整位置

结果如图 14-11 所示。

(5) 绘制长方形内部图形和长方形之间的连接线。

命令: _line 指定第一点: //启用直线 ╱ 命令, 画内部图形

命令: _polygon 输入边的数目 <4>: 3   //启用正多边形⬠命令, 画正三角形

命令: _circle 指定圆的圆心或 [三点(3P)/两点(2P)/相切、相切、半径(T)]:

命令: _line 指定第一点:

选择线的宽度为 0.18

结果如图 14-12 所示。

// 启用圆命令 ⊘，绘制两个小圆
// 启用直线 ╱ 命令，画图形之间之间连线
// ——— 0.18 毫米

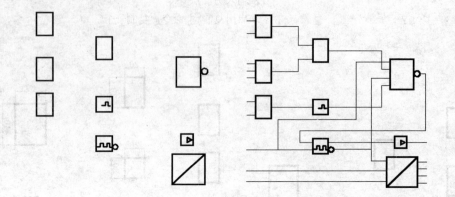

图 14-12　绘制内部图形和图框之间连线

（6）选用多行文字进行文字注写，字体为宋体字，文字高度为 7。根据图中实际需要可进行调整文字的大小，如图 14-13 所示。

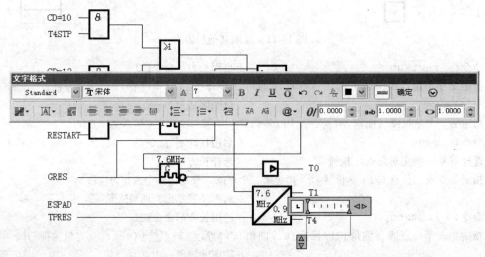

图 14-13　文字注写

最后结果如图 14-7 所示。

14.1.3　电路图画法

（1）电路图的基本特点　用图形符号并按工作顺序排列，详细表示系统、分系统、电路、设备或成套装置的全部基本组成和连接关系，而不考虑其组成项目的实体尺寸、形状或实际位置的一种简图，称为电路图。通过电路图能详细理解电路、设备或成套装置及其组成部分的工作原理；了解电路所起的作用（可能还需要如表图、表格、程序文件、其他简图等补充资料）；作为编制接线图的依据（可能还需要结构设计资料）；为测试和寻找故障提供信息（可能还需要诸如手册、接线文件等补充文件）；为系统、分系统、电器、部件、设备、软件等安装和维修提供依据。

（2）电路图绘制的基本原则

① 电路图中的符号和电路应按功能关系布局。电路垂直布置时，类似项目宜横向对齐，水平布置时，类似项目宜纵向对齐。功能上相关的项目应靠近绘制，同等重要的并联通路应依主电路对称地布置。

② 信号流的主要方向应由左至右或由上至下。如不能明确表示某个信号流动方向时，可在连接线上加箭头表示。

③ 电路图中回路的连接点可用小圆点表示，也可不用小圆点表示。但在同一张图样中宜采用一种表示形式。

④ 图中由多个元器件组成的功能单元或功能组件，必要时可用点划线框出。

⑤ 图中不属于该图共用高层代号范围内的设备，可用点划线或双点划线框出，并加以说明。

⑥ 图中设备的未使用部分，可绘出或注明。

【例】绘制如图 14-14 所示图形。

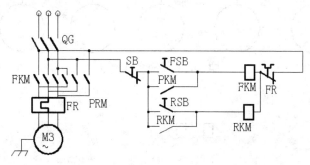

图 14-14　三相异步电动控制电路

画法步骤：

（1）创建新的图形文件。选择→【开始】→【程序】→【Autodesk】→【AutoCAD 2014 中文版】→【AutoCAD 2014】进入 AutoCAD 2014 中文版绘图主界面。

（2）绘制图的整体框架。

选择线的宽度为 0.3　　　　　　　　　　　// ┃ —— 0.30 毫米

命令：_circle 指定圆的圆心或 [三点(3P)/两点(2P)/相切、相切、半径(T)]:

　　　　　　　　　　　　　　　　　　　　//启用圆命令

　　　　　　　　　　　　　　　　　　　　//下方适当位置选择一点为圆心

指定圆的半径或 [直径(D)]: 30　　　　　　//输入半径值

命令：_line 指定第一点：　　　　　　　　//启用直线 命令，单击上象限点

指定下一点或 [放弃(U)]: 25　　　　　　　//正交往上

指定下一点或 [放弃(U)]: 35　　　　　　　//正交往左

指定下一点或 [放弃(U)]: 30　　　　　　　//正交往上

指定下一点或 [放弃(U)]: 70　　　　　　　//正交往右

指定下一点或 [放弃(U)]: 30　　　　　　　//正交往下

指定下一点或 [放弃(U)]: 35　　　　　　　//正交往左

如图 14-15 所示。

命令：_rectang　　　　　　　　　　　　　//启用长方形命令

指定第一个角点或 [倒角(C)/标高(E)/圆角(F)/厚度(T)/宽度(W)]:

　　　　　　　　　　　　　　　　　　　　//绘图区域单击一点

指定另一个角点或 [面积(A)/尺寸(D)/旋转(R)]: //@20,30 按【Enter】
命令: _copy   //启用复制🔧命令
选择对象: 指定对角点: 找到 1 个   //选择正方形
当前设置: 复制模式 = 多个
指定基点或 [位移(D)/模式(O)] <位移>:   //选择右下端点
指定第二个点或 <使用第一个点作为位移>:   //正交打开，对象追踪，往下方确定位置
命令: _move   //启用移动✛命令
选择对象: 指定对角点: 找到 2   //选择 2 个长方形
指定基点或 [位移(D)] <位移>: 指定第二个点或 <使用第一个点作为位移>:
                                               //适当位置单击，调整位置

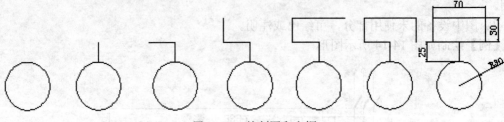

图 14-15　绘制圆和方框

如图 14-16 所示。

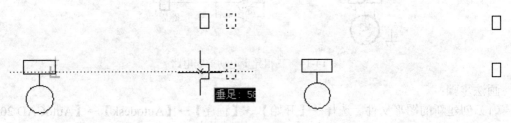

图 14-16　绘制右侧两方框

（3）绘制大方框以上开关。

命令: _line 指定第一点: //启用直线✏命令，单击长方形上边中点
指定下一点或 [放弃(U)]: 30   //正交往上
指定下一点或 [放弃(U)]: 20   //斜线与水平成120°角
命令: _line 指定第一点: //启用直线✏命令，追踪找点
指定下一点或 [放弃(U)]: 50   //正交往上
指定下一点或 [放弃(U)]: 30   //斜线与水平成120°角
命令: _line 指定第一点: //启用直线✏命令，追踪找点
指定下一点或 [放弃(U)]: 50   //正交往上
命令: _circle 指定圆的圆心或 [三点(3P)/两点(2P)/相切、相切、半径(T)]:
                                               //启用圆命令🕐
                                               //直线上端点为圆心
指定圆的半径或 [直径(D)]: 5   //输入半径值
命令: _copy   //启用复制🔧命令
选择对象: 指定对角点: 找到 6 个   //选择正方形
当前设置: 复制模式 = 多个

指定基点或 [位移(D)/模式(O)] <位移>:	//选择下端点
指定第二个点或 <使用第一个点作为位移>: 20	//输入距离，向左单击
指定第二个点或 [退出(E)/放弃(U)] <退出>:20	//输入距离，向右单击

如图 14-17 所示。

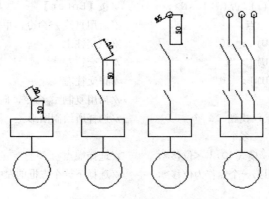

图 14-17 绘制开关步骤 1

同样方法，运用直线命令 ╱ 和修剪命令 ╱╱ 绘制开关，如图 14-18 所示。

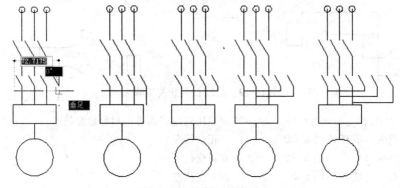

图 14-18 绘制开关步骤 2

（4）绘制右侧开关。

命令：_line 指定第一点：	//启用直线 ╱ 命令，单击长方形左边中点
指定下一点或 [放弃(U)]： 100	//正交往左
指定下一点或 [放弃(U)]： 30	//正交往下
指定下一点或 [放弃(U)]： 50	//正交往左
指定下一点或 [放弃(U)]： 30	//斜线与水平成 120° 角
命令：_line 指定第一点：	//启用直线 ╱ 命令，追踪找点
指定下一点或 [放弃(U)]： 30	//正交往上
指定下一点或 [放弃(U)]： 30	//斜线与水平成 150° 角
命令：_line 指定第一点：	//启用直线 ╱ 命令，追踪找点
命令：_copy	//启用复制 ╲╲ 命令
选择对象：指定对角点：找到 2 个	//选择前面开关
当前设置： 复制模式 = 多个	
指定基点或 [位移(D)/模式(O)] <位移>:	//选择右端点
指定第二个点或 <使用第一个点作为位移>:	//选择端点

命令:mirror   //启用镜像⚏命令
选择对象：指定对角点：找到 1 个
选择对象：
指定镜像线的第一点：指定镜像线的第二点：   //选择直线上的 2 点
要删除源对象吗？[是(Y)/否(N)] <N>：   //按【Enter】
命令：_line 指定第一点：   //启用直线╱命令，单击斜线上一点
指定下一点或 [放弃(U)]：30   //正交往上
指定下一点或 [放弃(U)]：5   //正交往左
指定下一点或 [放弃(U)]：10   //正交往右
命令：_copy   //启用复制⚏命令，向下复制
选择对象：指定对角点：找到 11 个   //选择所绘制图形
当前设置：复制模式 = 多个
指定基点或 [位移(D)/模式(O)] <位移>：   //选择端点
指定第二个点或 <使用第一个点作为位移>：   //选择下一个方框的左中点
如图 14-19 所示。

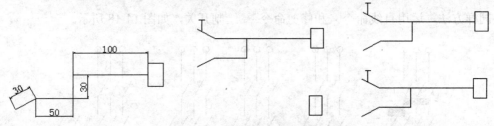

图 14-19　绘制右侧开关步骤 1

命令：_line 指定第一点：   //启用直线╱命令，对象追踪找点
指定下一点或 [放弃(U)]：20   //正交往左
指定下一点或 [放弃(U)]：30   //正交往下
指定下一点或 [放弃(U)]：20   //正交往左
同样的方法，继续通过直线命令绘制结果如图 14-20 所示。

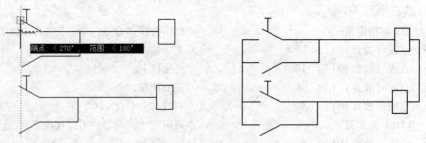

图 14-20　绘制右侧开关步骤 2

命令：_line 指定第一点：   //启用直线╱命令，绘制左右开关
如图 14-21 所示。

（5）将左右两部分对接，检查漏线,用直线命令相连接。

命令：_line 指定第一点：   //启用直线╱命令，连接其余直线
如图 14-22 所示。

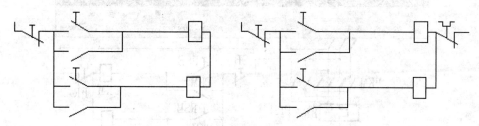

图 14-21 绘制右侧开关步骤 3

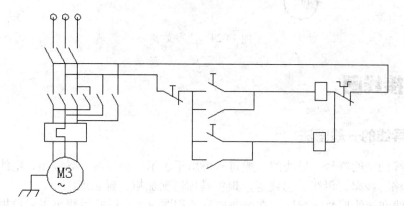

图 14-22 左右相连接

（6）绘制节点,并进行图案填充,加粗相关图线。

命令: _circle 指定圆的圆心或 [三点(3P)/两点(2P)/相切、相切、半径(T)]:

//启用圆命令 ，在节点处绘制小圆

命令:bhatch   //启用图案填充 命令，进行填充

结果如图 14-23 所示。

（7）检查图形,加粗图线并进行文字注写。

将图中的方框、阀门加粗，线宽度为 0.3。

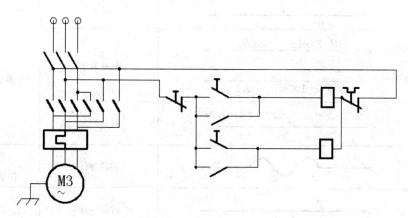

图 14-23 绘制节点和加粗图线

选用多行文字进行文字注写，字体为宋体字，文字高度为 18。根据图中实际需要可进行调整文字的大小，如图 14-24 所示。

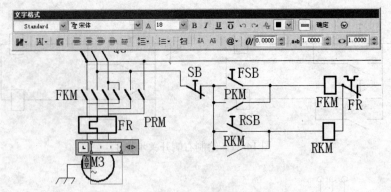

图 14-24　注写文字

14.2　接线图

14.2.1　导线的一般画法

（1）导线的一般符号　导线的一般符号可用于表示一根导线、导线组、电线、电缆、电路、传输电路、线路、母线、总线等，根据具体情况加粗、延长或缩小。

（2）导线和导线根数的画法　在绘制电气工程图时，一般的图线可表示单根导线。对于多根导线，可以分别画出，也可以只画 1 根图线，但需加标志。若导线少于 4 根，可用短划线数量代表根数；若多于 4 根，可在短划线旁边加数字表示，如表 14-1 所示。

表 14-1　导线和导线根数表示法

序号	图形符号	说明	画法使用命令
1		一般符号	直线
2	///	3 根导线	直线
3	n	n 根导线	
4	3N~50Hz　380V 3×70+1×35　A1	具体表示	直线 多行文字 A
5	KVV-8×1.0P20WC	具体表示	
6		柔软导线	直线 样条曲线
7	◯	屏蔽导线	直线、圆
8		绞合导线	直线

AutoCAD 2014 中文版电气制图教程

序号	图形符号	说明	画法使用命令
9		分支与合并	直线
10		相序变更	直线 多行文字 A
11		电缆	直线

（3）图线的粗细　为了突出或区分某些电路及电路的功能等，导线、连接线等可采用不同粗细的图线来表示。一般来说，电源主电路、一次电路、主信号通路等采用粗线，与之相关的其余部分用细线。由隔离开关、断路器等到组成的变压器的电源电路用粗线表示，而由电流互感器和电压互感器、电度表组成的电流测量电路用细线表示。

14.2.2　连续线的画法

两端子之间的连接导线用连续线条表示，并标注独立标记的表示方法为连续线画法。

【例】绘制如图 14-25 所示的接线图。

画法步骤：

（1）创建新的图形文件。选择→【开始】→【程序】
→【Autodesk】→【AutoCAD 2014 中文版】→【AutoCAD
2014】进入 AutoCAD 2014 中文版绘图主界面。

（2）运用长方形命令、圆命令、多行文字注写、对象追踪等命令绘制左侧方框。

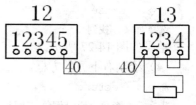

图 14-25　连续线图例

选择线的宽度为 0.3　　　　　　　　　//—— 0.30 毫米

命令：_rectang　　　　　　　　　　//启用长方形命令 ▭

指定第一个角点或 [倒角(C)/标高(E)/圆角(F)/厚度(T)/宽度(W)]：
　　　　　　　　　　　　　　　　　　//绘图区域单击一点

指定另一个角点或 [面积(A)/尺寸(D)/旋转(R)]：@30,15
　　　　　　　　　　　　　　　　　　//单击另一角点

命令：　　　　　　　　　　　　　　//启用多行文字 A 命令，字体大小以方框长度调整

命令：_circle 指定圆的圆心或 [三点(3P)/两点(2P)/相切、相切、半径(T)]：
　　　　　　　　　　　　　　　　　　//启用圆命令 ⊙
　　　　　　　　　　　　　　　　　　//数字 1 下方一点为圆心

指定圆的半径或 [直径(D)]：　　　　//大小根据图形比例自定

命令：_copy　　　　　　　　　　　//启用复制命令

选择对象：指定对角点：找到 1 个　　//选择 1 下方小圆

当前设置：　复制模式 = 多个

指定基点或 [位移(D)/模式(O)] <位移>：　//小圆圆心

指定第二个点或 <使用第一个点作为位移>：　//正交打开，选择 2 下方一点

指定第二个点或 <使用第一个点作为位移>：　//正交打开，选择 3 下方一点

指定第二个点或 <使用第一个点作为位移>：　//正交打开，选择 4 下方一点

指定第二个点或 <使用第一个点作为位移>:   //正交打开，选择 5 下方一点
结果如图 14-26 所示。

图 14-26　绘图步骤 1

（3）绘制右侧方框。

命令: _copy   //启用复制 命令
选择对象: 指定对角点: 找到 7 个   //选择绘制完成的左侧方框
当前设置: 复制模式 = 多个
指定基点或 [位移(D)/模式(O)] <位移>:   //左下角点
指定第二个点或 <使用第一个点作为位移>:   //正交打开，水平方向单击一点
命令: _stretch   //启用拉伸 命令
以交叉窗口或交叉多边形选择要拉伸的对象...   //框选方框左侧
选择对象: 指定对角点: 找到 1 个
指定基点或 [位移(D)] <位移>:   //方框右下角点
指定第二个点或 <使用第一个点作为位移>:   //4、5 文字中间单击
双击 12345 文字，对其进行修改，将 5 删除
命令: _erase   //启用删除 命令
选择对象: 找到 1 个   //选择 5 下面小圆，将其删除
结果如图 14-27 所示。

（4）绘制右下方的方框。

命令: _rectang   //启用长方形命令
指定第一个角点或 [倒角(C)/标高(E)/圆角(F)/厚度(T)/宽度(W)]:
                                          //绘图区域单击一点
指定另一个角点或 [面积(A)/尺寸(D)/旋转(R)]: @30,15
                                          //单击另一角点，大小根据图形确定

图 14-27　绘图步骤 2

结果如图 14-28 所示。

图 14-28　绘图步骤 3

（5）用直线命令连接三个图框，注写文字。

选择线的宽度为 0.18   //
命令: _line 指定第一点: //启用直线 命令

指定下一点或 [放弃(U)]:   //正交打开，在适当位置进行连接
文字注写方法如图 14-29 所示。

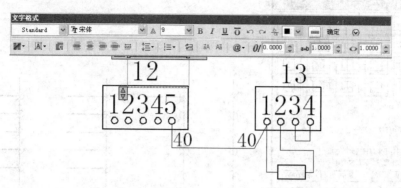

图 14-29　绘图步骤 4

14.2.3　中断线的画法

两端子之间的连接导线用中断的方式表示，在中断处必须标明导线的去向。

【例】绘制如图 14-30 所示的接线图。

画法步骤：

（1）创建新的图形文件。选择→【开始】→【程序】→【Autodesk】→【AutoCAD 2014 中文版】→【AutoCAD 2014】进入 AutoCAD 2014 中文版绘图主界面。

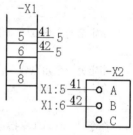

图 14-30　中断线画法图例

（2）绘制左侧图形。

选择线的宽度为 0.3   //—— 0.30 毫米

命令：_line 指定第一点：   //启用直线✏命令，在绘图区域单击一点

指定下一点或 [放弃(U)]:   //正交打开，向下单击一点，长度自定

选择→【格式】→【点样式】   //设置点的样式

选择→【绘图】→【点】→【定数等分】   //启用定数等分命令，将直线分成 6 份

命令：_line 指定第一点：   //启用直线✏命令，单击最上点

指定下一点或 [放弃(U)]:   //正交打开，向左单击一点，长度自定

命令：_copy   //启用复制✂命令

选择对象：指定对角点：找到 1 个   //选择水平直线

当前设置：复制模式 = 多个

指定基点或 [位移(D)/模式(O)] <位移>:   //直线左端点

指定第二个点或 <使用第一个点作为位移>:   //正交打开，竖直向下单击等分第二点

指定第二个点或 <使用第一个点作为位移>:   //正交打开，竖直向下单击等分第三点

指定第二个点或 <使用第一个点作为位移>:   //正交打开，竖直向下单击等分第四点

指定第二个点或 <使用第一个点作为位移>:   //正交打开，竖直向下单击等分第五点

命令：_copy   //启用复制✂命令

选择对象：指定对角点：找到 1 个   //选择竖直的直线

当前设置：复制模式 = 多个

指定基点或 [位移(D)/模式(O)] <位移>:   //水平与竖直线的交点

指定第二个点或 <使用第一个点作为位移>:   //正交打开，水平线右端点

结果如图 14-31 所示。

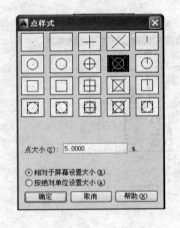

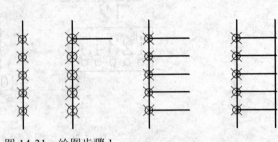

图 14-31   绘图步骤 1

（3）绘制左侧图形。

命令：_rectang   //启用长方形命令▭

指定第一个角点或 ［倒角(C)/标高(E)/圆角(F)/厚度(T)/宽度(W)］：

　　　　　　　　　　　　　　　　　　　　　　//绘图区域单击一点

指定另一个角点或 ［面积(A)/尺寸(D)/旋转(R)］：　//单击另一角点

命令：_mtedit   //启用多行文字 **A** 命令，字体大小以方框长度

　　　　　　　　　　　　　　　　　　　　　　整，输入 A、B、C

命令：_circle 指定圆的圆心或 ［三点(3P)/两点(2P)/相切、相切、半径(T)］：

　　　　　　　　　　　　　　　　　　　　　　//启用圆命令⊙

　　　　　　　　　　　　　　　　　　　　　　//字 A 左侧一点为圆心

指定圆的半径或 ［直径(D)］：   //大小根据图形比例自定

命令：_copy   //启用复制🔁命令

选择对象：指定对角点：找到 1 个   //选择 1 下方小圆

当前设置： 复制模式 ＝ 多个

指定基点或 ［位移(D)/模式(O)］ <位移>：   //小圆圆心

指定第二个点或 <使用第一个点作为位移>：   //正交打开，选择 B 左侧一点

指定第二个点或 <使用第一个点作为位移>：   //正交打开，选择 C 左侧一点

结果如图 14-32 所示。

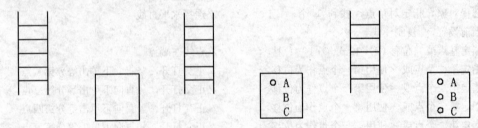

图 14-32   绘图步骤 2

（4）绘制连接线，注写文字。

选择线的宽度为 0.18   // ── 0.18 毫米

命令：_line 指定第一点：   //启用直线✏命令

指定下一点或 ［放弃(U)］：   //正交打开，在适当位置进行连接

结果如图 14-33 所示。

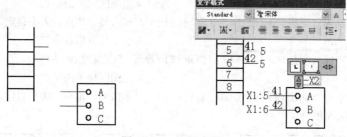

图 14-33 绘图步骤 3

14.2.4 互连接线的画法

互连接线图应提供设备或装置不同结构单元之间连接所需信息。无需包括单元内部连接的信息，但可提供适当的检索标记，如与之有关的电路图或单元接线图的图号。

互连接线图的各个视图应画在一个平面上，以表示单元之间的连接关系，各单元的围框用点划线表示。各单元间的连接关系既可用连续线表示，也可用中断线标示。

【例】绘制如图 14-34 所示的接线图。

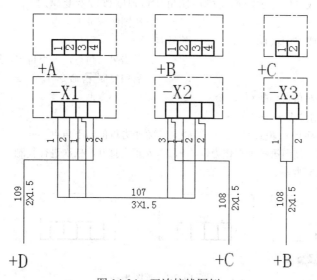

图 14-34 互连接线图例

画法步骤：

（1）创建新的图形文件。选择→【开始】→【程序】→【Autodesk】→【AutoCAD 2014中文版】→【AutoCAD 2014】进入 AutoCAD 2014 中文版绘图主界面。

（2）绘制三个主框架。

选择线型为点划线   //▐ ── - ── CENTER

选择线的宽度为 0.18   // ───── 0.18 毫米

命令：_rectang   //启用长方形命令▭

指定第一个角点或 [倒角(C)/标高(E)/圆角(F)/厚度(T)/宽度(W)]：

                                            //绘图区域单击一点

指定另一个角点或 [面积(A)/尺寸(D)/旋转(R)]：//单击另一角点，大小自定，绘制第一个矩形

命令：_rectang   //启用长方形命令▭

指定第一个角点或 [倒角(C)/标高(E)/圆角(F)/厚度(T)/宽度(W)]:

                 //绘图区域单击一点

指定另一个角点或 [面积(A)/尺寸(D)/旋转(R)]://单击另一角点,大小自定,绘制第二个矩形

命令:_rectang   //启用长方形命令

指定第一个角点或 [倒角(C)/标高(E)/圆角(F)/厚度(T)/宽度(W)]:

                 //绘图区域单击一点

指定另一个角点或 [面积(A)/尺寸(D)/旋转(R)]://单击另一角点,大小自定,绘制第三个矩形

结果如图 14-35 所示。

图 14-35 画图步骤 1

(3) 绘制三个主框架内的小方框。

选择线的宽度为 0.3   // —— 0.30 毫米

命令:_rectang   //启用长方形命令

指定第一个角点或 [倒角(C)/标高(E)/圆角(F)/厚度(T)/宽度(W)]:

                 //绘图区域单击一点

指定另一个角点或 [面积(A)/尺寸(D)/旋转(R)]:

            //单击另一角点,大小自定,绘制第一个矩形

命令:_copy   //启用复制命令

选择对象:指定对角点:找到 1 个 //选择小方框

当前设置: 复制模式 = 多个

指定基点或 [位移(D)/模式(O)] <位移>://小方框的右下角点

指定第二个点或 <使用第一个点作为位移>://正交打开,依次进行复制

结果如图 14-36 所示。

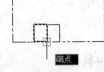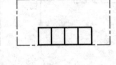

图 14-36 画图步骤 2

(4) 检查图形,绘制连接线。

选择线的宽度为 0.13   // —— 0.13 毫米

命令:_line 指定第一点: //启用直线命令

指定下一点或 [放弃(U)]:   //正交打开,按从左到右顺序依绘制

结果如图 14-37 所示。

(5) 注写文字。

命令:_mtedit   //启用多行文字 A 命令

标注文字时,字体为宋体字,大小根据图形的实际大小来确定字的高度,为了能保证字体的一致性,建议同样大小的字体确定一个之后,其余都进行复制,然后对复制后的文字双击进行修改,这样效率比较高。如果文字的方向不一致,可先标出一个,对其进行旋转,这样就能满足要求了。

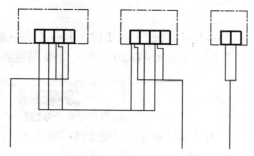

图 14-37 画图步骤 3

结果如图 14-38 所示。

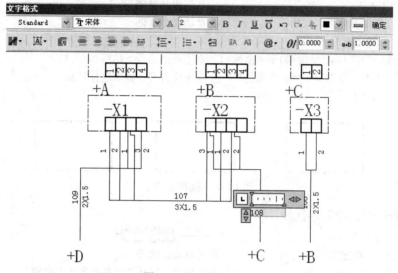

图 14-38 画图步骤 4

14.2.5 电缆配置图的画法

电缆配置图应提供设备或装置的结构单元之间敷设电缆所需的全部信息，一般只示出电缆的种类，也可表示线缆的路径情况。它是敷设电缆工程的依据。电缆图只表示电缆的配置情况，而不表示电缆两端的连接情况，因此，电缆配置图比较简单。通常情况下，各单元用实线框表示，且只表示出各单元之间所配置的电缆，并不示出电缆和各单元的详细情况。

【例】绘制如图 14-39 所示的电缆配置图。

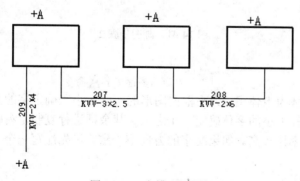

图 14-39 电缆配置图例

画法步骤：

（1）创建新的图形文件。选择→【开始】→【程序】→【Autodesk】→【AutoCAD 2014 中文版】→【AutoCAD 2014】进入 AutoCAD 2014 中文版绘图主界面。

（2）绘制三个单元。

选择线的宽度为 0.3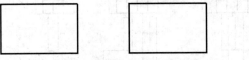

命令：_rectang   //启用长方形命令 ▭

指定第一个角点或 [倒角(C)/标高(E)/圆角(F)/厚度(T)/宽度(W)]：

　　　　　　　　　　　　　　　　　//绘图区域单击一点

指定另一个角点或 [面积(A)/尺寸(D)/旋转(R)]：

　　　　　　　　　　　　　　　　　//单击另一角点，大小自定，绘制第一个矩形

命令：_copy   //启用复制 ☜ 命令

选择对象：指定对角点：找到 1 个   //选择小方框

当前设置：复制模式 = 多个

指定基点或 [位移(D)/模式(O)] <位移>：   //小方框的右下角点

指定第二个点或 <使用第一个点作为位移>：   //正交打开，依次进行复制

结果如图 14-40 所示。

图 14-40　画图步骤 1

（3）检查图形，绘制连接线。

选择线的宽度为 0.18   // ── 0.18 毫米

命令：_line 指定第一点：   //启用直线 ╱ 命令

指定下一点或 [放弃(U)]：   //正交打开，按从左到右顺序依次绘制

结果如图 14-41 所示。

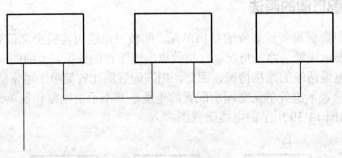

图 14-41　画图步骤 2

（4）注写文字。

命令：_mtedit   //启用多行文字 **A** 命令

标注文字时，字体为宋体字，大小根据图形的实际大小来确定字的高度，为了能保证字体的一致性，建议同样大小的字体确定一个之后，其余都进行复制，然后对复制后的文字双击进行修改，这样效率比较高。如果文字的方向不一致，可先注写一个，对其进行旋转，这样就能满足要求了。

结果如图 14-42 所示。

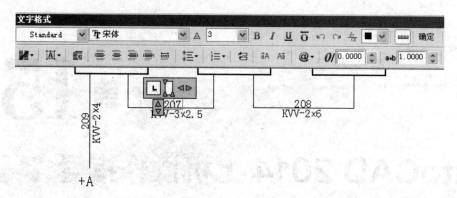

图 14-42　画图步骤 3

练习题

1. 绘制如图 14-43 所示电气电路部件图。
2. 绘制如图 14-44 所示启动器主电路连接线图。

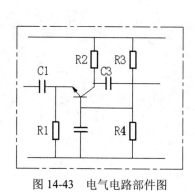

图 14-43　电气电路部件图

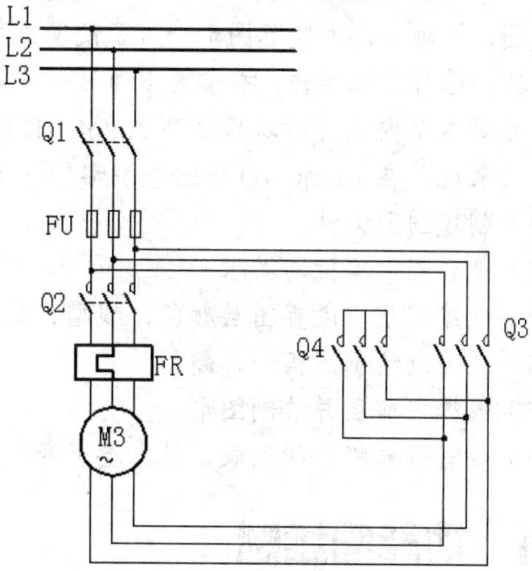

图 14-44　启动器主电路连接线图

AutoCAD 2014 上机操作指导

本章提要

用户学习 AutoCAD 2014 以后，经常要绘制一些功能图、电路原理图、电路控制图、电路接线图、三维立体等实际图形。为了使用户在绘图过程中养成一个良好的习惯，掌握绘图技巧，轻松进行上机操作，本章重点通过一些具体的实例进行上机实验指导，用户在上机练习时，参考本章内容，对以后从事 AutoCAD 绘图有很大帮助。

一般来说，在 AutoCAD 中绘制图形的基本步骤如下：

（1）创建图形文件。

（2）设置图形单位与界限。

（3）创建图层，设置图层颜色、线型、线宽等。

（4）调用或绘制图框和标题栏。

（5）选择当前层并绘制图形。

（6）填写标题栏、明细表、技术要求等。

15.1 功能图绘制

【题目】绘制图 15-1 所示的套桶洗衣机控制电路图。

（1）创建新的图形文件　选择→【开始】→【程序】→【Autodesk】→【AutoCAD 2014 中文版】→【AutoCAD 2014】进入 AutoCAD 2014 中文版绘图主界面。

（2）设置图形界限　根据图形的大小和 1∶1 作图原则,设置图形界限为 297×210 横放比较合适。即标准图纸 A4。

① 设置图形界限。

命令:_limits //选择→【格式】→【图形界限】菜单命令
重新设置模型空间界限:
指定左下角点或[开(ON)/关(OFF)]<0.0000,0.0000>:　　　//按【Enter】键
指定右上角点<420.0000,297.0000>:297,210　　　　//输入新的图形界限

② 显示图形界限。设置了图形界限后，一定要通过显示缩放命令将整个图形范围显示成当前的屏幕大小。最简捷的方法就是单击缩放工具栏中的【全部缩放】按钮即可。

（3）设置图层。由于本图例线型少，因此不用设置图层，在 0 层绘制就可以了。

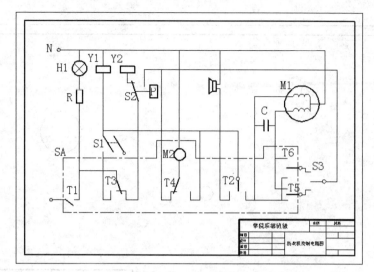

图 15-1 套桶洗衣机控制电路图

（4）图形绘制

① 绘制边框和标题栏。用绘制矩形 ▱、直线 ✎、偏移 ◰、修剪 ⊶、多行文字 **A** 等命令先绘制出边框和标题栏，如图 15-2 所示。

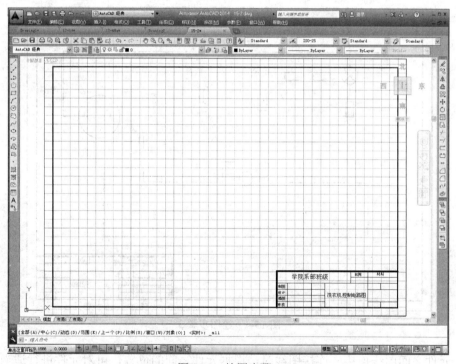

图 15-2 绘图步骤 1

② 绘制图形主框架。在整个图纸空间，根据图 15-1 所示的图形结构，确定出三个点，即图中三个元件 H1、M1 和 M2 所在位置点，如图 15-3 所示。

③ 绘制其他电子元件，绘制过程中可随时选用平移 ✛ 命令进行位置调整。如图 15-4 所示。

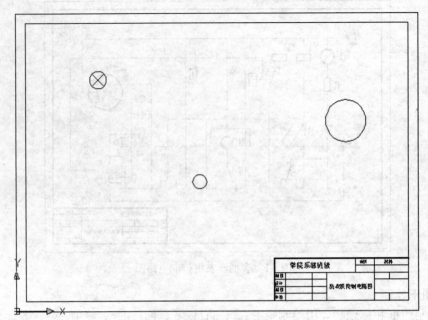

图 15-3 绘图步骤 2

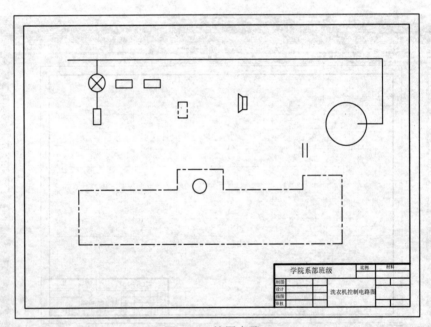

图 15-4 绘图步骤 3

④ 元件之间图线连接。连接图线时，根据元件之间的位置，可对元件进行适当位置调整，如图 15-5 所示。

⑤ 用直线 ╱、圆 ⊙、移动 ✛、修剪 ╱--- 等命令，绘制各节点处阀门，加粗图线，如图 15-6 所示。

⑥ 检查图形，调整图形位置，注写文字。利用多行文字，注写图中所有文字，文字高度为 10，字体为宋体，如图 15-7 所示。

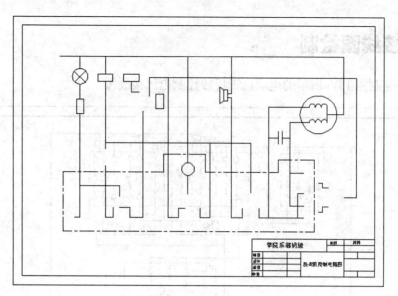

图 15-5　绘图步骤 4

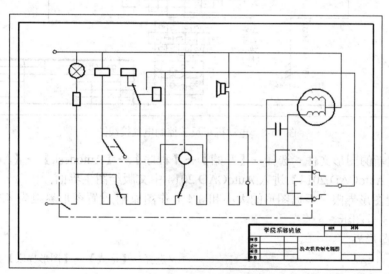

图 15-6　绘图步骤 5

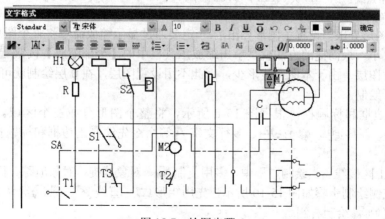

图 15-7　绘图步骤 6

15.2 接线图绘制

【题目】绘制图 15-8 所示的电动机正反转控制电气接线图。

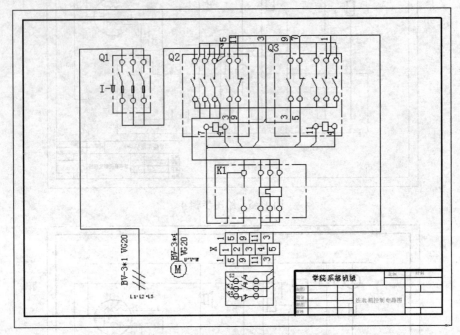

图 15-8　电动机正反转控制电气接线图

（1）创建新的图形文件　选择→【开始】→【程序】→【Autodesk】→【AutoCAD 2014 中文版】→【AutoCAD 2014】进入 AutoCAD 2014 中文版绘图主界面。

（2）设置图形界限　根据图形的大小和 1∶1 作图原则,设置图形界限为 420×297 横放比较合适。A3 号图纸。

① 设置图形界限。

命令：_limits　　　　　　　　　　　　　　　//选择→【格式】→【图形界限】菜单命令

重新设置模型空间界限：

指定左下角点或[开(ON)/关(OFF)]<0.0000,0.0000>：　//按【Enter】键

指定右上角点<420.0000,297.0000>：　　　　　　　　//输入新的图形界限

② 显示图形界限。设置了图形界限后,一定要通过显示缩放命令将整个图形范围显示成当前的屏幕大小。最简捷的方法就是单击缩放工具栏中的【全部缩放】按钮 🔍 即可。

（3）设置图层　由于本图例线形少,因此不用设置图层,在 0 层绘制就可以了。

（4）图形绘制

① 绘制边框和标题栏,根据图 15-8 所示,将整个图形分成三个区域。用绘制矩形 ▭、直线 ╱、偏移 ▱、修剪 ╌╌、多行文字 **A** 等命令先绘制出边框和标题栏,如图 15-9 所示。

② 绘制上区接线图。绘制过程中,多用复制 ⌕、对象捕捉、对象追踪、移动 ✛ 等常用命令,上区左侧绘制步骤如图 15-10 所示,先用矩形 ▭、直线 ╱、圆 ⊘ 等命令绘制左侧一个,再通过复制 ⌕ 绘制右侧。

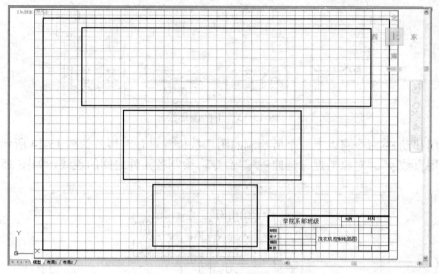

图 15-9　绘制边框和标题栏并分区域

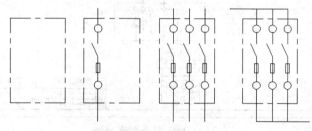

图 15-10　上区左侧绘制步骤

上区右侧绘制步骤如图 15-11 所示。先绘制图 15-11 左侧图形，通过复制 ，绘制出右侧图形。

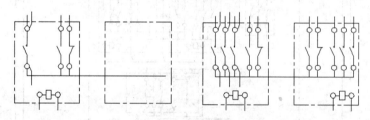

图 15-11　上区右侧绘制步骤

③ 中区图形绘制。用绘制矩形 ▭、直线 ╱、圆 ◔、修剪 -/--- 等命令绘制如图 15-12 左侧图形，再用复制 ⁰命令绘制如图 15-12 右侧图形。

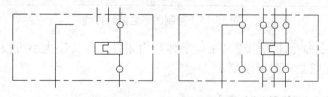

图 15-12　中区图形绘制

④ 下区图形绘制。用矩形 ▭、直线 ╱、圆 ◔、修剪 -/---、复制 ⁰、镜像 ⋀ 等命令绘制如图 15-13 所示图形。

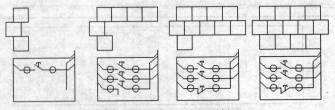

图 15-13　下区图形绘制

⑤ 用移动 ✛ 命令将以上三个所绘制的图形按位置进行对接，如图 15-14 所示。

⑥ 用直线 ╱、对象捕捉、延伸 --╱ 等命令，绘制各元件之间的连线，如图 15-15 所示。

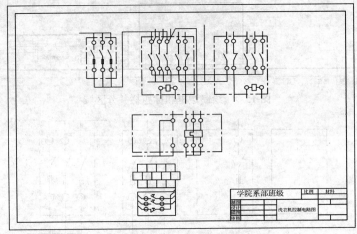

图 15-14　三个图形对接

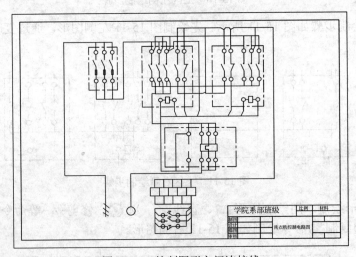

图 15-15　绘制图形之间连接线

⑦ 用多行文字命令注写图中文字。字体高为宋体字，文字大小可根据实际情况进行调整，注写文字后完成整个图形绘制。

15.3　位置接线图绘制

【题目】绘制图 15-16 所示 I/O 位置接线图。

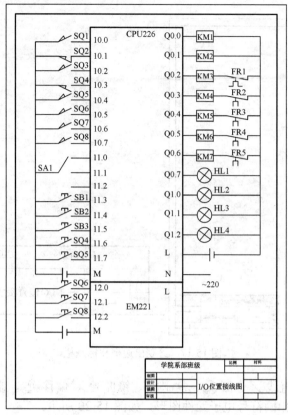

图 15-16　I/O 位置接线图

绘图步骤：

（1）创建新的图形文件　选择→【开始】→【程序】→【Autodesk】→【AutoCAD 2014中文版】→【AutoCAD 2014】进入 AutoCAD 2014 中文版绘图主界面。

（2）设置图形界限　根据图形的大小和 1：1 作图原则,设置图形界限为 420×297 竖放比较合适。A3 号图纸竖放。

① 设置图形界限。

命令:_limits   //选择→【格式】→【图形界限】菜单命令
重新设置模型空间界限:
指定左下角点或[开(ON)/关(OFF)]<0.0000,0.0000>:   //按【Enter】键
指定右上角点<420.0000,297.0000>:297, 420   //输入新的图形界限

② 显示图形界限。设置了图形界限后,一定要通过显示缩放命令将整个图形范围显示成当前的屏幕大小。最简捷的方法就是单击缩放工具栏中的【全部缩放】按钮 ⑭ 即可。

（3）设置图层　由于本图例线型少,因此不用设置图层,在 0 层绘制就可以了。

（4）图形绘制

① 用矩形 ▭、直线 ╱、偏移 ⟳、修剪 ╌╱╌、多行文字 Ａ 等命令绘制出边框和标题栏,如图 15-17 所示。

② 根据图 15-16 所示图形结构的特点,进行图面布置,用矩形 ▭ 命令画出中间矩形框,如图 15-18 所示。

③ 用分解命令 ⟲ 把矩形打散,将左侧直线用点的定数等分进行 22 等分,将右侧直线上半段用点的定数等分进行 12 等分, 如图 15-19 所示。

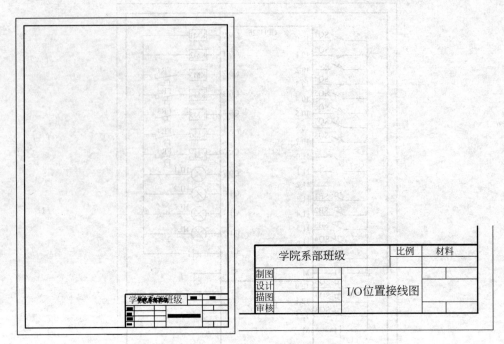

图 15-17 绘制出边框和标题栏

④ 用矩形 ⬜、直线 ✎、圆 ⊘、复制 %、镜像 ⚊、偏移 ⬠、修剪 ⊹、多行文字 **A** 等命令，绘制出具有相同符号电子元件图形，如图 15-20 所示。

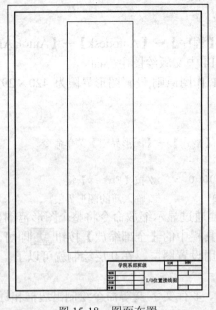

图 15-18 图面布置

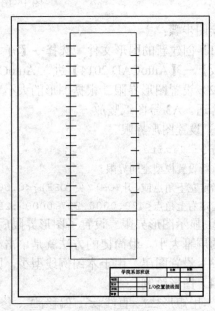

图 15-19 等分直线

⑤ 用复制 %、多行文字 **A** 修改等命令，绘制出具有相同类型的元件图形，如图 15-21 所示。

⑥ 检查图形，补充其他图线，用多行文字 **A** 进行文字注写。

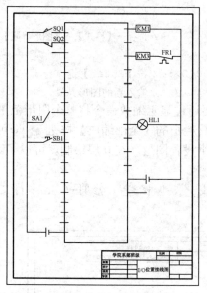

图 15-20　绘制出具有相同符号电子元件

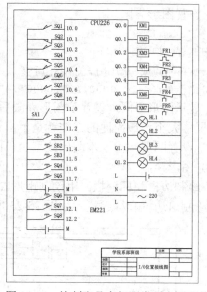

图 15-21　绘制出具有相同类型电子元件

15.4　绘制电路工程图

【题目】绘制图 15-22 所示的典型电路工程图。

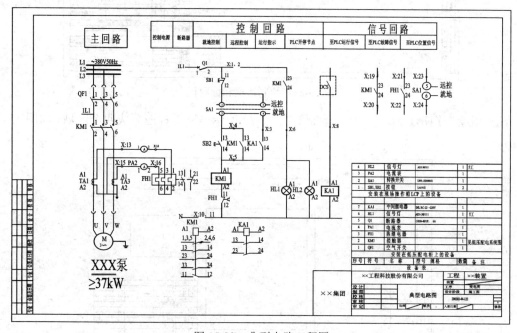

图 15-22　典型电路工程图

（1）创建新的图形文件　选择→【开始】→【程序】→【Autodesk】→【AutoCAD 2014 中文版】→【AutoCAD 2014】进入 AutoCAD 2014 中文版绘图主界面。

（2）设置图形界限　根据图形的大小和 1：1 作图原则，设置图形界限为 420×297 横放比较合适。A3 号图纸。

① 设置图形界限。

命令:_limits   //选择→【格式】→【图形界限】菜单命令

重新设置模型空间界限:

指定左下角点或[开(ON)/关(OFF)]<0.0000,0.0000>: //按【Enter】键

指定右上角点<420.0000,297.0000>:   //输入新的图形界限

② 显示图形界限。设置了图形界限后,一定要通过显示缩放命令将整个图形范围显示成当前的屏幕大小。最简捷的方法就是单击缩放工具栏中的【全部缩放】按钮 即可。

(3) 设置图层　由于本图例线型少,因此不用设置图层,在 0 层绘制就可以了。

(4) 图形绘制

① 绘制边框和标题栏。用绘制矩形 □、直线 ╱、偏移 ◢、修剪 ╱┅、多行文字 **A** 等命令先绘制出边框和标题栏,如图 15-23 所示。

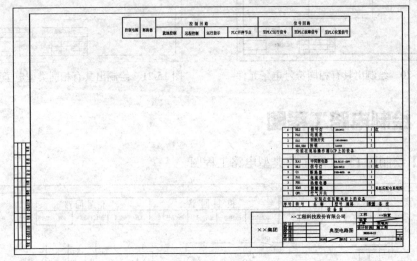

图 15-23　绘制边框和标题栏

② 用绘制矩形 □ 命令,将要绘制的图 15-22 所示电路工程图分成四个区域,如图 15-24 所示。

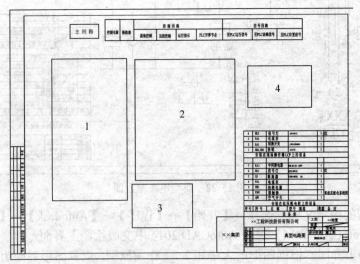

图 15-24　电路工程图分成四个区域

AutoCAD 2014 中文版电气制图教程

③ 用矩形▢、直线✏、圆◔、复制✂、镜像◭、偏移▱、修剪✂、多行文字**A**等命令，绘制 1 区内图形，步骤如图 15-25 所示。

④ 用矩形▢、直线✏、圆◔、复制✂、偏移▱、修剪✂、多行文字**A**等命令，绘制 2 区内图形，步骤如图 15-26 所示。

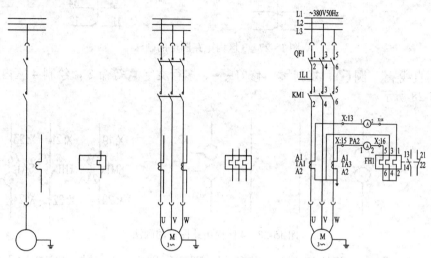

图 15-25　1 区内电路图形的画法

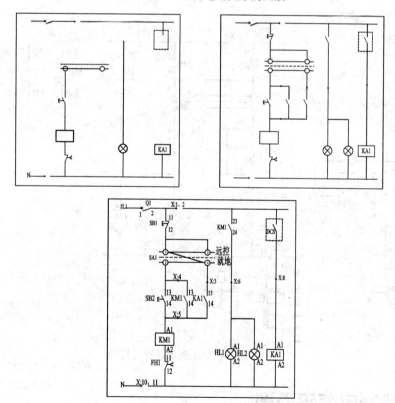

图 15-26　2 区内电路图形的画法

⑤ 用矩形▢、直线✏、修剪✂、多行文字**A**等命令，绘制 3 区内图形，步骤如图 15-27 所示。

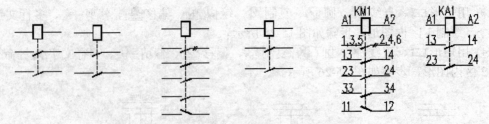

图 15-27　3 区内电路图形的画法

⑥ 用直线 /、圆 ⊙、复制 ⌘、修剪 -/--、多行文字 A 等命令，绘制 4 区内图形，步骤如图 15-28 所示。

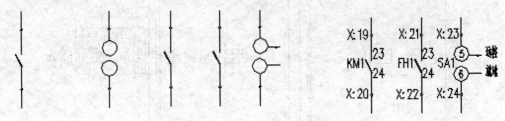

图 15-28　4 区内电路图形的画法

⑦ 用移动 ✛、对象捕捉命令，将绘制的四个区图形进行对接，完成图形绘制。如图 15-29 所示。

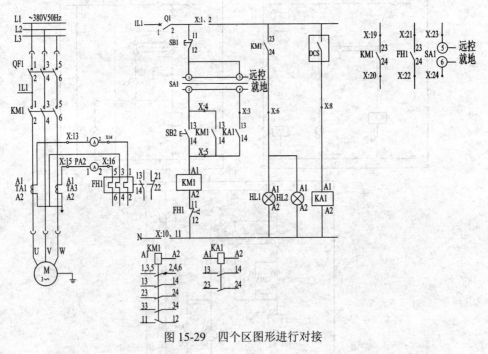

图 15-29　四个区图形进行对接

15.5　绘制电气平面图

【题目】建立新的图形文件，根据图 15-30 注释的尺寸精确绘制电气平面图，并按图中要求标注尺寸。

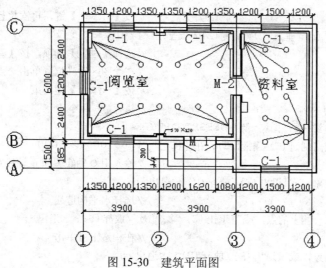

图 15-30　建筑平面图

【上机操作】

（1）创建图形文件　从桌面或程序菜单进入 AutoCAD 2014 后，用创建新图形或是样板文件创建一个新的文件。将此文件命名为"建筑平面图"进行保存，选择→【文件】→【另存为】菜单命令，保存到用户自己指定的磁盘位置。

（2）设置图形界限　根据图形的大小和 1∶1 作图原则,设置图形界限为 29700×21000 横放比较合适。

① 设置图形界限。

| 命令:_limits | //选择→【格式】→【图形界限】菜单命令 |

重新设置模型空间界限:

指定左下角点或[开(ON)/关(OFF)]<0.0000,0.0000>:　　//按【Enter】键

指定右上角点<420.0000,297.0000>:29700,21000　　//输入新的图形界限

② 显示图形界限。设置了图形界限后,一定要通过显示缩放命令将整个图形范围显示成当前的屏幕大小。最简捷的方法就是单击缩放工具栏中的【全部缩放】按钮 🔍 即可。

（3）创建图层,并设置其颜色、线型、线宽　根据图 15-30 中的线型要求,在"图层管理器"中设置轴线、墙体线、标注三个线型即可。如图 15-31 所示。

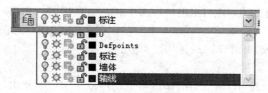

图 15-31　创建图层

（4）绘制图形

① 在轴线层中用构造线 ／，偏移 ⬚，修剪 ∤-- 命令绘制轴线，命令行提示如下。

命令: _xline　　//执行 ／ 命令

指定点或 [水平(H)/垂直(V)/角度(A)/二等分(B)/偏移(O)]: h

　　　　　　　　　　　　//选择【水平】选项，按【Enter】键

指定通过点:　　//在绘图区适当位置单击一点

指定通过点:　　//按【Enter】键结束

命令: XLINE　　　　　　　　　　　　　　　　　//按【Enter】键，再次执行 ✏ 命令

指定点或［水平(H)/垂直(V)/角度(A)/二等分(B)/偏移(O)］: v

　　　　　　　　　　　　　　　　　　　　　//选择【垂直】选项，按【Enter】键

指定通过点:　　　　　　　　　　　　　　　//在绘图区适当位置单击一点

指定通过点:　　　　　　　　　　　　　　　//按【Enter】键结束

命令: _offset　　　　　　　　　　　　　　//执行 ⛁ 命令

当前设置: 删除源=否　图层=源　OFFSETGAPTYPE=0

指定偏移距离或［通过(T)/删除(E)/图层(L)］<1500.0000>:6000

　　　　　　　　　　　　　　　　　　　　　//输入由 C 轴线偏向 B 轴线距离

选择要偏移的对象，或[退出(E)/放弃(U)]<退出>:

　　　　　　　　　　　　　　　　　　　　　//选择水平构造线

指定要偏移的那一侧上的点，或［退出(E)/多个(M)/放弃(U)］<退出>:

　　　　　　　　　　　　　　　　　　　　　//在构造下方单击

选择要偏移的对象，或［退出(E)/放弃(U)］<退出>:

　　　　　　　　　　　　　　　　　　　　　//按【Enter】键结束命令

命令: OFFSET　　　　　　　　　　　　　　//按【Enter】键再次执行 ⛁ 命令

当前设置: 删除源=否　图层=源　OFFSETGAPTYPE=0

指定偏移距离或［通过(T)/删除(E)/图层(L)］<6000.0000>:1500

　　　　　　　　　　　　　　　　　　　　　//输入由 C 轴线偏向 B 轴线距离

选择要偏移的对象，或［退出(E)/放弃(U)］<退出>:

　　　　　　　　　　　　　　　　　　　　　//选择 B 轴线

指定要偏移的那一侧上的点，或［退出(E)/多个(M)/放弃(U)］<退出>:

　　　　　　　　　　　　　　　　　　　　　//在 B 轴线下方单击

选择要偏移的对象，或［退出(E)/放弃(U)］<退出>:

　　　　　　　　　　　　　　　　　　　　　//按【Enter】键结束命令

命令:OFFSET　　　　　　　　　　　　　　//按【Enter】键再次执行 ⛁ 命令

当前设置: 删除源=否　图层=源　OFFSETGAPTYPE=0

指定偏移距离或［通过(T)/删除(E)/图层(L)］<1500.0000>:3900

　　　　　　　　　　　　　　　　　　　　　//输入垂直轴线偏移距离

选择要偏移的对象，或［退出(E)/放弃(U)］<退出>:

　　　　　　　　　　　　　　　　　　　　　//选择垂直构造线

指定要偏移的那一侧上的点，或［退出(E)/多个(M)/放弃(U)］<退出>:

　　　　　　　　　　　　　　　　　　　　　//在垂直构造线右侧单击，完成①→②

选择要偏移的对象，或[退出(E)/放弃(U)]<退出>:

　　　　　　　　　　　　　　　　　　　　　//选择②轴线

指定要偏移的那一侧上的点，或［退出(E)/多个(M)/放弃(U)］<退出>:

　　　　　　　　　　　　　　　　　　　　　//在②右侧单击，完成②→③

选择要偏移的对象，或［退出(E)/放弃(U)］<退出>:

　　　　　　　　　　　　　　　　　　　　　//按【Enter】键结束命令

命令: _trim　　　　　　　　　　　　　　//执行修剪命令

当前设置:投影=UCS, 边=无　　　　　　　//系统提示当前的设置

选择剪切边...　　　　　　　　　　　　　//系统提示

选择对象或 <全部选择>:　找到　　　　　//选择最外面的直线和③轴线为边界

选择对象:　　　　　　　　　　　　　　　//按【Enter】键确认

选择对象:　　　　　　　　　　　　　　　//选择外面所有对象

② 使用直线和圆命令绘制圆圈，并在轴圈上编号，其中轴圈大小为 800，结果如图 15-32 所示。

③ 设置"墙体"多线样式。选择选择→【格式】→【多线样式】命令，打开【多线样式】对话框，单击 新建(N)... 按钮，如图 15-33 所示。在弹出的【创建新的多线样式】对话框的【新样式名】文本框中输入"24 墙体"，如图 15-34 所示。

单击 继续 按钮，打开【新建多线样式】样式对话框，在【图元】栏的列表框中选中第一条直线元素，在【偏移】文本框中输入"185"；选中第二条直线元素，在【偏移】文本框中输入"–185"，在【封口】栏中选中【直线】选项后的两个复选框，如图 15-35 所示。单击 确定 按钮，返回【多线样式】对话框，此时可以看到创建"墙体"多线及预览效果，如图 15-36 所示。单击 确定 按钮，关闭对话框。

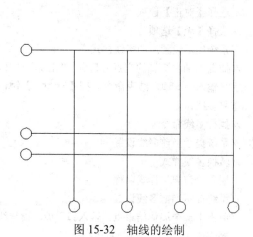

图 15-32　轴线的绘制

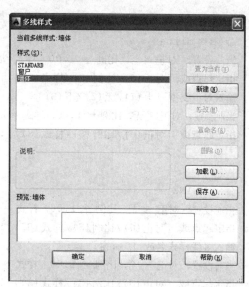

图 15-33　【多线样式】对话框

图 15-34　新建"多线样式"

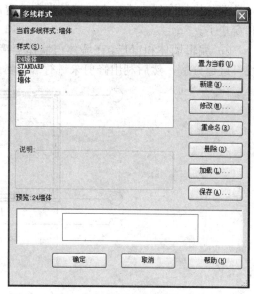

图 15-36　墙体样式预览

图 15-35　【墙体】对话框

④ 设置"窗户"多线样式。按照设置"墙体"样式的方法设置"窗户"的多线样式，在【图元】栏的列表框中选中第一条直线元素，在【偏移】文本框中输入"185"；选中第二条直线元素，在【偏移】文本框中输入"-185"，在两线中间添加三条线，分别为90、0和-90，如图15-37所示。"窗户"样式预览效果如图15-38所示。

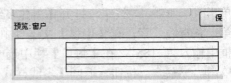

图元(E)		
偏移	颜色	线型
185	BYLAYER	ByLayer
90	BYLAYER	ByLayer
0		BYLAYER	ByLayer
-90	BYLAYER	ByLayer
-185	BYLAYER	ByLayer

图 15-37　"窗户"样式图元设置

预览:窗户   保

图 15-38　"窗户"样式预览效果

⑤启用绘制"多线"命令绘制墙体和窗户。

命令：_mline	//选择→【绘图】→【多线】执行多线命令
当前设置：对正=上，比例 = 1.00，样式=墙体	//系统提示当前多线设置
指定起点或 [对正(J)/比例(S)/样式(ST)]:j	//选择【对正】选项
输入对正类型 [上(T)/无(Z)/下(B)]z	//选择【无】选项
当前设置：对正 = 无，比例 = 1.00，样式 = 墙体	//系统提示设置后的多线样式
指定起点或 [对正(J)/比例(S)/样式(ST)]:	//捕捉①轴和 C 轴的交点为起点，"正交"打开，水平输入 1350，结束命令。按【Enter】键，重复多线命令
命令:MLINE	//执行多线命令
当前设置：对正 = 无，比例 = 1.00，样式 = 墙体	//系统提示当前多线设置
指定起点或 [对正(J)/比例(S)/样式(ST)]:ST	//转换多线样式
输入多线样式名或 [?]:窗户	//输入"窗户"样式名称
当前设置：对正 = 无，比例 = 1.00，样式 = 窗户	//系统提示当前多线设置
指定起点或 [对正(J)/比例(S)/样式(ST)]:	//单击上一个墙体结束点，输入 1200，窗户绘制完成

继续执行多线命令，在"墙体"和"窗户"之间进行切换，就可以轻松地绘制完成墙体和窗户了。

⑥ 编辑墙体和窗户。在墙体与墙体交接处可以通过多线编辑来进行编辑，也可以将"多线"进行分解，然后利用修剪来进行编辑。绘制结果如图15-39所示。

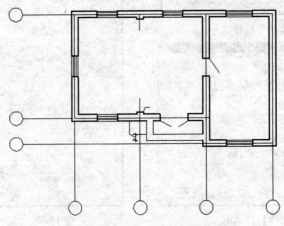

图 15-39　绘制完成墙体和窗户图形

AutoCAD 2014 中文版电气制图教程

⑦ 根据图中的位置，用矩形 ▭、直线 ∕、圆 ◔、复制 ⬚、修剪 ⊹--等命令绘制灯开关箱的位置和所控制灯的位置图，如图 15-40 所示。

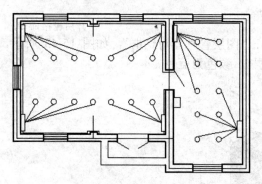

图 15-40　绘制灯开关箱

补全图中其他部分，对图形进行文本标注，运用多行文字，文字高度为 500，如图 15-41 所示。

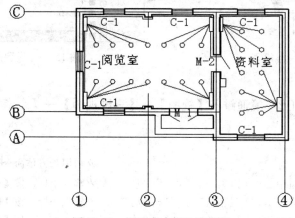

图 15-41　图形文本标注完成图

⑧ 尺寸标注。设置尺寸标注样式，文字高度为 300，箭头为建筑形式，采用连续标注。完成图形绘制，如图 15-30 所示。

15.6　绘制三维图形

【题目】建立新文件，绘制如图 15-42 所示的三维模型。

【上机操作】

（1）设置绘图环境，创建新的图形文件　根据视图尺寸，设置图形界限为 297×210 的绘图区域。选择→【文件】→【另存为】用户指定位置（桌面上），名称为"三维模型"。

命令:_limits　　　　　　　　　　　　//选择→【格式】→【图形界限】菜单命令
重新设置模型空间界限:
指定左下角点或[开(ON)/关(OFF)]<0.0000,0.0000>:
　　　　　　　　　　　　　　　　　　　//按【Enter】键
指定右上角点 <420.0000,297.0000>:297, 210 //系统默认设置，按【Enter】键
命令:_zoom　　　　　　　　　　　　　//启用全部缩放命令 🔍

指定窗口的角点，输入比例因子(nX 或 nXP)，或者

[全部(A)/中心(C)/动态(D)/范围(E)/上一个(P)/比例(S)/窗口(W)/对象(O)]<实时>:

_all 正在重生成模型。

命令:<栅格 开>   //开启栅格命令

（2）设置图层 打开"图层管理器对话框"，如图 15-43 所示，设置"轮廓线"层，颜色为黑色；设置"标注层"，颜色为蓝色。

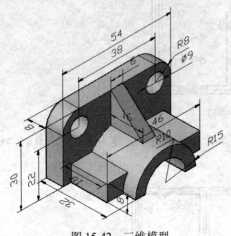

图 15-42 三维模型

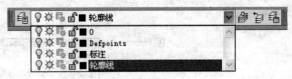

图 15-43 设置图层

（3）绘制立体图。

① 将设置好的图形环境通过→【视图】→【三维视图】→【东南等轴测】转换到三维空间。

② 绘制底板。

命令: _box   //启用长方体命令

指定第一个角点或 [中心(C)]:0, 0, 0   //输入坐标，按【Enter】键

指定其他角点或 [立方体(C)/长度(L)]: 18,46,0   //输入坐标，按【Enter】键

指定高度或 [两点(2P)] <30.0000>: 8   //输入高度，按【Enter】键

结果如图 15-44 所示。

③ 绘制后挡板。

命令: _ucs   //移动坐标原点

当前 UCS 名称: *没有名称*

指定 UCS 的原点或 [面(F)/命名(NA)/对象(OB)/上一个(P)/视图(V)/世界(W)/X/Y/Z/Z 轴(ZA)] <世界>: _o

指定新原点 <0,0,0>:   //选择底板后下面中点

命令: _box   //启用长方体命令

指定第一个角点或 [中心(C)]: 0,-28,0   //输入坐标，按【Enter】键

指定其他角点或 [立方体(C)/长度(L)]: -8,28,0   //输入坐标，按【Enter】键

指定高度或 [两点(2P)] <8.0000>: 30   //输入高度，按【Enter】键

结果如图 15-45 所示。

④ 绘制圆筒。

命令: _ucs   //执行坐标变换命令

当前 UCS 名称: *没有名称*

指定 UCS 的原点或 [面(F)/命名(NA)/对象(OB)/上一个(P)/视图(V)/世界(W)/X/Y/Z/Z 轴

(ZA)]〈世界〉：_Y

指定绕 Y 轴的旋转角度 <90>：   //系统默认，按【Enter】键

命令：_cylinder   //执行圆柱体🛢命令

指定底面的中心点或 [三点(3P)/两点(2P)/相切、相切、半径(T)/椭圆(E)]：
    //单击坐标原点

指定底面半径或 [直径(D)] <23.0000>：15   //输入半径

指定高度或 [两点(2P)/轴端点(A)] <-43.0000>:32
    //输入高度，按【Enter】键

命令：_cylinder   //执行圆柱体🛢命令

指定底面的中心点或 [三点(3P)/两点(2P)/相切、相切、半径(T)/椭圆(E)]：
    //单击坐标原点

指定底面半径或 [直径(D)] <23.0000>：10   //输入半径

指定高度或 [两点(2P)/轴端点(A)] <-43.0000>:32
    //输入高度，按【Enter】键

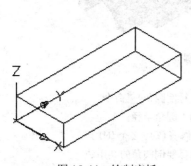

图 15-44　绘制底板

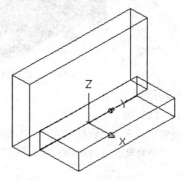

图 15-45　绘制后挡板

结果如图 15-46 所示。

命令：_subtract 选择要从中减去的实体或面域...   //执行差集◎命令

选择对象：找到 1 个   //选择底板

选择对象：找到 1 个，总计 2 个   //选择后挡板

选择对象：找到 1 个，总计 3 个   //选择大圆柱

选择对象：   //按【Enter】键

选择要减去的实体或面域...

选择对象：找到 1 个   //选择小圆柱

结果如图 15-47 所示。

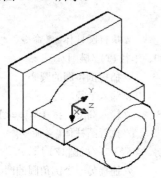

图 15-46　绘制圆筒

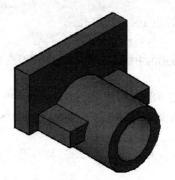

图 15-47　差集后效果

选择→【修改】→【三维操作】→【剖切】   //执行剖切 命令
选择要剖切的对象: 找到 1 个   //选择圆筒
选择要剖切的对象: //按【Enter】键
指定 切面 的起点或 [平面对象(O)/曲面(S)/Z 轴(Z)/视图(V)/XY(XY)/YZ(YZ)/ZX(ZX)/三
点(3)] <三点>:   //选择剖切平面上三点
指定平面上的第二个点:
在所需的侧面上指定点或 [保留两个侧面(B)] <保留两个侧面>:
                                        //在上方单击一点
结果如图 15-48 所示。

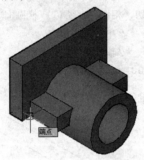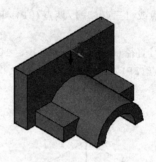

图 15-48　剖切圆筒

⑤ 绘制倒圆角。

命令: _fillet   //执行倒圆角 命令
当前设置: 模式 = 修剪, 半径 = 8.0000   //输入圆角半径
选择第一个对象或 [放弃(U)/多段线(P)/半径(R)/修剪(T)/多个(M)]:
                                        //选择要倒圆角的共用边
选择边或 [链(C)/半径(R)]:   //选择另外一个共用边
结果如图 15-49 所示。

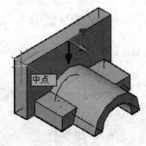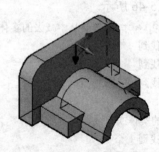

图 15-49　倒圆角

⑥ 绘制挡板上圆柱孔。

命令: _cylinder   //执行圆柱体 命令
指定底面的中心点或 [三点(3P)/两点(2P)/相切、相切、半径(T)/椭圆(E)]:
                                        //捕捉倒角圆的圆心
指定底面半径或 [直径(D)] <23.0000>: 4.5 //输入半径
指定高度或 [两点(2P)/轴端点(A)] <-43.0000>:-8 //输入高度, 按【Enter】键
命令: _cylinder   //执行圆柱体 命令
指定底面的中心点或 [三点(3P)/两点(2P)/相切、相切、半径(T)/椭圆(E)]:
                                        //捕捉另一个倒角圆的圆心
指定底面半径或 [直径(D)] <23.0000>: 4.5 //输入半径

指定高度或 [两点(2P)/轴端点(A)] <-43.0000>:-8　　　　//输入高度，按【Enter】键

结果如图 15-50 所示。

命令: _subtract 选择要从中减去的实体或面域...　　　　//执行差集⑩⑩命令

选择对象: 找到 1 个　　　　　　　　　　　　　　　　　//选择挡板

选择对象:　　　　　　　　　　　　　　　　　　　　　//按【Enter】键

选择要减去的实体或面域...

选择对象: 找到 1 个　　　　　　　　　　　　　　　　//选择小圆柱

选择对象: 找到 1 个，总计 2 个　　　　　　　　　　　//选择另一个小圆柱

结果如图 15-51 所示。

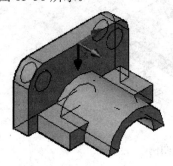

图 15-50　绘制两个小圆柱

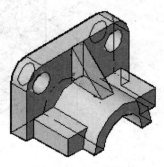

图 15-51　差集效果

⑦ 标注尺寸。在三维图形中标注尺寸和二维图形一样，所不同的是，标注立体图形尺寸时随时进行坐标面的变换。标注前设置"标注样式"，本题中文字大小为 5，箭头大小为 3.5，标注完成后如图 15-42 所示。

大作业

（1）绘制如图 15-52 所示典型电路图。

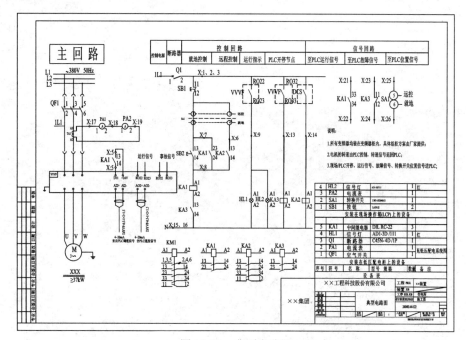

图 15-52　典型电路图

第 15 章　AutoCAD 2014 上机操作指导

（2）建立新的图形文件，图形区域自定，按图 15-53 所示尺寸绘制三维图形。

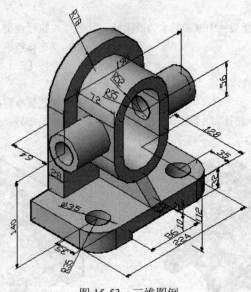

图 15-53　三维图例

参 考 文 献

[1] 杨雨松，刘娜. AtuoCAD 2006 中文版实用教程. 北京：化学工业出版社，2006.

[2] 周建国. AtuoCAD 2006 基础与典型应用一册通（中文版）. 北京：人民邮电出版社,2006.

[3] 中华人民共和国劳动和社会保障部. 国家职业标准-制图员. 北京：中国劳动社会保障出版社，2002.

[4] 全国计算机信息高新技术考试教材编写委员会. AtuoCAD 2002 职业培训教程（中高级绘图员）. 北京：北京希望电子出版社，2004.

[5] 全国计算机信息高新技术考试教材编写委员会. AtuoCAD 2002 试题汇编（中高级绘图员）. 北京：北京希望电子出版社，2004.

[6] 2008 快乐电脑一点通编委会著. 中文版 AtuoCAD 2008 辅助绘图与设计. 北京：清华大学出版社，2008.

[7] 陈冠玲等. 电气 CAD. 北京:高等教育出版社，2005.

[8] 解璞等. AtuoCAD 2007 中文版电气设计教程. 北京：化学工业出版社，2007.

[9] 杨雨松. AtuoCAD 2008 中文版电气制图教程. 北京：化学工业出版社，2009.

[10] 麓山. AtuoCAD 2014 入门与实战. 北京：人民邮电出版社，2014.